作者／吳祝銀

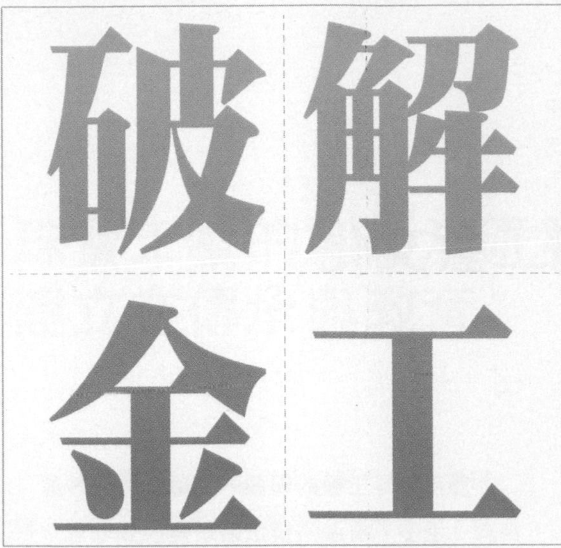

破解金工

乙、丙級技術士
檢定考題應考全書

全台唯一收錄金工所有試題及考古題的完整解答大公開

育才、引才、留才，儲備多元的競爭實力

臺灣珠寶藝術學院以「孕育臺灣珠寶設計師品牌」及「創新中華珠寶藝術形式」為設立宗旨。組織以「珠寶技職教育」為使命，致力於珠寶專業人才之培育，透過教育的力量，消弭行業的隔閡門檻，為臺灣珠寶產業「育才、引才、留才」，儲備多元的競爭實力。

「乙、丙級金工技術士檢定」為臺灣珠寶職業技能考核認證制度，其學術評量準則與珠寶技能屬性相當契合，具有客觀性參考價值。專業技能的「標準化」政策，可促進業主較易聘請到適任的專業人才，確保各職能之質素，幫助人力資源管理安排職員發展，減少因招聘錯誤而產生的損失，節省相關營運成本，相對縮短新進人員的適應期，為勞資雙方創造共贏優勢。

經過各界多年的努力推行，「乙級金工技術士」人才，已逐漸贏得臺灣珠寶業主的肯定。為幫助更多有意參加技能檢定的珠寶技藝人才，順利取得國家技術士資格認證，特編輯本書，希望為有志者提供一條清晰的進修方向，協助個人制定就業與學習計劃，同時加促政府制定「甲級金工技術士檢定」政策，為珠寶產業引帶出更精進的技術菁英。

「全球化生產」引領「工業4.0」的飛速發展，面對「數位經濟」和「平台企業」的不斷崛起，整合「創意設計、傳統工藝、數位科技」之優勢，成為臺灣珠寶產業「轉型升級」的關鍵因素。未來，無論是「傳統工藝」的傳承教育，或「數位工藝」的創新研發，工藝的本質仍在於人。鼓勵年青人「做中學、學中做」，唯有親身投入用手勞動，才能真正體悟「雙手萬能」的愉悅和感動。

臺灣珠寶藝術學院院長

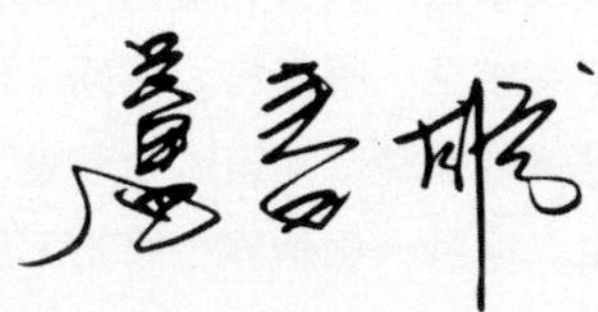

以步驟化圖文對照，引領進入工藝殿堂

熱愛「珠寶首飾工藝」的我，大學期間便積極投入相關專業知識技術的學習。囿於現行教育體制都以「金屬工藝」為導向，授課內容偏重以「器物」或「擺件」等形式。相形對「珠寶工藝」陌生，欠缺「珠寶首飾」的工序觀念，不擅「首飾」及「鑲嵌」的製作技術。進入職場後，赫然發現「金工」並不等於「珠寶」，學用落差，被迫重新學習。

「乙、丙級金工技術士檢定」是當前唯一官設的珠寶專業技職認證制度，兩項目皆屬「技術」類。編輯本書用意在引帶更多應檢人順利取得「乙、丙級金工技術士」資格，並促進「甲級金工技術士檢定」的誕生，以及其他「珠寶專業資歷認證制度」的政策制訂。

本書內容涵蓋檢定考核之「學術」和「技術」試題。針對「學科」試題，本書彙整歷屆考古題，歸納題目類型，並給予正確解答。提供最新、最完整的檢定考核資訊及評量標準，幫助應檢人充分掌握應試程序。關於「術科」檢定，考場所核發提供的材料，尺寸規格是一致的。應檢人必須在有限的方寸間，精準的「取材備料」，絕不容誤差，因為檢測時間有限，過程幾乎沒有挽救空間。統一是公平，是限制，更是挑戰。本書累積多年考場問題，以及多位考生經驗，將各試題造形步驟化解構，以圖文對照方式，簡易操作方法，延伸探討「工序、工法、工具、工藝」之要領，傳授您臨場應變的小訣竅，作為您學習自修的範本。

臺灣不是珠寶原料的產地，並沒有天然資源的優勢，經營珠寶事業自然要以「珠寶設計」和「製造加工」為利基；無論是發展「設計」或「製造」，均以人才為基礎。一個沒有人才的產業，是不會有未來的！人才為企業之本，教育則是培育人才的最佳方式。本書期以最小的力量，引帶最大的價值，觸發各界關注職業技能教育議題，厚實臺灣珠寶產業未來競爭力。

臺灣珠寶藝術學院講師 / 作者

吳祝銀

目錄

Chapter 2

破解丙級金工術科檢定考題

Chapter 3

歷屆金銀珠寶飾品加工考題參考資料

Chapter 1

破解乙級金工術科檢定考題

乙級術科測試應檢參考資料

各年度應檢資料及訊息，應以主管機關最新公告為準，詳細內容敬請查詢官網資訊，或洽主管機關索取相關資料，以免權益受損。

乙級金工術科測試應檢人須知

一、　術科測試辦理單位應於檢定日前寄發本須知，供應檢人先行閱讀，俾使其瞭解術科測試之一般規定、測試程序及應注意遵守等事項。

二、　一般規定：

（一）應檢人必須攜帶身分證、准考證，依照排定之日期、時間及地點準時參加術科測試。

（二）應檢人須於測試當日上午 8：00 前完成報到手續，領取檢測編號、識別證並佩戴在指定位置。

（三）8：10 於指定場所，聆聽評審長宣布有關安全注意事項、介紹監評人員及測試場環境，並領取試題。

（四）8：20 應檢人進入測試場後，即自行核對測試位置、編號、火具、工具、燈具、電源插座等。然後監評人員要再一次協助核對。

（五）術科辦理單位依時間配當表辦理抽題，並將電腦設置到抽題操作界面，會同監評人員、應檢人，全程參與抽題，處理電腦操作及列印簽名事項。

（六）就位後即開始點檢工具及材料，如有缺失，應即調換（逾時則不予處理），以及由應檢人自行抽取一題試題。並令應檢人核對材料、試題及現場時間。

（七）8：30 評審長宣布測試開始後，應檢人才可開始操作。

（八）測試開始逾 15 分鐘遲到，或測試進行中未經監評人員許可而擅自離開測試場地者，均不得進場應考。

（九）應檢人於測試進行中有特殊原因，經監評人員許可而離開測試場地者，不得以任何理由藉故要求延長測試時間。

（十）測試使用之材料一律由測試術科測試辦理單位統一供應，不得使用任何自備之材料。

（十一）測試前須先閱讀圖說，如有印刷不清之處，得測試位置舉手向擔任之監評人員請示。

（十二）測試場地內所供應之機具設備應小心使用，如因使用不當或故意而損壞者，應照價賠償，並以「不及格」論處。

（十三）因誤作或施作不當而損壞料件，造成缺料情形者，不予補充料件，且不得使用自備之料件或向他人商借料件，一經發現作弊皆予「不及格」論處。

（十四）應檢人應自行攜帶落樣用具（如捲尺、鋼尺或角尺、圓規、制式三角板、奇異筆、原子筆等），如向他人借用時，則予以扣分。

（十五）測試進行中，使用之工具、材料等應放置有序，如有放置紊亂則予扣分。

（十六） 測試進行中，應隨時注意安全，保持環境整潔衛生。

（十七） 與試題有關之樣板、參考資料等，均不得攜入測試場地使用，如經發覺則以夾帶論評為「不及格」。

（十八） 工作不慎釀成災害以「不及格」論。

（十九） 代人製作或受人代製作者，均以作弊「不及格」論。

（二十） 應檢人須在測試位置操作，如擅自變換位置經勸告不理者，則以「不及格」論。

（廿一） 成品之繳交請按照本須知第四項測試程序說明之（七）、（八）、（九）、（十）、（十一）等說明規定事項。

（廿二） 測試時間屆滿，於評審長宣布「測試時間結束」時，應檢人應即停止操作，若尚未完成者則為不及格，但仍依第四項之（八）、（九）、（十）、（十一）等說明規定辦理。

（廿三） 應檢人不得藉故要求延長測試時間。

（廿四） 測試進行中途自願放棄或在規定時間內未能完成或逾時交件者，均以「不及格」論。

（廿五） 測試後之成品、半成品等料件，不論是否及格，應檢人均不得要求取回。

（廿六） 成品經安裝試驗（參照本須知第四項之（五）說明）而無法安裝者（因加工、接合、組合裝配所致者），則為不及格，不再進行成品評審。

（廿七） 完成之成品，須依監評人員進行成品評審後，才能評定其是否及格。

（廿八） 逾時交件、不及格及完成評審等之成品，皆不予保存。

（廿九） 凡不遵守測試規定，經勸導無效者，概以「不及格」論。

三、 測試中應注意事項：

（一） 應檢人對各過程需要之時間須能妥善分配並控制掌握。

（二） 測試期間應注意工作安全，否則予以扣分。

（三） 氧、乙炔氣（或其它油氣……等）火焰於備用狀況時，應將火焰關閉，以節省燃料並預防灼傷，否則以不安全論予以扣分。

（四） 飾品之加工、接合及裝配等，應力求精確、堅固、美觀……等。

（五） 各種工具皆有其獨特之功能及用途，若有不當之使用，則予以扣分。

（六） 妥為利用工具、場地設備進行加工、裝配及接合等，以求精確。

四、 測試程序說明：

本測試約可分為下列過程，其中自第（四）至第（十一）之說明必須於規定時間內完成，應檢人應妥善計劃各過程佔用時間，並妥為控制進度。茲概略說明如下：

（一） 閱讀圖說：本測試試題以正面圖、反面圖、俯視圖、側視圖、或細部詳圖……等方法表示長度、位置、方向、彎曲、角度、直徑等皆有標示，應檢人接到試題後，應即詳加研究。

（二） 檢點料件：按照試題之使用材料表核對料件，如有短缺或缺陷者應即請擔任之監評人員處理調換。

（三） 檢查工具：按照使用工具表核對放置於測試位置之工具是否欠缺或完好可用，如有不符，應請服務員處理調換（注意：應檢人於測試結束要離開測試場地前，必須將工具點交給服務員）。

（四） 取材下料：按照試題所示之材料、規格、長度等進行鋸切、敲打、銼磨、抽線、加工……等作業。

（五） 裝配接合：將完成加工之單件或總合件，必須按照試題所示尺寸、位置、方向、角度、直徑等予以裝配接合成為飾品。

（六） 表面清潔：組合焊接之後的成品表面必須使用明礬水煮過及清除乾淨。

（七） 成品繳交：於測試時間內完成，即請擔任之監評人員於試件編號，經核對號碼無誤後，才可離開檢定場地，測試結束時尚未完成者，也必須繳件。

（八） 繳識別證：將識別證繳回。

（九） 點交工具：將工具擦拭乾淨並排列整齊後，點交給服務員。

（十） 場地清理：將測試位置及周圍上之殘料、紙屑、破布等雜物清理。

（十一） 離開測試場地：完成上述過程後，應檢人應即離開測試場地。

（十二） 成品評審：完成裝配之成品，須經評審委員按照評審表列逐項評審。

考前導引：掌握 13 要點，放鬆應考！

應檢人應詳讀考試機構寄送的「乙級金工術科測試應檢人參考資料」，以下為重點提示：

1. 本職類乙級技術士應熟稔基本工法「鋸切、銼磨、焊接」，亦要求能依循工作圖使用適當技法及機具完成材料備製、鍛敲成型、點線面焊接、寶石孔位分配及鑽孔並整修孔口清除鑽屑…等等。
2. 現場題型圖樣與尺寸分開註記（可參照本書後面的各題型之**術科題型模擬**），故建議攜帶紙筆將題型與尺寸一齊寫明標註，避免來回對照時錯看尺寸。
3. 檢點料件：按照題型之使用材料表核對料件，如有短缺或缺陷者請擔任之監評人員處理調換。
4. 檢查工具：測試考場提供之工具是否完好可用或有無缺失，如有不符，應請監評人員處理調換。
5. 平常練習時將各題型會碰到的問題逐一寫下，並於發生狀況時保持冷靜，找出應對方式逐一破解。
6. 不熟悉火槍使用的應檢人，請於測試開始前主動向監評人員尋求協助，簡易介紹使用方法與氣壓裱定裝置的判讀方式。
7. 自行攜帶 OK 繃、簡單受傷急救器具，不慎受傷時可簡易包紮傷口。
8. 記得應考時要攜帶筆、紙、尺、三秒膠。
9. 銼橋現場裝設時應檢查是否穩妥，是否自行攜帶。
10. 考量焊磚新舊及表面平整度的不確定性，考慮是否自行攜帶。
11. 抽線用（有牙）平鉗或虎鉗。
12. 攜帶計算機，不准使用手機。
13. 消耗性工具（鋸絲、鑽針）、焊藥剪也要攜帶。

乙級金工術科測試自備工具表

編號	名稱	規格	單位	數量	備註
1	游標卡尺	mm 及可量小數點之後第 2 位數	只	1	
2	鋸弓	金工用	支	1	
3	剪刀（大）	長 18cm 以內	支	1	
4	銼刀（粗△）	長 18cm 寬 5cm	支	1	
5	銼刀（細△）	長 15cm 寬 3.5cm	支	1	
6	銼刀（扁平型口）	長 22cm 寬 5cm	支	1	
7	銼刀（半圓型粗∩）	長 18.5cm 寬 12cm	支	1	
8	銼刀（半圓型粗∩）	長 22cm 寬 5.5cm	支	1	
9	有柄小鋼杯	煮明礬用	個	1	
10	小鐵槌		支	1	
11	小鐵砧（桌上用）	直徑 9cm 高 1.5cm	個	1	
12	吊夾	長 25cm 以內	支	1	
13	吊夾（中）	長 20cm 以內	支	1	
14	吊夾（小）	長 14cm 以內	支	1	
15	鉗子（無齒尖嘴）	長 13cm	支	1	
16	鉗子（無齒平嘴）	長 13cm	支	1	
17	鉗子（無齒圓嘴）	長 13cm	支	1	
18	手指柱	長 30cm 35cm	支	1	
19	手指圍	國際標準圍	套	1	
20	電子式點火器	（或打火機）	支	1	
21	吊鑽板手		支	1	
22	圓圈板	圓、方、橢圓	片	各 1	
23	砂紙	400#、600#	張	各 1	
24	描圖紙	A4	張	1	
25	鉛筆	附橡皮擦	支	1	
26	尺	公制、台制 5 寸	支	1	
27	斜口剪	長 13cm	支	1	
28	抹布		條	1	
29	鑽針	Ø1mm~2.5mm	組	1	
30	波羅頭	Ø1mm~2.5mm	組	1	

* 術科考場提供工具：

【個人工具部分】工作檯、銼橋（有的規格上有平面鐵鉆）、耐火磚、吊鑽、氣焊槍組、降溫鋼鍋。【公用器材部分】輾壓機、抽線機、木椿。仍視考場供給狀況。

* 上述表列工具，應檢人應全部自備，測試場地不提供借用。應檢人平常練習須多留心製作過程中需要什麼工具，並加入考試必備工具清單內！

乙級金工術科測試評審表

姓名		檢定日期	年　月　日	評審結果	□及格　□不及格
檢定編號		檢測地點		監評人員	（請勿於測試結束前先行簽名）
試題編號		檢測時間	時　分		

第一項評分項目

（一）凡有下列事之一者，為不及格。（於該項□打 ✓） ①

- □ 1. 缺考。
- □ 2. 未完成。（含中途棄權）
- □ 3. 代人製作或受人協助者。
- □ 4. 料件之增減有作弊事實者。
- □ 5. 有夾帶或交換料件者。
- □ 6. 故意毀損測試場所機具、物料。
- □ 7. 未按圖說施工者。
- □ 8. 未考慮工作安全，釀成災害者。
- □ 9. 不遵守測試場規定，經勸導無效者。
- □ 10. 擅離或自行變換受測位置，不聽勸告者。
- □ 11. 改變外形，與圖不符者。
- □ 12. 加工或焊接方式不符者，如配件反裝。
- □ 13. 逾時未到，中途棄權。

凡有上列各項之事情者，必要時請註明其具體之事，列舉於下：

第二項評審項目　凡無上項任一情事者　即作下列各項評分

第二評審項目

評分項目		標準尺寸	實測尺寸	±0.05	±0.1	±0.15	±0.2	±0.3	±0.3 以上	得　分
	配分 / 項目			8 分	6 分	4 分	3 分	1 分	0 分	
主要尺寸	A	23.1	23.13	✓						8
	B	23.7	23.6		✓					6
	C	7.5	7.25				✓			3
	D	18.5	18.15						✓	0
	E	1.4	1.42				1.4			8
評分項目		標準尺寸	實測尺寸	±0.1	[illegible]	[illegible]		±0.3 以上		得　分
	配分 / 項目			6 分	4 分	1 分		0 分		
次要尺寸	①	3.8	3.75	✓						6
	②	14.4	14.25		✓					4
	③	1.4	1.4	✓						6
評分項目			符合比率	90%	80%	70%	60%	60%（不含）以下		得　分
	配分 / 項目			10 分	7 分	4 分	2 分	0 分		
整體處理	按圖落樣（含功能性）									
	焊接點位置（正確性）									
	焊接點處理（完整度）									
	表面修整									
	損耗 10% 以內		□2 分							
總　得　分										

* 術科評審表分為兩評分項目。第一項評分項目任何一項目勾選後，即便成品於六個小時內完成，也一律不予評分。

舉例：火槍操作回火 6 次不予評分、中場與終場進度懸殊過大有作弊事實者……等等。

* 以下重點提示不予評分之狀況：「沒做完、與圖不符、操作造成自己或別人危害、作弊事實」。

第二項評分項目

第一評分項目

第二項評審項目　凡無上項任一情事者　即作下列各項評分										
評分項目		標準尺寸	實測尺寸	±0.05	±0.1	±0.15	±0.2	±0.3	±0.3 以上	得　分 ②
	配分 / 項目			8 分	6 分	4 分	3 分	1 分	0 分	
主要尺寸	A	23.1	23.13	✓						8
	B	23.7	23.6		✓					6
	C	7.5	7.25				✓			3
	D	18.5	18.15						✓	0
	E	1.4	1.42	✓						8
評分項目		標準尺寸	實測尺寸	±0.1	±0.15	±0.3	±0.3 以上			得　分
	配分 / 項目			6 分	4 分	1 分	0 分			
次要尺寸	①	3.8	3.75	✓						6
	②	14.4	14.25		✓					4
	③	1.4	1.4	✓						6

第二評審項目-2

* 術科評審表與應檢人最相關的是第二項評審項目，其分為尺寸和表面質感兩部分各自評分。

* 第一部分以尺寸作為標準，區分主要尺寸 A、B、C、D、E；次要尺寸①、②、③。現場抽題所得到的標準尺寸與最終完成成品的實際尺寸，建議 A 到 E 尺寸精度每個項目要求誤差 ±0.05 至 ±0.10 可獲得 8 分至 6 分，而①到③的尺寸精度每個項目要求誤差 ±0.10 至 ±0.15 以下可獲得 6 分至 4 分，精準度越高越好，超過 ±0.30 則該項目零分；實測尺寸丈量時，相同項目尺寸以誤差最大值做紀錄。舉例戒指內圍 18：18.1 ～ 18.9mm，該項目 D 尺寸實拿分數 0 分。另外，倘若戒指內圍不圓，甚至直接不予評分。

* 平時練習時，便要要求精準測量尺寸。紀錄自身製作過程的尺寸變化。舉例來說：戒腳厚度題型尺寸 1.4mm，原本預留 1.5mm，倘若最後需要花費太多時間銼磨，表示一開始備製材料時需再縮減，反之亦然。

姓名		檢定日期	年　月　日	評審結果	□及格　□不及格
檢定編號		檢測地點		監評人員	
試題編號		檢測時間	時　分		（請勿於測試結束前先行簽名）

第一項評分項目

（一）凡有下列事之一者，為不及格。（於該項□打✓）

□ 1. 缺考。
□ 2. 未完成。（含中途棄權）
□ 3. 代人製作或受人協助者。
□ 4. 料件之增減有作弊事實者。
□ 5. 有夾帶或交換料件者。
□ 6. 故意毀損測試場所機具、物料。
□ 7. 未按圖說施工者。
□ 8. 未考還工作安全，釀成災害者。
□ 9.
□ 10.
□ 11.
□ 12. 加工或焊接方式不符者，如配件反裝。
□ 13. 逾時未到，中途棄權。

凡有上列各項之事情者，必要時請註明其具體之事，列舉於下：

第一評分項目

第二項評審項目　凡無上項任一情事者　即作下列各項評分

評分項目		標準尺寸	實測尺寸	±0.05	±0.1	±0.15	±0.2	±0.3	±0.3 以上	得　分
	配分／項目			8分	6分	4分	3分	1分	0分	
主要尺寸	A	23.1	23.13	✓						8
	B	23.7	23.6		✓					6
	C	7.5	7.25				✓			3
	D	18.5	18.1						✓	0
	E	1.4	1.42				1.4			8
評分項目		標準尺寸	實測尺寸	±0.1	±0.15	±0.3		±0.3 以上		得　分
	配分／項目			6分	4分	1分		0分		
次要尺寸	①	3.8	3.75	✓						6
	②	14.4	14.25		✓					4
	③	1.4	1.4	✓						6

第二評審項目-1

評分項目		符合比率	90%	80%	70%	60%	60%（不含）以下	得　分
整體處理	配分／項目		10分	7分	4分	2分	0分	
	按圖落樣（含功能性）							
	焊接點位置（正確性）							
	焊接點處理（完整度）							
	表面修整							
	損耗 10% 以內	□2分						
總　得　分								

③

* 第二項評審項目之第二部分以「整體處理」為評分，區分按圖落樣（含功能性）、焊接點位置（正確性）、表面修整（完整度）、損耗 10% 以內。成品外觀對稱性、焊接處完整性，銼磨面是否平順筆直、表面是否細緻無銼紋，最後剩餘的材料與損耗都注意不要隨意棄用。
* 第一部分「尺寸」拿到滿分共 58 分！整體處理這個項目沒分數也是不及格。評分標準愈來愈注重成品最終外觀是否為市場所接受。
* 測試結束後，料件繳交包含成品、半成品、版材或塊狀剩餘材料、粉狀損耗材料、焊藥。其中成品若不符合題型規範，皆以不及格論。而焊藥使用量必須適當，過多與不足都是檢測評分範圍。
* 以下不負責任發言：每個應檢人拿到的材料包會有編號與總重量，最後無論考題完成與否，都會需要把所有材料再次裝回原本的袋子並再次秤重；避免挾帶材料的嫌疑。

乙級金工術科測試材料表

項次	名稱	規格	單位	數量	備註
1	925 銀合金	100 x20 x2	片	1	尺寸單位 mm
2	925 銀合金	ø 1.5 x80	線	1	尺寸單位 mm
3	925 銀合金	ø 2.0 x80	線	1	尺寸單位 mm
4	70% 銀焊材	20 x10 x1	片	1	尺寸單位 mm
5	硼砂		小包	1	
6	明礬		小包	1	

* 應檢人須按照題型之使用材料表核對料件，如有短缺或缺陷者請擔任之監評人員處理調換。
* 每位應檢人拿到的材料會有編號與重量，目的是讓監評長追蹤材料損耗，並避免應檢人挾帶料件進入考場。
* 是否自行攜帶習慣使用助焊劑，請自行斟酌。

乙級金工術科測試時間配當表

時間	內容	備註
07：30 - 08：00	監評前事務協調會議（含監評檢查機具設備） 應檢人報到完成	請提早報到準備。
08：00 - 08：30	1. 應檢人抽題及工作崗位。 2. 場地設備及供料、自備機具及材料等作業說明。 3. 測試應注意事項說明。 4. 應檢人試題疑義說明。 5. 應檢人檢查設備及材料。 6. 其他事項。	注意：火槍操作問題、工具借用 *、椅子 *、銼橋鬆動 *、材料符合尺寸、明礬硼砂、輾壓機、抽線機位置......等等。 工具借用 *：需 08：30 以前要提出來。（原則上，自備工具表以外的物品可詢問是否借用，但依各個考場規定不同。） 椅子 *：現場有其他椅子可供替換。 銼橋鬆動 *：有問題請現場馬上提出更換。
08：30 - 12：00	術科測試	
12：00 - 13：00	監評人員及應檢人休息用膳時間	
13：00 - 13：10	監評人員及應檢人進入場地準備接續測試	
13：10 - 15：40	術科測試（續）	
15：40 - 15：50	場地人員整理場地 監評人員清點作品	
15：50 - 18：50	監評人員進行評審及成績彙總登錄工作	

* 每一檢定場，每日排定測試 1 場次。應檢人預先至考場報到以熟悉環境，監評人員會建議中午用餐時統一訂購便當。
* 應檢人需注意掌握題型製作過程所需花費的時間，並妥善分配工作進度。上半場術科測試時間為 08：30 ～ 12：00 為 3 個半小時，中午休息用膳時間從 12：00 ～ 13：10，下半場則從 13：10 ～ 15：40 為 2 個半小時，共 6 小時。注意 08：45 以後未報到，即以棄權論不得再入場。
* 舉例來說：時間規畫力求上半場戒指製作完成總體長寬、內圍的架構，下半場再接續製作細部零件、鑽孔、線槽加工或表面精修等等。墜飾亦同，上半場以外觀形完成、下半場著重細節處理。

暖心考前大提醒！

乙級術科共有 6 個題型，每道題型另設有三種尺寸規格，供應檢人抽題。

同梯次參與考核應檢人數最多至 18 位。考場內雖有提供木樁、虎鉗、線版，但仍依憑各考場之配置現況為準，設備數量之多寡，並無明確標準。意味著共用機器設備有限！

應檢人務必對考場環境及設備提高注意力，隨時掌握機器設備被其他人佔用的狀態，當機器被他人使用時，應該避免浪費時間在排隊等待，先分工執行其他如鋸切、抽線等作業，以促進工作順利銜接，「把握時間」非常重要！

建議平時練習過程中，應多演練變換備料方式，懂得分配時間，熟悉分工作業流序。

II 乙級術科測試題型及製作工序步驟

術科題型（一）

材料：100 x 20 x 2　一片

Ø2 x 80　一線

Ø1.5 x 80　一線

焊料：20 x 10 x 0.3　一片

單位：公釐 / mm

測驗時間：6 小時

術科題型模擬

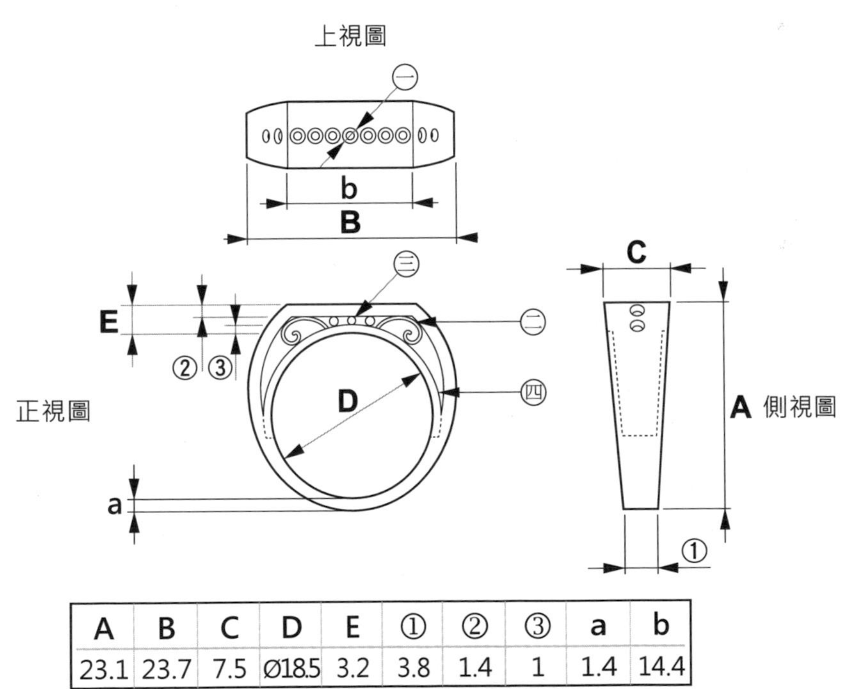

A	B	C	D	E	①	②	③	a	b
23.1	23.7	7.5	Ø18.5	3.2	3.8	1.4	1	1.4	14.4

㊀ 圖中【◎】貫穿鑽孔Ø1，外洞Ø1.8，共計11個洞

㊁ 圖中【⌒】【⌒】為0.7扁平細線加工，兩側共計4處

㊂ 圖中【◦◦◦】為實線，兩側共計6支

㊃ 套底鏤空

依側視圖區分成四塊零件：

戒面、戒圈、線編、內圈。（如左圖）

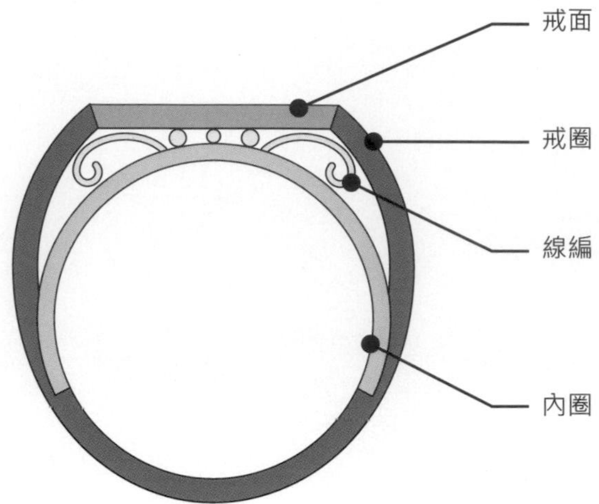

開始計時！！

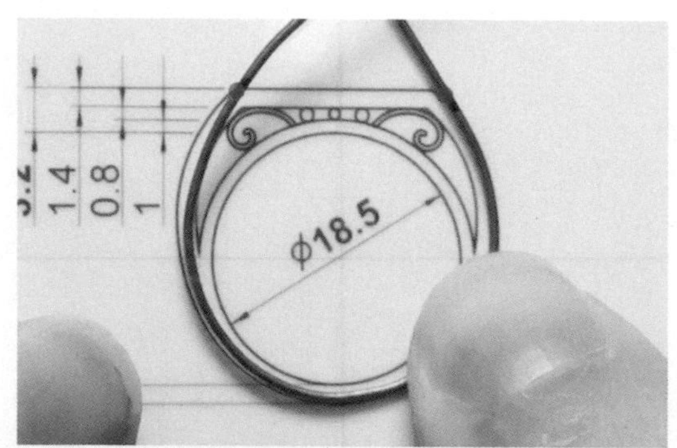

步驟 1. 備料取材

決定所需材料尺寸：

方法一：依圖型繞線，作出記號後攤平測量，即可得知戒圈大致長度。

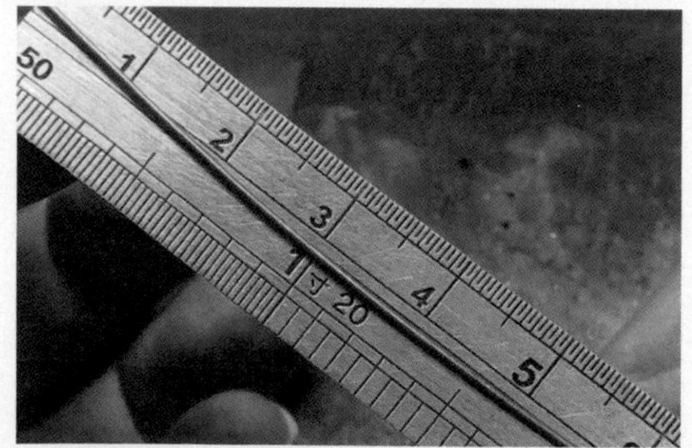

步驟 2. 備料取材

決定所需材料尺寸：

方法二：戒圍 18.5 推算戒圈長度。

公式：（直徑 x π）+ 預留尺寸

本題型：（18.5 x 3.14）+ 10 ≒ 68

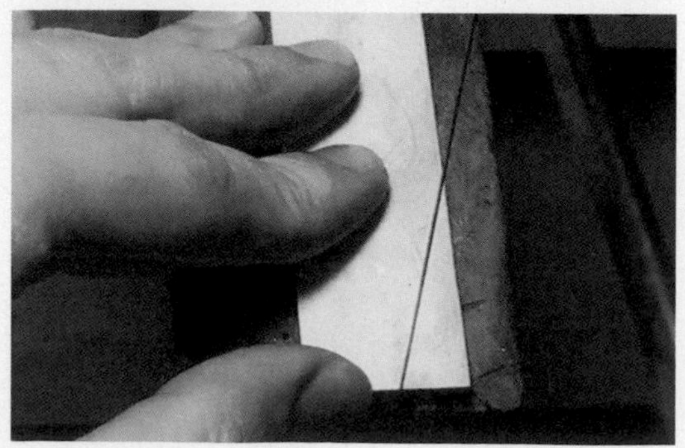

步驟 3. 備料取材

現場考題提供圖形未必是 1：1 圖形，備取材料需預留長度，提供鍛造彎折時的操作空間。

※ 工序反覆演練熟稔悉工序後，可依自身經驗斟酌取材尺寸是否需要增減。

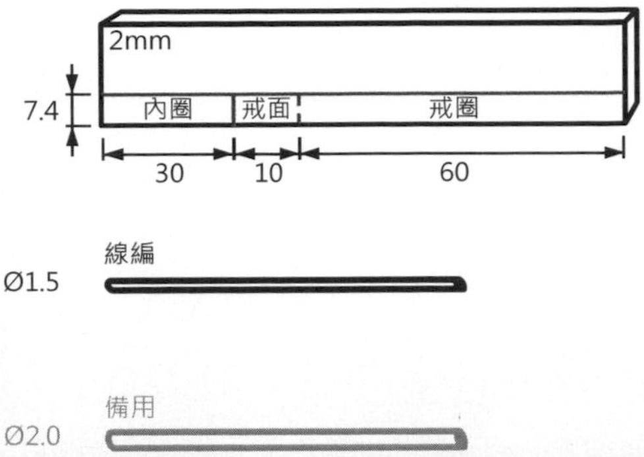

2mm
7.4
內圈 戒面 戒圈
30 10 60

線編
Ø1.5

備用
Ø2.0

步驟 4. 備料取材

取材步驟—取料尺寸預留與否。

版料輾壓過後長度與寬度都會增加。輾壓的厚度愈薄，長寬變化愈明顯。

戒圈、戒面、內圈：以相同寬度裁切後，再個別輾壓至所需厚度。

線編：線 Ø1.5 抽細至線 Ø1.0、Ø0.8。

鋸切、退火、輾壓、拔線

操作時間：1.2~1.5 時

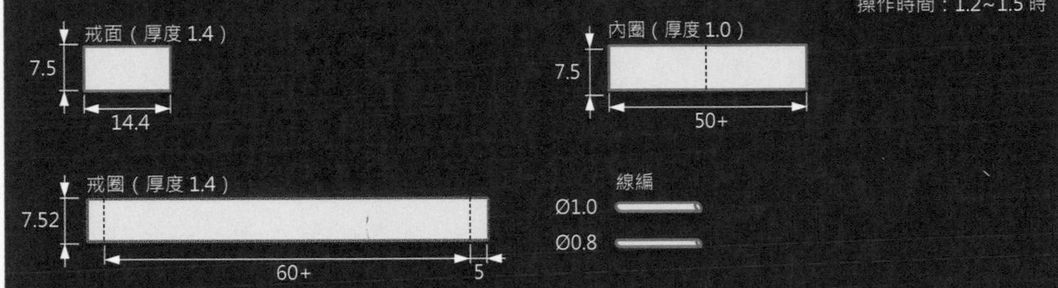

戒面（厚度 1.4）
7.5
14.4

內圈（厚度 1.0）
7.5
50+

戒圈（厚度 1.4）
7.52
60+ 5

線編
Ø1.0
Ø0.8

※ 備料過程隨時運用游標卡尺掌握尺寸與厚度。

步驟 5. 備料取材

鋸切戒圈材料：

戒圈版料長邊左右繪製間隔 5mm 與十字中心線，並透過側視圖得知戒圈最窄處為 3.8mm，繪製如下圖後，鋸切多餘材料。

步驟 6. 備料取材

銼磨戒圈材料：

將鋸切面銼修對稱、平整，繪製的基準線才會有參考價值。

以木夾固定銼修工件。

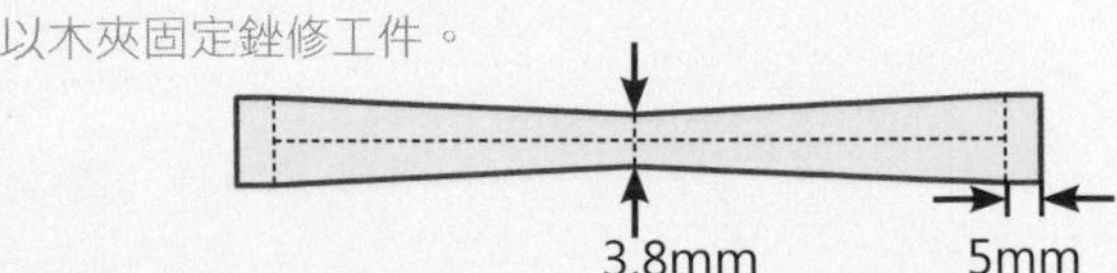

步驟 7. 備料取材

確認戒圈尺寸大小：

將游標卡尺固定於 18.5mm 後，比照戒指棒的戒圍，得知題型戒圍尺寸。

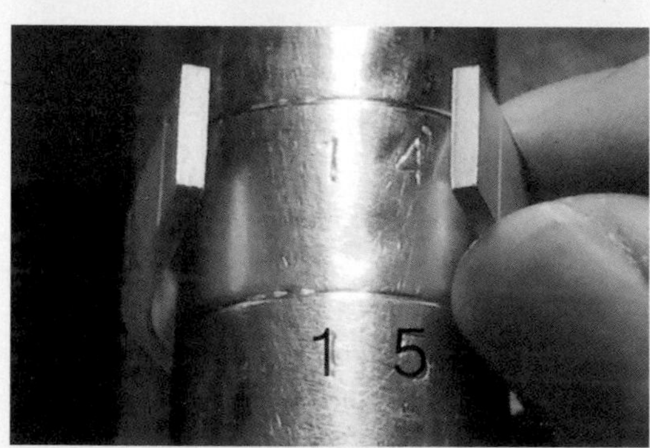

步驟 8. 備料取材

彎折戒圈雛型：

依附戒指棒彎折成形，以木槌、膠槌敲擊成形。

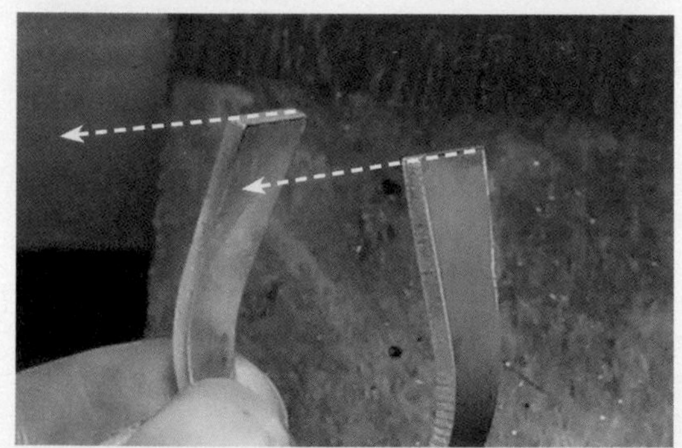

步驟 9. 備料取材

初步檢查弧度對稱性及兩側戒圈是否平行。

（如左圖黃色虛線）

步驟 10. 備料取材

以平鉗或半圓鉗彎折戒圈弧度。

不斷使用游標卡尺測量戒圈最寬處，確保尺寸不至偏差過多。

（左圖黃色虛線為測量位置）

步驟 11. 備料取材

採用比對方式，觀察戒圈弧度與題型的相似度。

※ 外形與題型愈相似，尺寸愈準確。

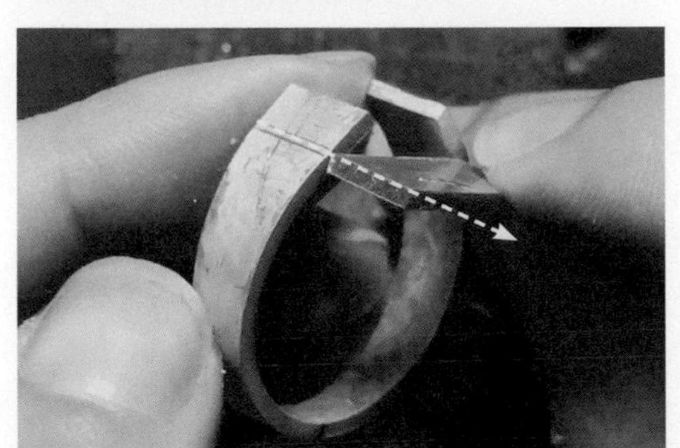

步驟 12. 備料取材

決定戒圈高度：

以戒面為參考線（左圖黃色虛線），鋸除戒圈多餘長度。

※ 需預留鋸絲鋸切與銼磨空間。

步驟 13. 備料取材

戒面 14.4 x 7.5mm：

戒面與題型要求尺寸一致，戒面與戒圈交接面銼修處理。

（左圖銼修位置繪製參考線。）

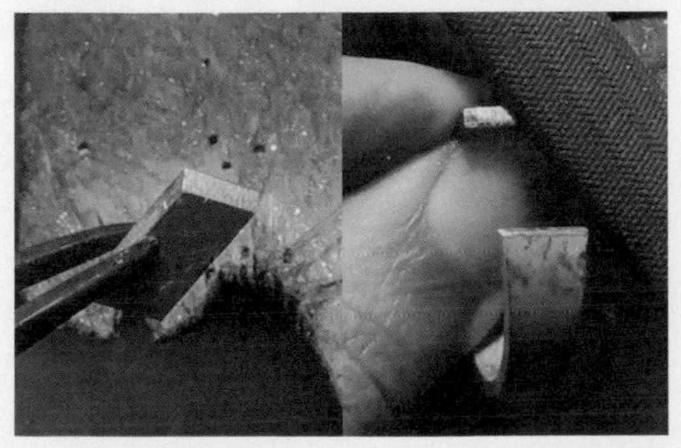

步驟 14. 備料取材

左側銼修後斜面需與戒圈吻合。

右側戒面與戒圈交接面銼修處理。

步驟 15. 備料取材

內圈以題型戒圍彎折或以金槌、木槌或膠槌敲擊成形。

內圈彎折須超過戒圍一半。

步驟 16. 備料範例

戒圈、戒面與內圈模樣：

術科考場共用機具設備配置數量有限，時間掌握與工作進度分配非常重要。

※ 倘若輾壓機有人排隊等待，應轉向去準備題型需要線材尺寸或其餘材料，以此類推，避免浪費時間。

操作時間：1.0~1.5 時

組合焊接前，備好的材料檢查尺寸

戒面、戒圈、內圈測量長度、寬度尺寸公差 ±0.10~0.20mm。

線段備用。

步驟 17. 組合焊接

組焊戒圈與戒面：

戒圈與戒面塗敷助焊劑加熱焊接。亦可以鐵線纏繞固定，放置焊藥時不致推動位移。

※ 注意 A、B 尺寸是否到位，理想落差尺距應在 ±0.1mm 的範圍。

步驟 18. 組合焊接

焊接線編：

焊接兩側中間線段 Ø 0.8 mm，以做為內圈焊接的參考點。

分規或矩車繪製戒面內側中點後，以鋸絲或銼刀鋸磨出凹槽，記錄線段位置並有利於焊接過程中，物件不易走位。

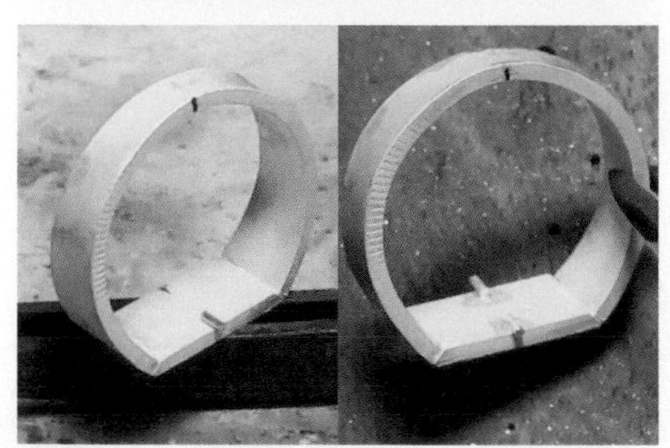

步驟 19. 組合焊接

焊接線編：

焊接兩側中間線段 Ø 0.8 mm，以做為內圈焊接的參考點。

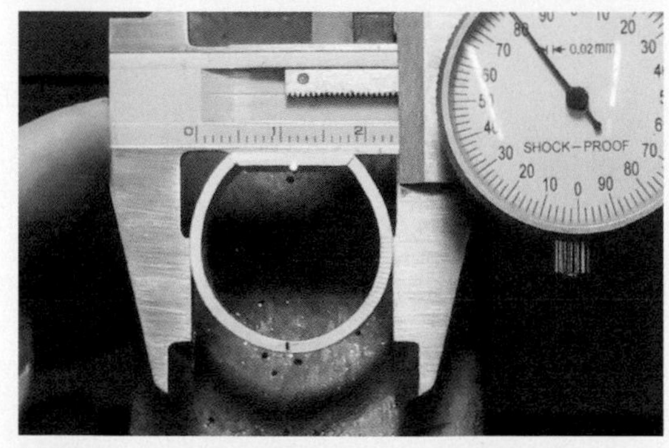

步驟 20. 組合焊接

檢查長度（A）與寬度（B）：

題型外輪廓弧度與對稱性確認，確保焊接過程無變形，須反覆確認尺寸。

寬（B）：23.7 ± 0.10~0.20（mm）

步驟 21. 組合焊接

檢查長度（A）與寬度（B）：

題型外輪廓弧度與對稱性確認，確保焊接過程無變形，須反覆確認尺寸。

長（A）：23.1 ± 0.10~0.15（mm）

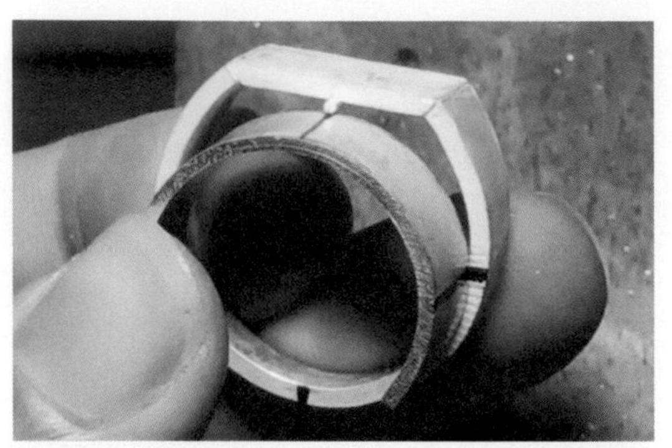

步驟 22. 組合焊接

內圈與戒圈磨合：

內圈與戒圈交接處銼磨修薄以貼合戒圈。

步驟 23. 組合焊接

內圈與戒圈磨合：

內圈與戒圈交接處銼磨修薄以貼合戒圈。

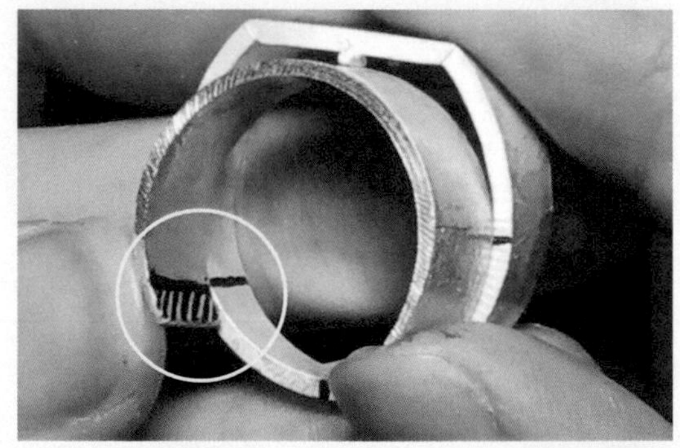

步驟 24. 組合焊接

內圈：

內圈與戒圈交接處鋸除多餘長度。

戒圈：

戒圈與內圈交接處繪製記號。

步驟 25. 組合焊接

戒圈：

以鋸絲鋸出深度後，再改用銼刀修磨吻合。

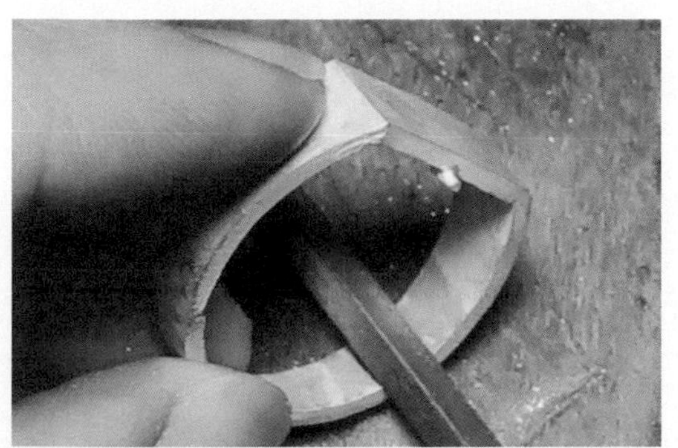

步驟 26. 組合焊接

戒圈：

內圈完全貼合戒圈。

步驟 27. 組合焊接

內圈與戒圈磨合：

檢查內圈是否完全貼合戒圈。

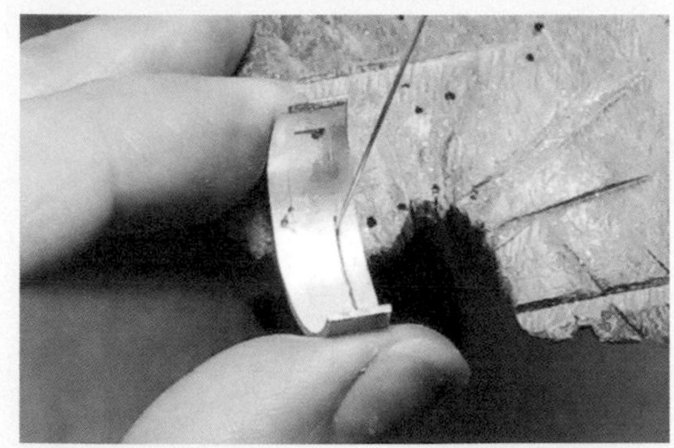

步驟 28. 組合焊接

內圈套底鏤空：

以矩車繪製適當寬度 1.5~2.0mm，鑽孔後鋸切取材，並以銼刀修飾鋸切之不平整處。

※ 鋸切和修磨時，需注意不當施壓，恐導致內圈扭曲變形。

步驟 29. 組合焊接

內圈與戒圈組焊：

焊接面塗敷助焊劑後，內圈與戒圈加熱組合焊接，再焊接線編兩側 Ø1.0mm 的線段。

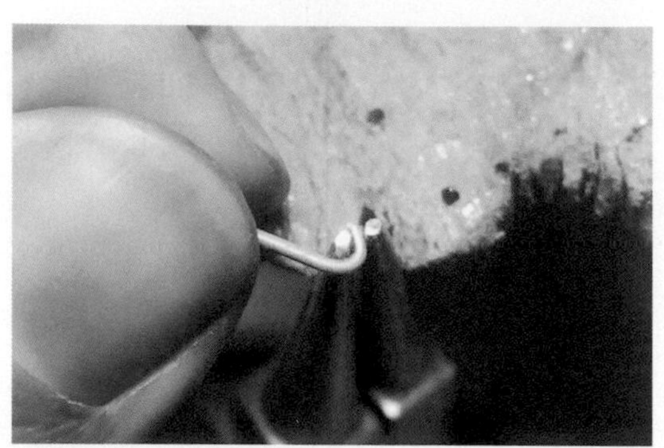

步驟 30. 組合焊接

線編組焊：

線段 Ø0.8 mm 以金槌輕敲整出平面後，以圓鉗彎折。

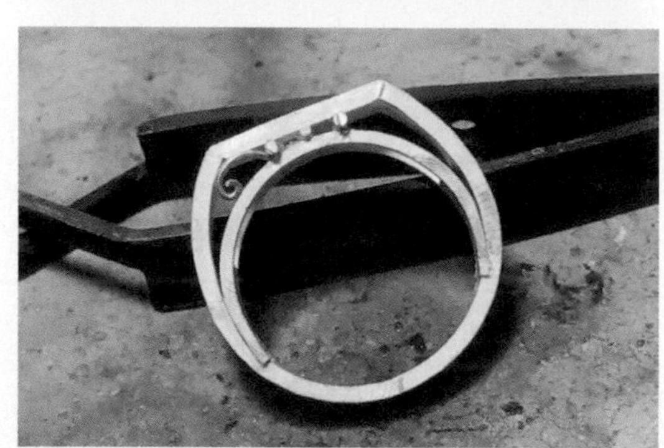

步驟 31. 組合焊接

線編組焊：

彎折好的線段沾塗助焊劑後，微加熱燒乾水分放置在焊接位置上，再用火槍加熱以焊藥焊接固定。

※ 注意加熱位置！線段體積小，受熱速度快，避免火焰直接對準線段，故焊接加熱時著重以戒圈或外側為主，以溫度引導焊藥流向。

步驟 32. 組合焊接

線編組焊：

先焊接固定線端點（黃色圈），再以圓鉗彎折線段，轉入戒圈與戒面間的位置。

步驟 33. 組合焊接

線編組焊：

以圓鉗或平鉗彎折線段，導入戒圈與戒面間的位置後，再次加熱焊接固定。

操作時間：1.2~1.5 時

銼磨修飾前，確保焊接的完固狀態

明礬酸洗去除助焊劑、氧化層。

檢查焊接點、組件交接面是否焊藥足夠無缺口。

銼磨過程若工件解體崩落，必須再次補焊。把握時間，避免延誤。

步驟 34. 銼磨修整

內圈與戒圈銜接面：

運用半圓銼刀銼磨，順沿著戒圈弧度，將內圈與戒圈銜接凸起處修飾平順，並再以戒棒檢視戒圈內圍是否貼平戒棒無縫隙。

※ 銼修過程，隨時以游標卡尺檢查戒圍尺寸！避免過度修銼。

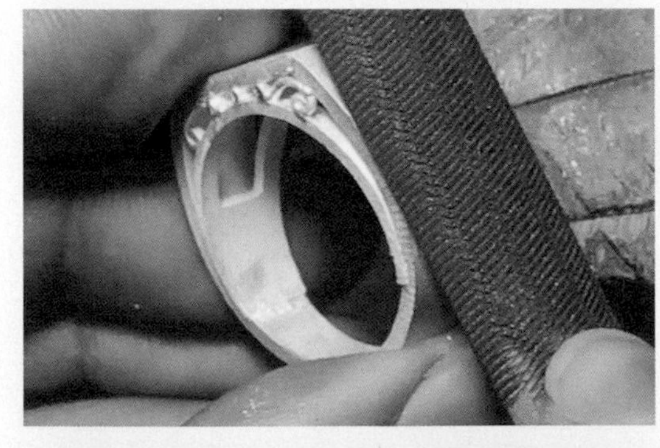

步驟 35. 銼磨修整

戒圈：

戒圈及兩側面順沿戒圈弧度，以銼刀將表面彎折、鍛敲痕修磨平整細緻。

※ 銼磨過程隨時以游標卡尺丈量尺寸，避免銼修過度。

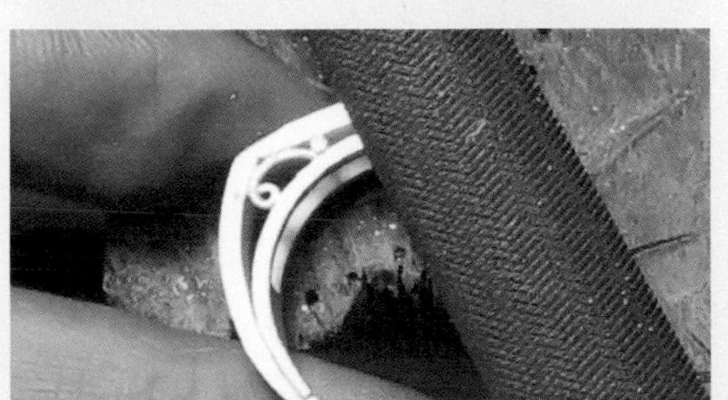

步驟 36. 銼磨修整

兩正面：

將正面突出不平整的內圈、線編修磨平整。注意戒面尺寸的精確度，避免銼磨過頭使尺寸縮小。

※ 粗銼（#00）修整後，以細銼（#02、#04）整理銼痕或毛邊。若時間充裕，使用砂紙棒（#400）做表面細修。

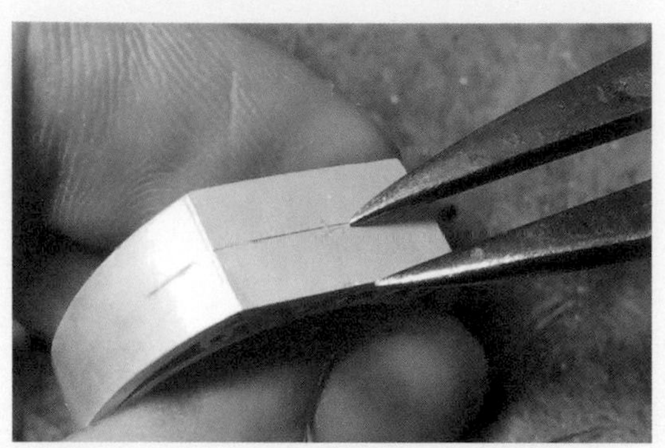

步驟 37. 定位鑽孔

戒面、戒圈孔位均分：
以分規或矩車在戒面及戒圈上繪製中心線。

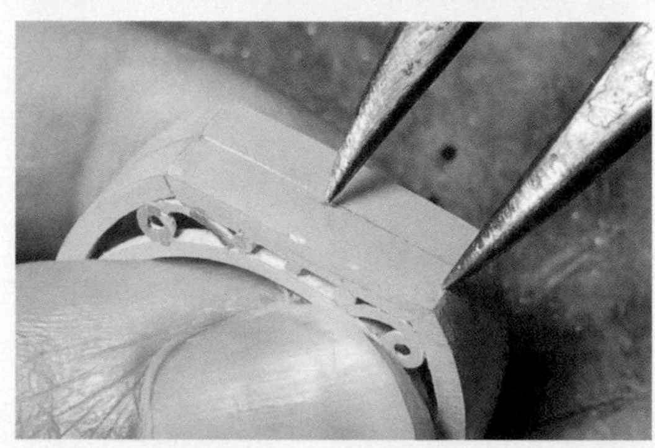

步驟 38. 定位鑽孔

戒面、戒圈孔位均分：
從戒面中心、左右兩側均分七個點（參考題型規格），如下圖。戒圈左右兩側各分二等分。

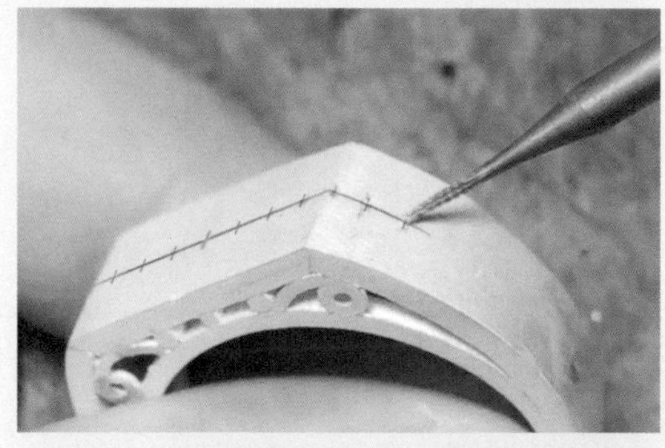

步驟 39. 定位鑽孔

戒面、戒圈預設孔位中心：
以 Ø0.7mm 斜身狼牙棒或鏟刀車磨孔位中心定點，避免鑽針鑿孔打洞時走位歪斜。

步驟 40. 定位鑽孔

戒面、戒圈調整孔位中心：
題型要求貫穿孔徑 Ø1.0mm；建議先用 Ø0.8mm 鑽針鑿出淺孔，注意淺孔位置的排序是否準確一致。

步驟 41. 定位鑽孔

戒面、戒圈調整孔位：

改用 Ø1.0mm 鑽針，依循著 Ø 0.8 mm 鑽針的鑿孔打洞，同時再次修正微調孔洞的位置。

步驟 42. 定位鑽孔

戒面、戒圈車錐孔外徑：

題型要求錐孔外徑 Ø1.8mm，採用桃型波蘿頭鑽鑿擴孔。

步驟 43. 表面質感處理

以明礬酸洗去除助焊劑、氧化物；砂紙表面細修銼齒紋、工具痕跡。

※ 題型要求尺寸精準度、完成度、表面處理程度，雖無要求拋光面，但仍需以明礬酸洗過後，細修至砂紙 #400。

※ 延伸思考：題型完成後，會有許多死角修不到，故必須在製作過程中先細修，再進行組焊！

操作時間：0.2 時

術科題型（二）

材料：100 x 20 x 2　　一片

Ø2 x 80　　一線

Ø1.5 x 80　　一線

焊料：20 x 10 x 0.3　　一片

單位：公釐 / mm

測驗時間：6 小時

術科題型模擬

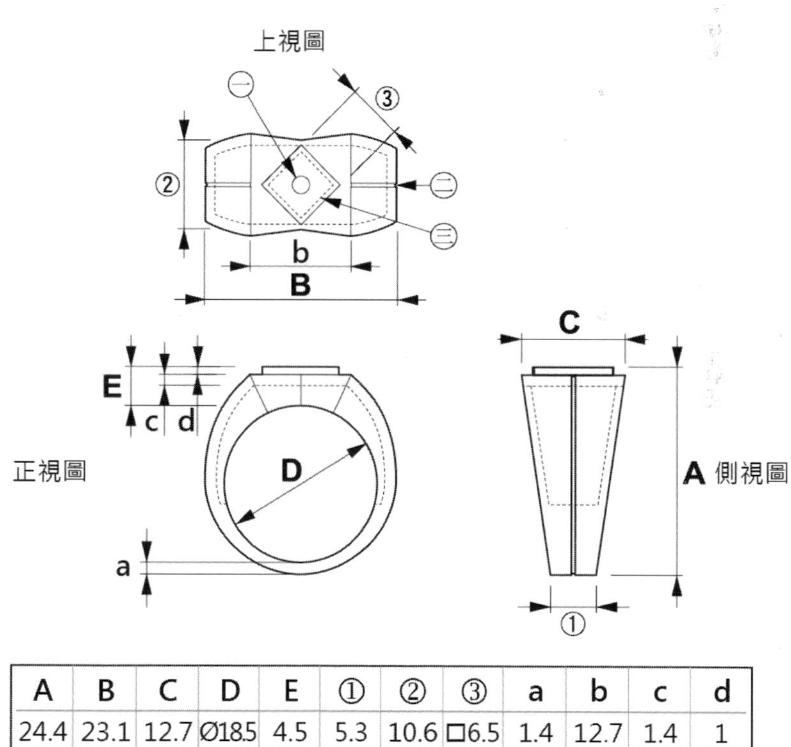

A	B	C	D	E	①	②	③	a	b	c	d
24.4	23.1	12.7	Ø18.5	4.5	5.3	10.6	□6.5	1.4	12.7	1.4	1

㊀ 圖中【○】為貫穿鑽孔Ø2

㊁ 用鋸線加工

㊂ 底層鋸正方洞5內徑

依側視圖區分成四塊零件：

上蓋、戒面、兩個側面、戒圈。（如右圖）

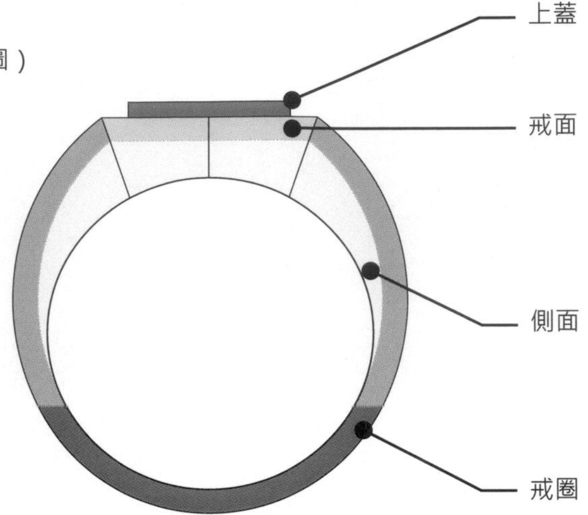

開始計時！！

步驟 1. 備料取材

決定所需材料尺寸：

方法一：依圖形繞線，作出記號後攤平測量，即可得知戒圈大致長度。

步驟 2. 備料取材

決定所需材料尺寸：

方法二：戒圍 18.5 推算戒圈長度。

公式：（直徑 x π）+ 預留尺寸

本題型：（18.5 x 3.14）+ 10 ≒ 68

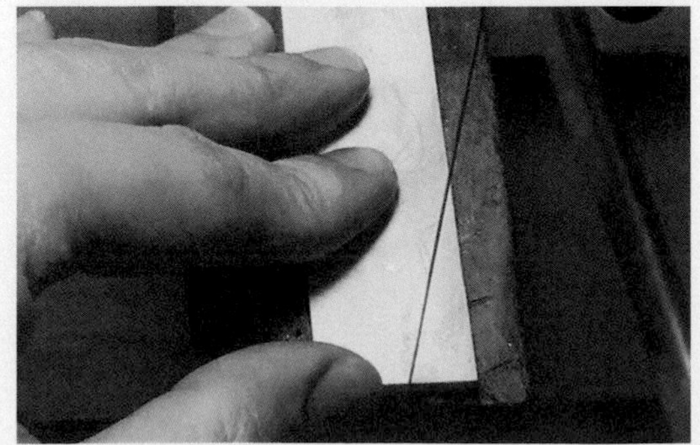

步驟 3. 備料取材

現場考題提供圖形，未必是 1：1 圖形，備取材料需預留長度，提供鍛造彎折時的操作空間。

※ 反覆演練熟悉工序後，可依自身經驗斟酌取材尺寸是否需要增減。

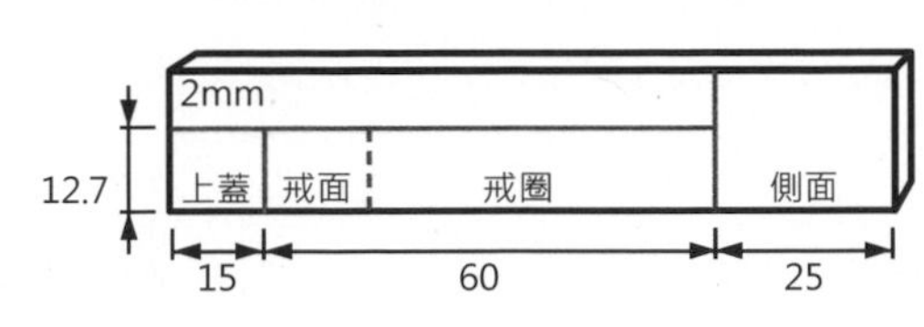

步驟 4. 備料取材

取材步驟——取料尺寸預留與否。

版料輾壓過後長度與寬度都會增加。輾壓的厚度愈薄，長寬變化愈明顯。

戒圈、戒面、上蓋：以相同寬度裁切後，輾壓至所需厚度，再分別鋸開。

側面：輾壓至所需厚度後裁切。

鋸切、退火、輾壓、拔線

操作時間：0.4~0.8 時

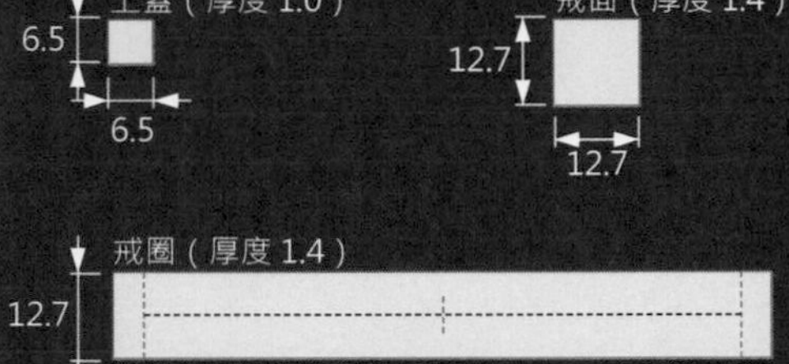

※ 備料過程隨時運用游標卡尺掌握尺寸與厚度。

步驟 5. 備料取材

鋸切戒圈材料：

戒圈版料繪製 5mm 預留間隔、十字中心線，並透過側視圖得知戒圈最窄處為 5.3mm，繪製如下圖後，鋸切多餘材料。

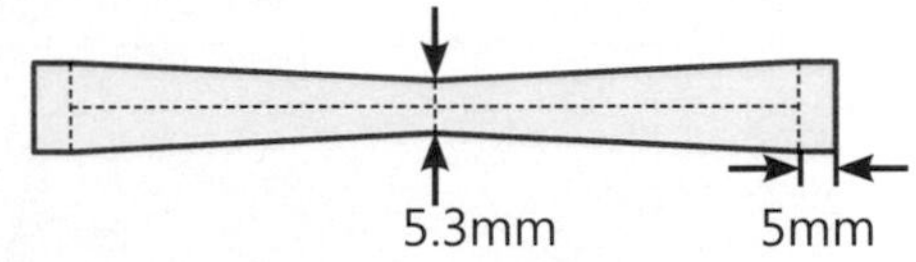

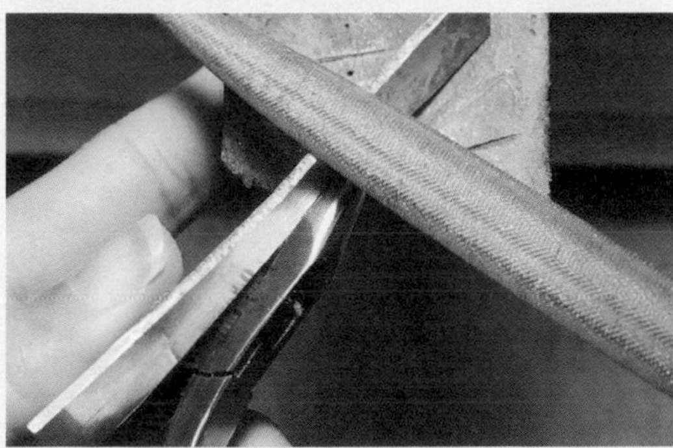

步驟 6. 備料取材

銼磨戒圈材料：

將鋸切面銼修對稱、平整，繪製的基準線才會有參考價值。

以手或鉗夾固定工件銼修。

步驟 7. 備料取材

彎折戒圈雛型：

將游標卡尺固定於 18.5mm 後，比照戒指棒的戒圍，得知題型戒圍尺寸 15#。

步驟 8. 備料取材

彎折戒圈雛型：

依附戒指棒彎折成形，以木槌、膠槌敲擊成形。

步驟 9. 備料取材

彎折戒圈雛型：

以平鉗或圓鉗彎折戒圈弧度。

不斷使用游標卡尺測量戒圈最寬處，確保尺寸不至偏差過多。

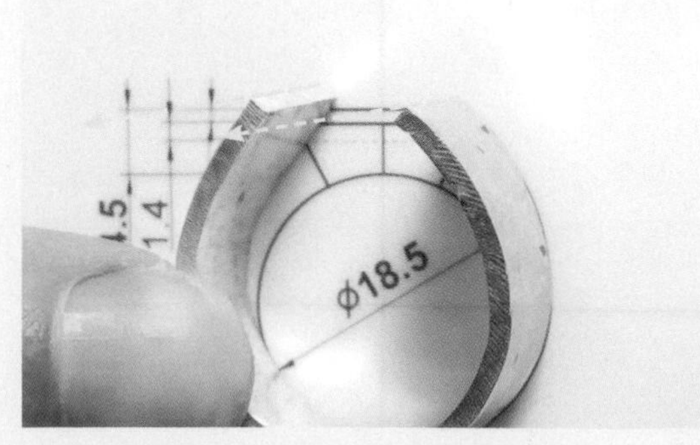

步驟 10. 備料取材

彎折戒圈雛型：

檢查戒圈弧度對稱性及兩側戒圈是否平行（如左圖黃色虛線）。

※ 外形與題型愈相似，尺寸愈準確。

步驟 11. 備料取材

決定戒圈高度：

以戒面作為參考基準繪製參考線（左圖黃色虛線），鋸除多餘戒圈長度。

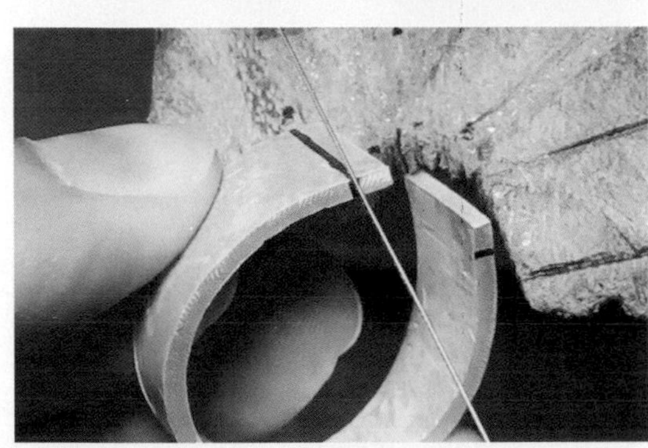

步驟 12. 備料取材

鋸除戒圈多餘長度。

※ 需多預留鋸絲鋸切與銼磨空間。

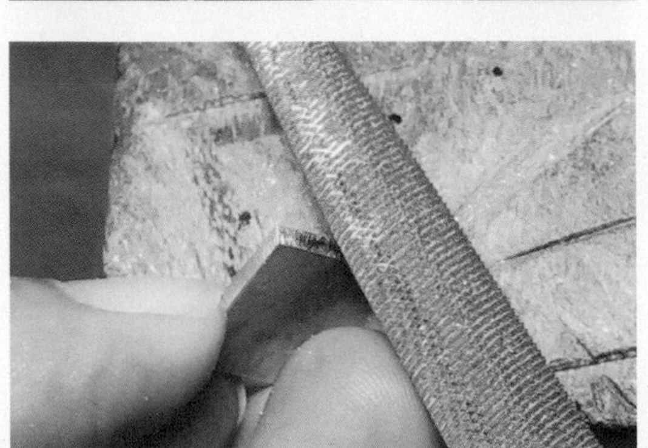

步驟 13. 備料取材

戒面 12.7 x 12.7（mm）：

戒面尺寸修磨至題型要求尺寸精度，並銼修戒面與戒圈焊接面。

（左圖）銼修後斜面需與戒圈吻合。

步驟 14. 備料取材

磨合戒圈與戒面焊接處。

步驟 15. 備料取材

戒圈、戒面模樣：

術科考場共用機具設備配置數量有限，時間掌握與工作進度分配就非常重要。

操作時間：1.2~1.5 時

組合焊接前，備好的材料檢查尺寸

戒面、戒圈測量長度、寬度尺寸公差 ±0.05 ~ ±0.10mm。

兩個側面、上蓋備用。

步驟 16. 組合焊接

組焊戒圈與戒面：

戒圈與戒面塗敷助焊劑微火加熱，使助焊劑產生黏性暫時固定兩工件後，放置焊藥於交接處後加熱焊接。

步驟 17. 組合焊接

檢查長度（A）與寬度（B）：

題型外輪廓弧度與對稱性確認後，確保焊接過程無變形，須反覆確認尺寸。

長（A）：23.4 ± 0.10~0.15（mm）

寬（B）：23.1 ± 0.10~0.15（mm）

※ 長度（A）尺寸，需扣除上蓋厚度 1mm。

步驟 18. 組合焊接

戒圈與兩個側面磨合：

兩側面比對戒圈並測量尺寸，決定磨除範圍。

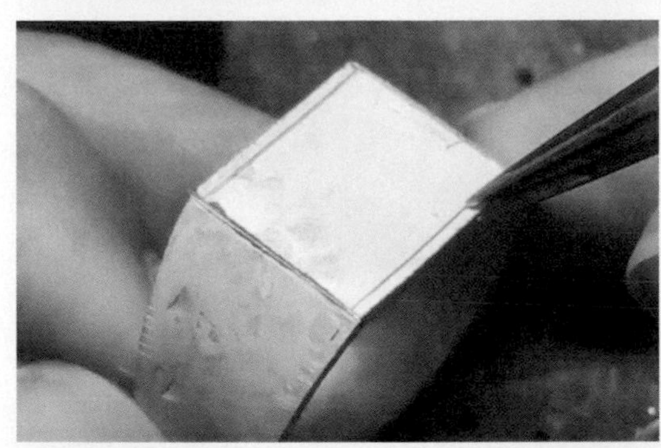

步驟 19. 組合焊接

以分規繪製兩個側面磨除範圍。

步驟 20. 組合焊接

黑色部分即兩個側面磨除範圍。

步驟 21. 組合焊接

戒圈鋸除多餘材料。

步驟 22. 組合焊接

戒圈鋸除多餘材料。

※ 不建議初學者使用此方式去除多餘材料；一來工件較小不易抓握固定，再者鋸工工法尚未運用純熟者，不易鋸切準精，更可能有操作安全的顧慮。

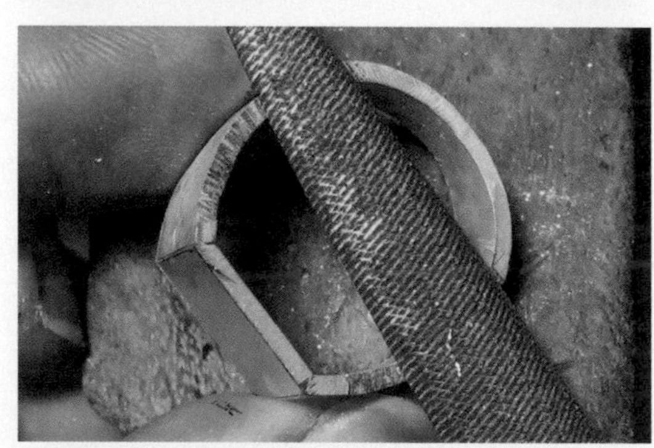

步驟 23. 組合焊接

戒圈與兩個側面銜接面磨合：

戒圈鋸除空間銼磨平整，確保戒圈與兩個側面焊接處密合。

步驟 24. 組合焊接

戒圈與兩個側面銜接面磨合：

戒圈鋸除空間銼磨平整，確保戒圈與兩個側面焊接處密合。

步驟 25. 組合焊接

粉紅色塊為側面貼合戒圈處的焊接面。

步驟 26. 組合焊接

戒圈與兩個側面焊接面磨合：
側面貼合戒圈處磨圓角，更利於與戒圈貼合。（左圖粉紅色塊）

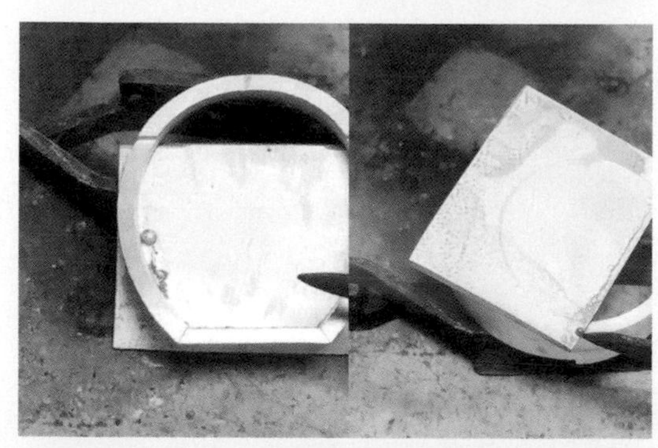

步驟 27. 組合焊接

組焊戒圈與兩個側面：
塗敷助焊劑微火加熱，使助焊劑產生黏性暫時固定兩者後，放置焊藥於交接處後加熱焊接。

※ 焊藥量須補足，避免磨除側面多餘材料後，產生縫隙。

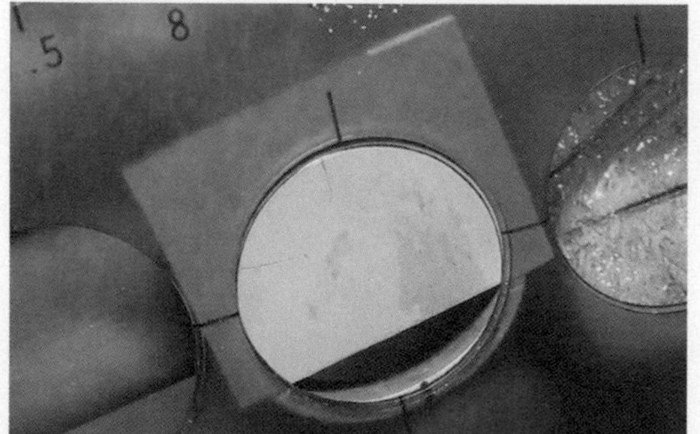

步驟 28. 組合焊接

側面繪製戒圍：
側面（一）焊接後，以圓圈版繪製戒圍尺寸 Ø18.5mm。

步驟 29. 組合焊接

或分規以半徑丈量繪製出圓心後，再規畫出戒圍尺寸。（見黃色虛線）

步驟 30. 組合焊接

側面鋸除戒圍：

側面（一）焊接後，須先鋸除戒圍材料。才再次進行側面（二）的焊接。

※ 兩個側面焊接後不可鋸切！

步驟 31. 組合焊接

組焊戒圈與側面（二）：

戒圈與側面（二）塗敷助焊劑微火加熱，放置焊藥於交接處後加熱焊接。

※ 焊藥量須補足，避免磨除側面多餘材料後，產生縫隙。

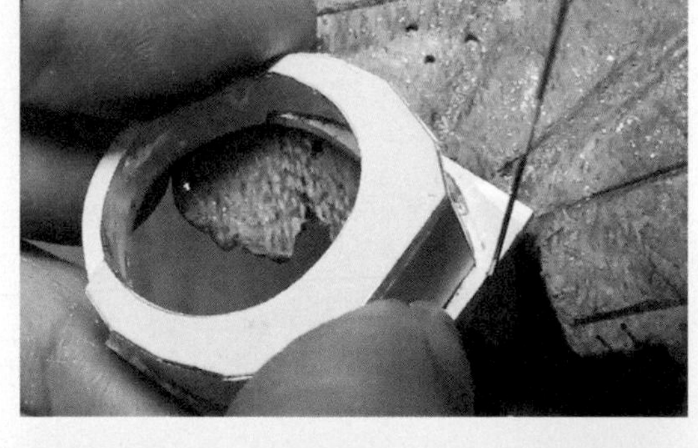

步驟 32. 組合焊接

側面（二）鋸除或裁剪多餘材料：

鋸切或裁剪多餘材料，須預留銼磨空間。

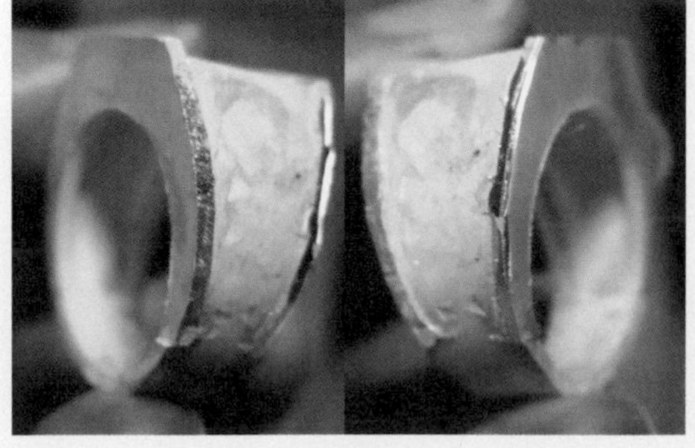

步驟 33. 組合焊接

左圖為鋸切取材切面工具紋。

右圖為裁剪取材斷面工具紋。

※ 裁剪工具因形式與尺寸不同，對應不同剪裁厚度。厚度若達 1.5mm 以上，則較難以手工裁剪。

操作時間：1.2~1.5 時

銼磨修整前，確保焊接的完固狀態

明礬酸洗去除助焊劑、氧化層

檢查焊接點、組件交接面是否焊藥足夠無缺口。

鋰磨過程若工件解體崩落，必須再次補焊。把握時間，避免延誤。

步驟 34. 銼磨修整

戒圈與兩個側面銜接面：

銼刀順沿戒圈弧度將兩側面凸起處修飾平順。

※ 銼修過程隨時以游標卡尺檢查戒圍尺寸！

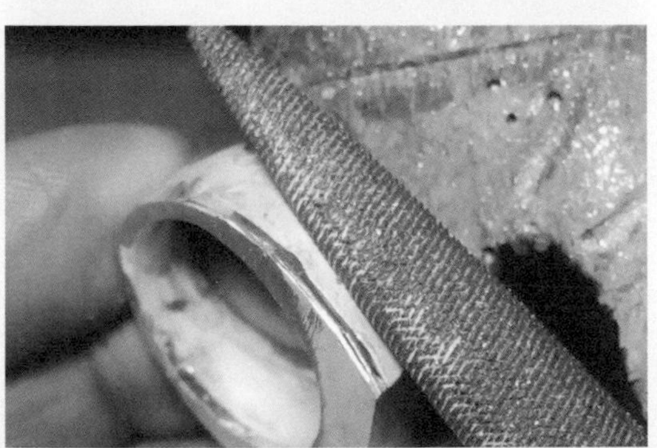

步驟 35. 銼磨修整

戒圈與兩個側面銜接面：

銼刀順沿戒圈弧度將兩側面凸起處修飾平順。

※ 銼修過程隨時以游標卡尺檢查戒圍尺寸！

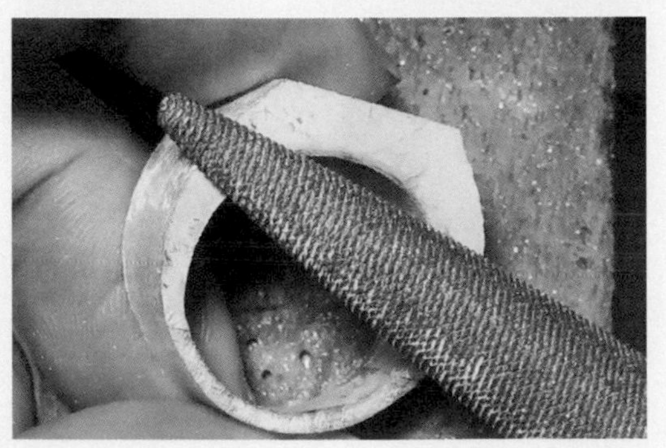

步驟 36. 銼磨修整

將兩正面與戒圈凸出銜接處修磨平整，並銼修至尺寸精準。

※ 粗銼（#00）修整後，可以細銼（#02、#04）整理銼痕或毛邊。若時間充裕，可攜帶砂紙棒（#400）做表面細修。

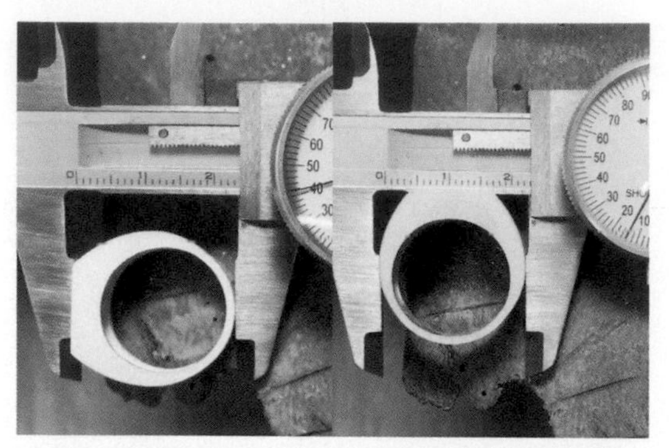

步驟 37. 銼磨修整

檢查長度（A）與寬度（B）尺寸否到位，理想落差尺距應在 ±0.05mm 的範圍。

長（A）：23.4 ± 0.05 （mm）

寬（B）：23.1 ± 0.05 （mm）

※ 長度（A）尺寸，需扣除上蓋厚度 1mm。

步驟 38. 套底鏤空

戒面繪製中心線：

戒面以分規或矩車繪製中心線。

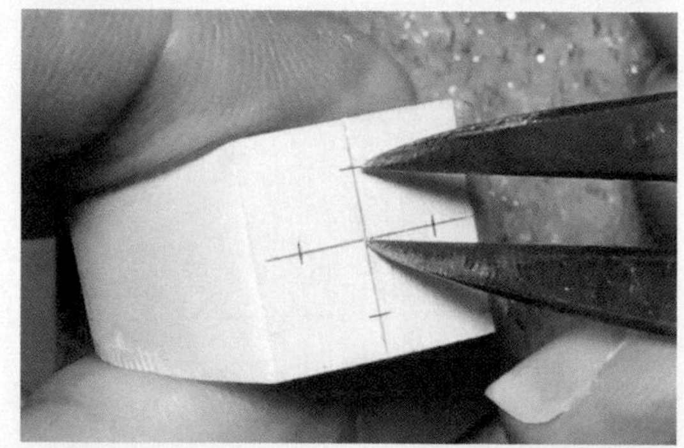

步驟 39. 套底鏤空

戒面繪製鏤空位置：

戒面以分規或矩車依照題型要求尺寸繪製鏤空位置。

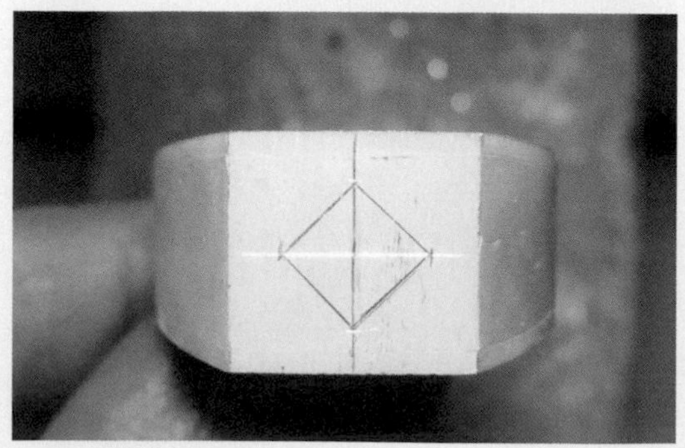

步驟 40. 套底鏤空

戒面鏤空位置。

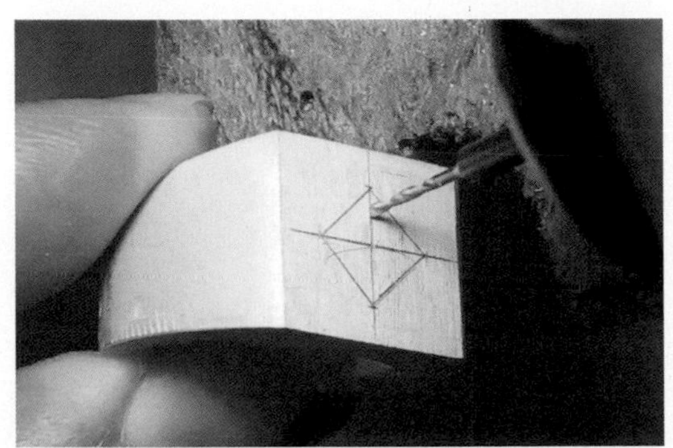

步驟 41. 鑽孔取材

戒面鑽孔：

於四個角落鑽孔。

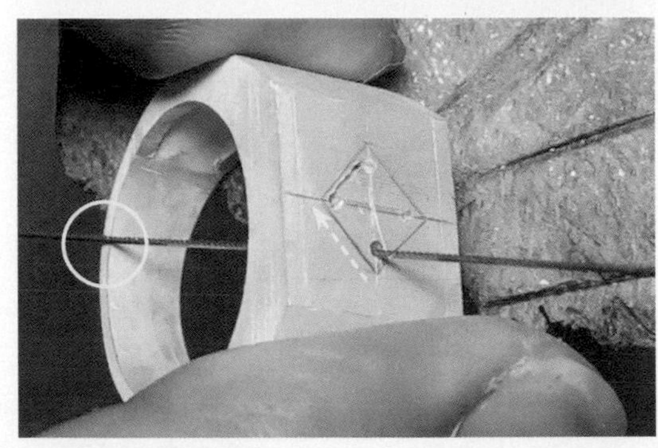

步驟 42. 套底鏤空

戒面鏤空：

鑽孔後鋸切取材。

※ 需注意鋸絲穿出位置與鋸切方向同側，避免鋸切過程刮傷戒圈。

步驟 43. 套底鏤空

戒面鏤空：

銼刀修磨不平整處。

步驟 44. 組合焊接

上蓋繪製對角線：

上蓋以分規或矩車繪製對角線。

※ 上蓋對角線對齊下方戒面中心線，確保上蓋焊接時置中。

步驟 45. 鑽孔取材

組焊戒面與上蓋：

戒面與上蓋塗敷助焊劑微火加熱，放置焊藥於交接面後加熱焊接。

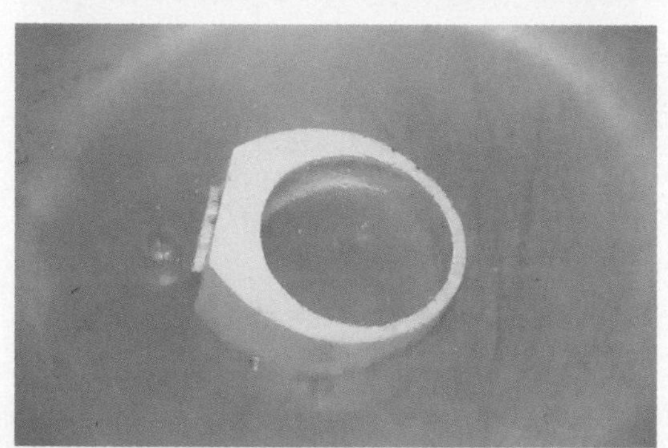

步驟 46. 明礬酸洗

明礬微火加溫酸洗去除氧化層、助焊劑後，檢查焊接點、組件交接面是否焊藥足夠無缺口。

步驟 47. 銼磨修整

鋸磨中線記號：

分規或矩車繪製側面中點後，以鋸絲或銼刀鋸磨出凹槽。

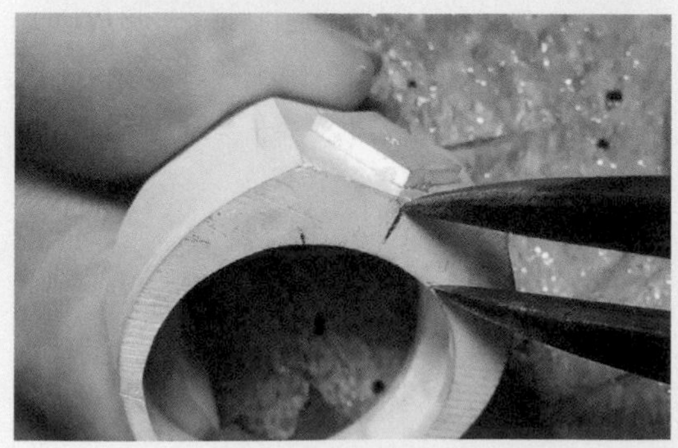

步驟 48. 銼磨修整

繪製銼磨範圍記號：

依中點均分左右銼磨範圍。

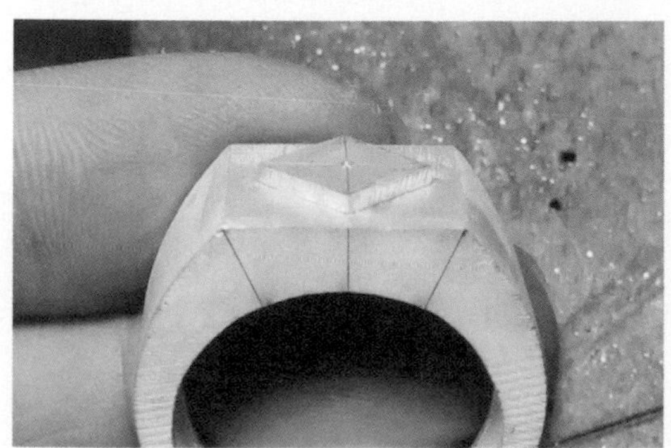

步驟 49. 銼磨修整

繪製銼磨範圍記號：

繪製出銼磨凹槽的範圍。

步驟 50. 銼磨修整

銼磨側面內凹處：

銼磨範圍先以粗銼修磨雛型後，再以細銼整面修飾銼刀痕。

步驟 51. 銼磨修整

銼磨側面內凹處。

※ 粗銼（#00）修整後，可以細銼（#02、#04）整理銼痕或毛邊。

步驟 52. 鑽孔擴孔

上蓋依題型尺寸鑽孔：

於上蓋繪製的中心鑽孔。建議先用 Ø0.8 mm 鑽針鑿出淺孔。

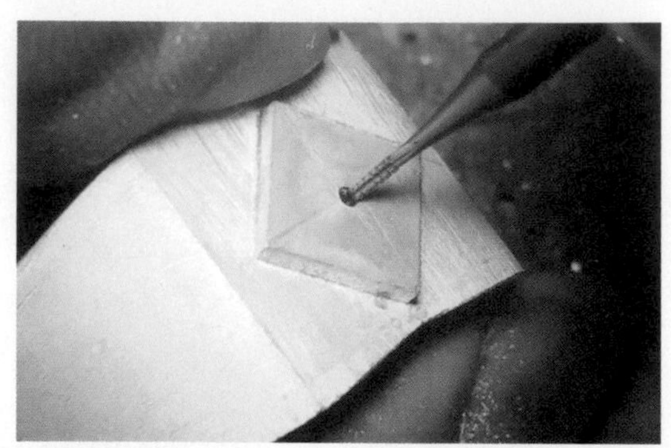

步驟 53. 鑽孔擴孔

上蓋狼牙棒修飾孔位：

鑽孔若偏移，以狼牙棒修飾孔位位置。

※ 狼牙棒需於運轉當中修飾孔位！避免狼牙棒走位刮花金屬表面。

步驟 54. 鑽孔擴孔

上蓋以桃型波蘿頭鑽鑿擴孔。

操作時間：1.3~1.5 時

步驟 55. 裝飾線槽

戒圈側面繪製中線記號：

戒圈側面分三段以分規或矩車繪製中點後，再繪製連線。

步驟 56. 裝飾線槽

步驟 57. 裝飾線槽

戒圈側面繪製中線記號：

戒圈分三段以分規或矩車繪製中點後，再繪製連線。

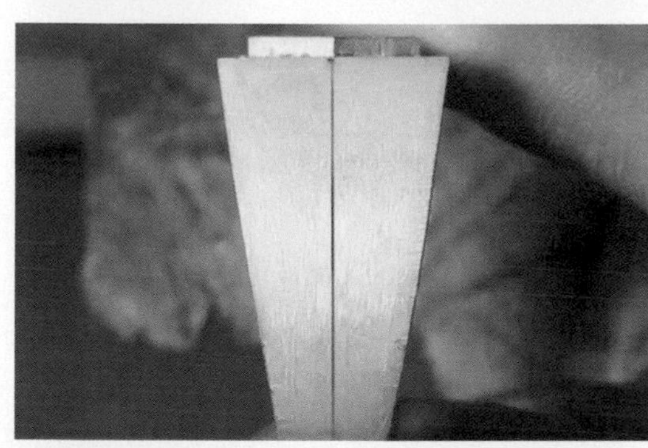

步驟 58. 裝飾線槽

戒圈側面繪製中線記號。

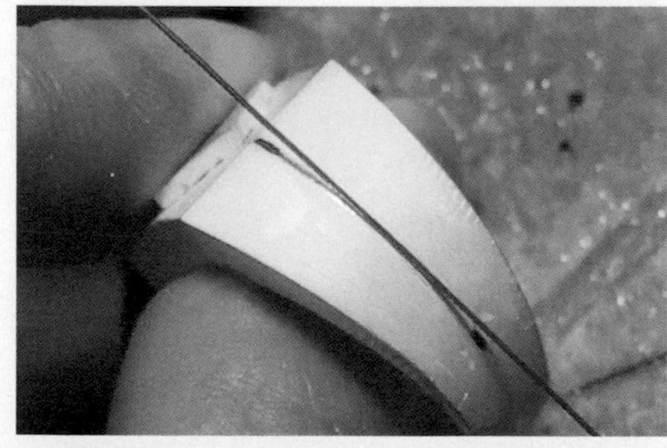

步驟 59. 裝飾線槽

鋸絲鋸磨戒圈側面線槽：

鋸絲輕放置於中線，前後拉鋸出淺溝，再漸進環繞戒圈側面鋸磨，直至繞完一整個戒圈。

步驟 60. 裝飾線槽

先以淺溝繞完一整圈，再反覆幾次加深線槽。

步驟 61. 表面處理

以明礬酸洗去除助焊劑、氧化物；砂紙表面細修銼齒紋、工具痕跡。

※ 題型要求尺寸精準度、完成度、表面處理程度，雖無要求拋光面，但仍需以明礬酸洗過後，細修至砂紙 #400。

※ 延伸思考：題型完成後，會有許多死角修不到，故必須在製作過程中先細修，再進行組焊！

操作時間：0.5 時

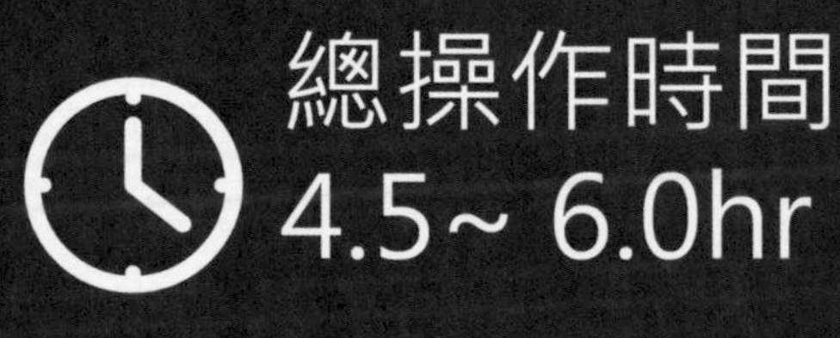

金工 MEMO

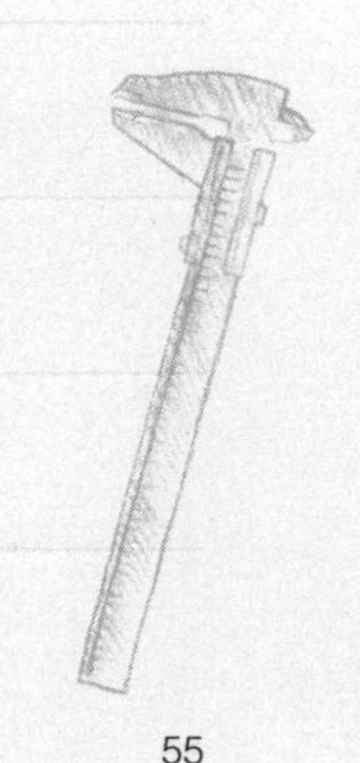

術科題型（三）

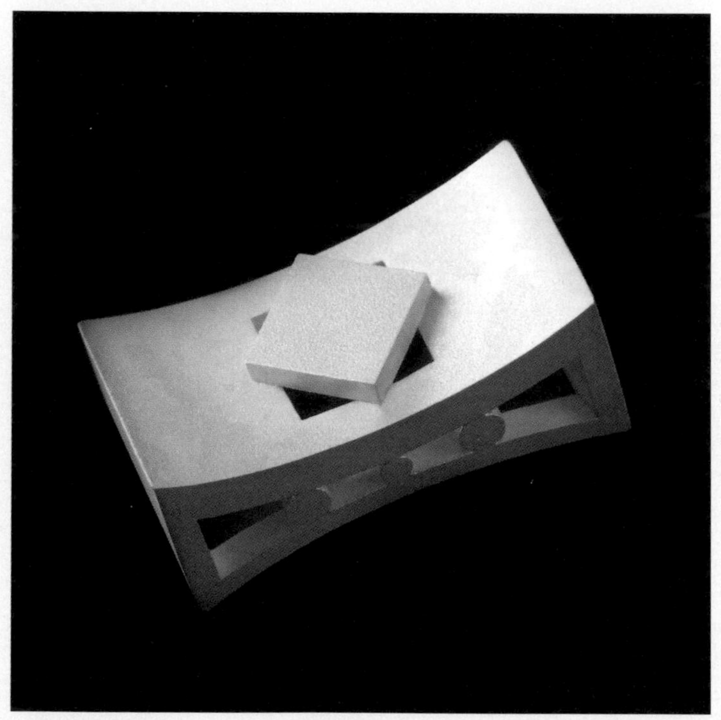

材料：100 x 20 x 2　　一片

Ø2 x 80　　一線

Ø1.5 x 80　　一線

焊料：20 x 10 x 0.3　　一片

單位：公釐 / mm

測驗時間：6 小時

術科題型模擬

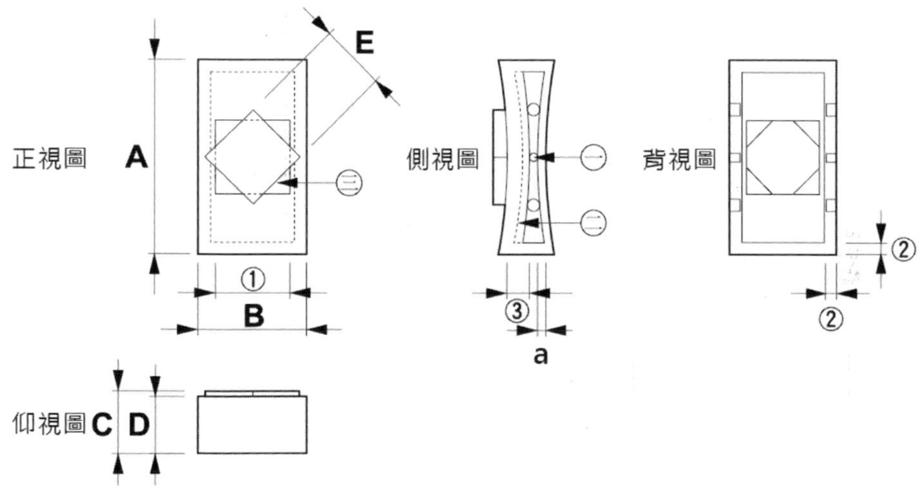

A	B	C	D	E	①	②	③	a
23.8	13.2	7.5	6.9	□8.2	9	1.5	2.8	1

㊀ 加高套底，內部要鏤空

㊁【○○○】為Ø1.3、Ø1.0、Ø1.3實線，兩側共計6支

㊂ 為鋸正方洞

依側視圖區分成五塊零件：

側版、面版、上蓋、線段、底框。（如右圖）

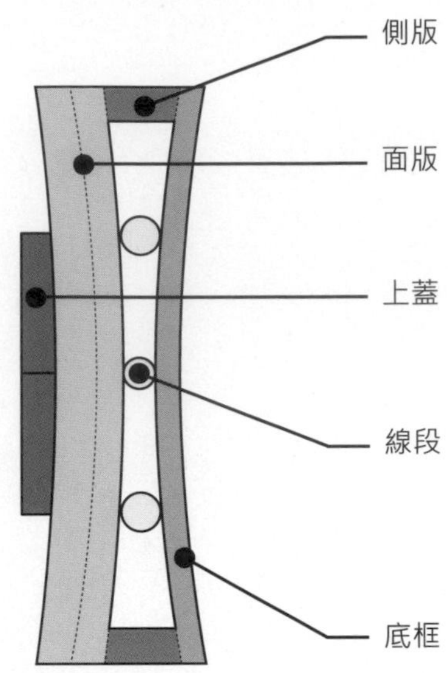

開始計時！！

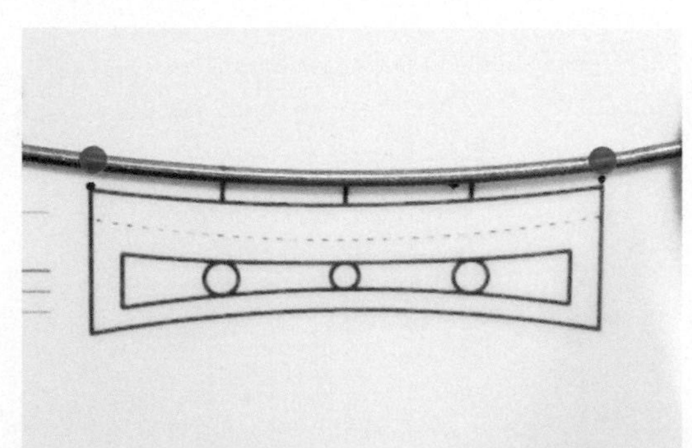

步驟 1. 備料取材

依圖型繞線，作出記號後攤平測量，即可得知所需材料大致尺寸。

現場考題提供圖形，未必是 1：1 圖形，備取材料需預留長度，提供鍛造彎折時的操作空間。

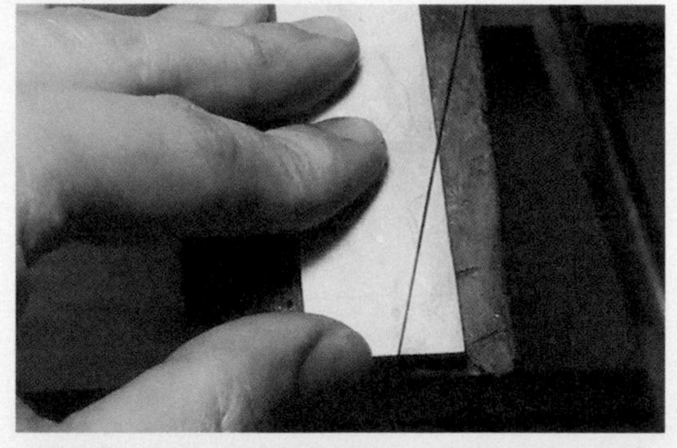

步驟 2. 備料取材

決定所需材料尺寸：

反覆演練熟悉工序後，可依自身經驗斟酌取材尺寸是否需要增減。

步驟 3. 備料取材

材料銼磨平整：

將鋸切面銼修對稱、平整，繪製的基準線才會有參考價值。

以手固定銼修工件。

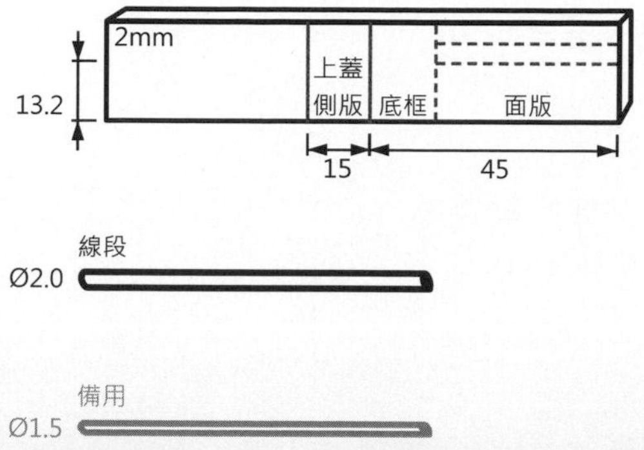

2mm
13.2
上蓋
側版
底框
面版
15
45

線段
Ø2.0

備用
Ø1.5

步驟 4. 備料取材

取材步驟——取料尺寸預留與否。

面版、底框：輾壓至所需厚度後各自裁下備用。

上蓋、側版：輾壓至所需厚度，再鋸切至所需尺寸。

線段：取線 Ø2.0 抽細至線 Ø1.3、Ø1.0。

鋸切、退火、輾壓、拔線

操作時間：0.2~0.6 時

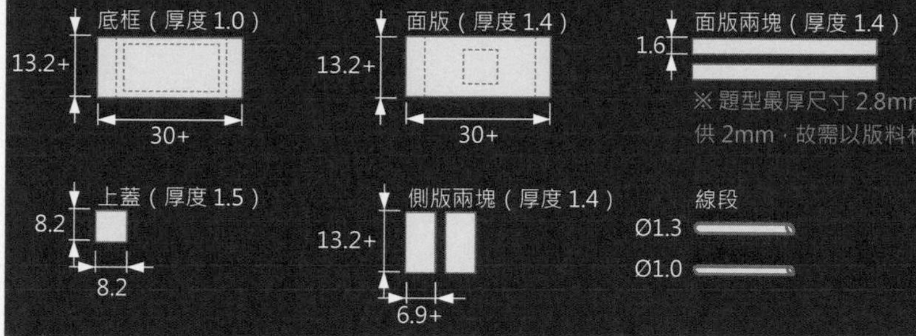

底框（厚度 1.0）
13.2+
30+

面版（厚度 1.4）
13.2+
30+

面版兩塊（厚度 1.4）
1.6
※ 題型最厚尺寸 2.8mm，但考場版料只提供 2mm，故需以版料相疊焊接增加厚度。

上蓋（厚度 1.5）
8.2
8.2

側版兩塊（厚度 1.4）
13.2+
6.9+

線段
Ø1.3
Ø1.0

※ 備料過程隨時運用游標卡尺掌握尺寸與厚度。

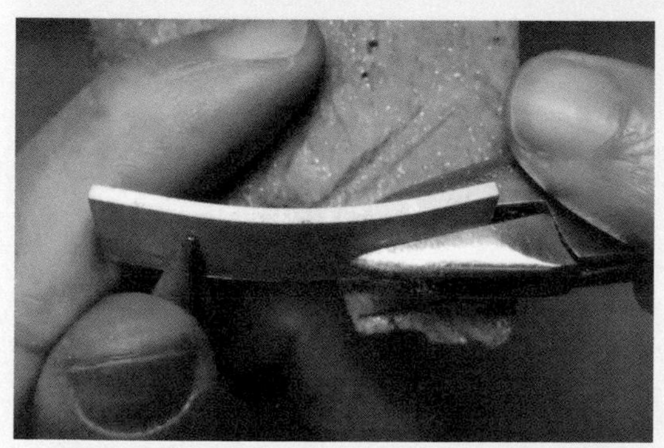

步驟 5. 備料取材

彎折面版（一）雛型：

以平鉗彎折弧度。注意鉗夾方式！

亦可以戒指棒彎折成形，或以木槌、膠槌搭配長方吻座槌擊成形。

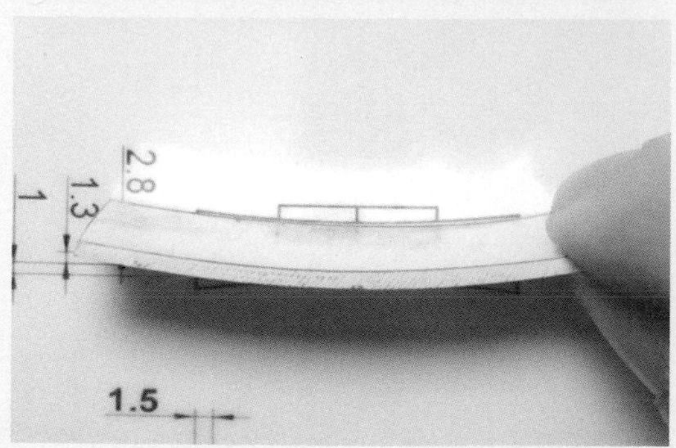

步驟 6. 備料取材

彎折面版（一）雛型：

檢查面版。弧度對稱性與題型的相似度。

※ 外形與題型愈相似，尺寸愈準確。

步驟 7. 備料取材

鋸除面版（一）多餘長度：

參考題型鋸除多餘面版（一）長度，需以游標卡尺丈量。

A：23.8± 0.30~0.50（mm）

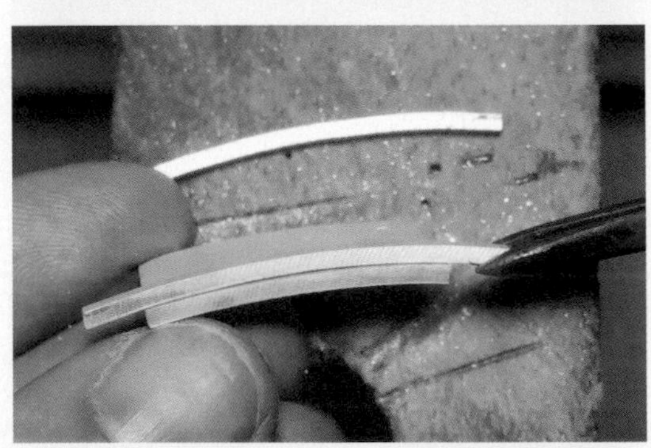

步驟 8. 備料取材

彎折面版（二）雛型：

面版（二）以平鉗彎折弧度，檢查與面版（一）銜接的密合度，銜接愈貼合，焊接愈順利。

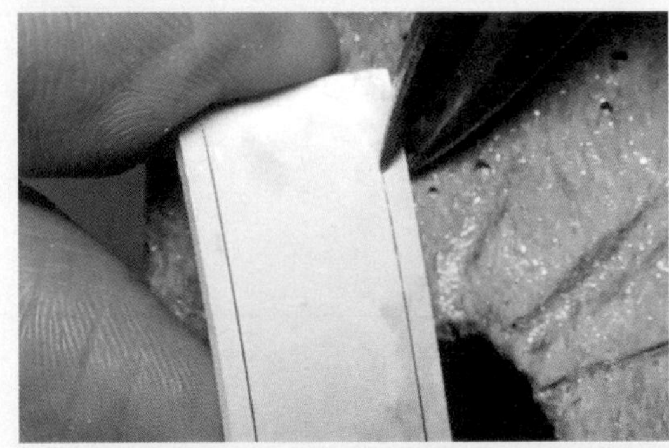

步驟 9. 備料取材

繪製面版（一）參考線：

繪製略小於底框寬度（1.5mm）的參考線。為面版（二）的焊接範圍。

操作時間：0.5~0.8 時

組合焊接前，備好的材料檢查尺寸

面版測量長度、寬度尺寸公差 ±0.10~0.20mm。

底框、側版鋸除多餘材料備用。

上蓋、線段備用。

步驟 10. 組合焊接

焊接面版（一）與面版（二）：

面版（一）、（二）塗敷助焊劑加熱焊接。

步驟 11. 組合焊接

欲組焊的兩個工件體積懸殊時，預先加溫體積較大者，避免直接加溫兩個工件銜接面。

步驟 12. 組合焊接

檢查焊藥是否足夠：

明礬酸洗後，檢查銜接縫隙焊藥是否足夠。焊藥足夠，可避免銼磨過程發現空洞需再次補焊。

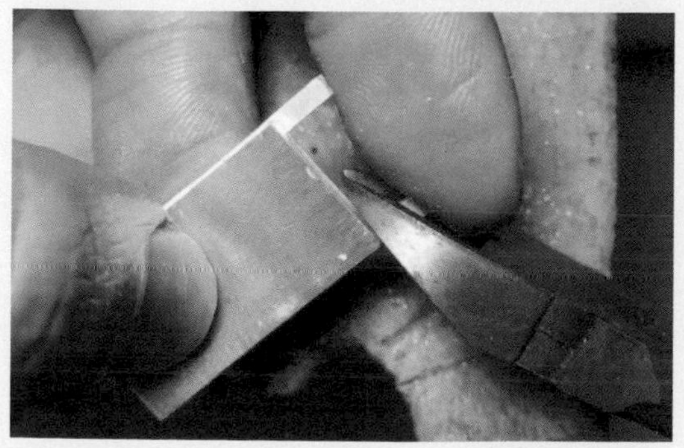

步驟 13. 組合焊接

面版（二）裁剪多餘材料。

※ 裁剪工具因形式與尺寸不同，對應不同剪裁厚度。厚度若達 1.5mm 以上，則較難以手工裁剪。

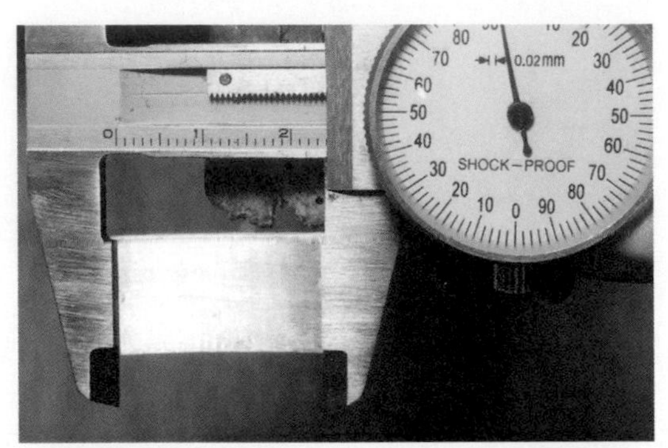

步驟 14. 組合焊接

確認面版尺寸：

面版（一）、（二）組焊後，以銼刀銼磨調整尺寸精度。

A：23.8± 0.10~0.20（mm）

步驟 15. 組合焊接

修合面版與側版交接處：

繪製略小於側版厚度（1.5mm）的基準線。

（左圖粉色線段與色塊）

步驟 16. 組合焊接

修合面版與側版交接處：

鋸切側版放置空間。鋸絲輕置基準線上，前後拉鋸出淺溝， 再向下鋸深。

步驟 17. 組合焊接

修合面版與側版交接處：

一開始勿過度施壓鋸切，避免鋸絲打滑，而誤傷自己。

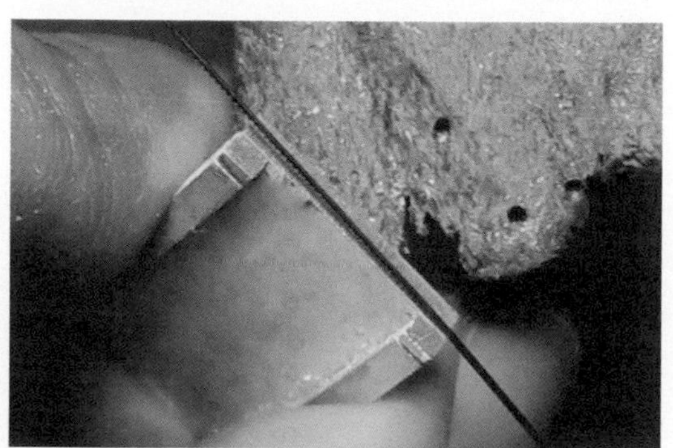

步驟 18. 備料取材

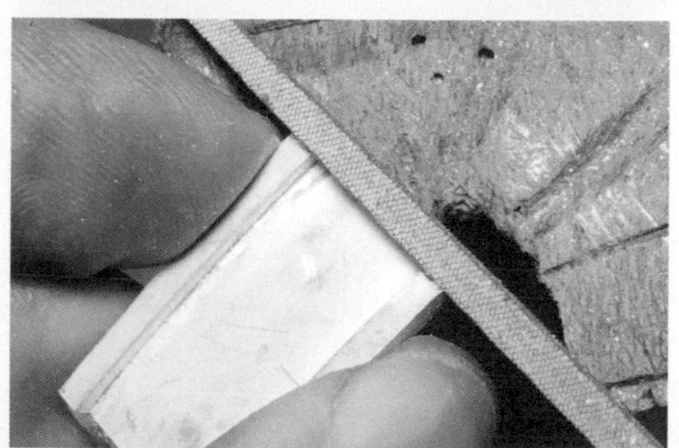

步驟 19. 組合焊接

磨合面版與側版交接處：

鋸除空間後銼磨平整，確保面版與側版銜接面密合。

步驟 20. 組合焊接

磨合面版與側版交接處：

側版貼合面版處磨圓角，更利於與戒圈貼合。（左圖粉紅色塊）

步驟 21. 組合焊接

確保面版與側版銜接面密合。

步驟 22. 組合焊接

焊接面版與側版：

面版與側版塗敷助焊劑微火加熱，使助焊劑產生黏性暫時固定兩者後，放置焊藥於交接面後加熱焊接。

步驟 23. 組合焊接

檢查焊藥是否足夠：

明礬酸洗後，檢查銜接縫隙焊藥是否足夠。焊藥足夠，可避免銼磨過程發現空洞需再次補焊。

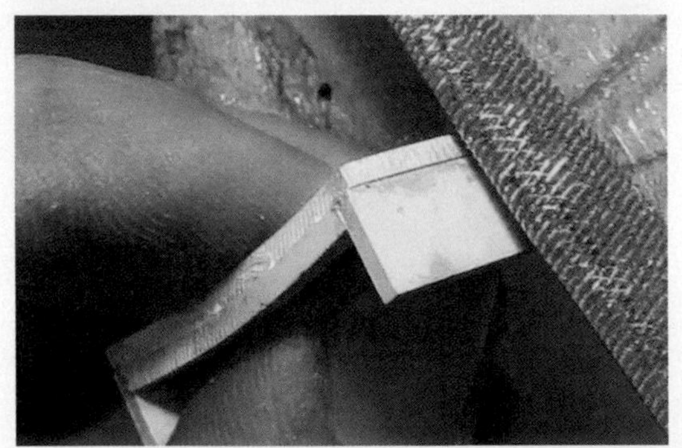

步驟 24. 銼磨修整

銼刀將側版與面版銜接凸起處修磨平整。

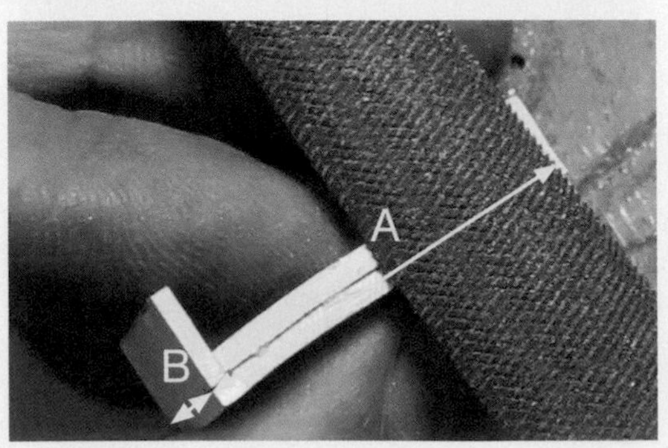

步驟 25. 銼磨修整

A：23.8± 0.10（mm）

B：13.2± 0.10（mm）

※ 銼修過程隨時以游標卡尺檢查。

步驟 26. 組合焊接

焊接線段：

焊接兩側中間線段 Ø1.0mm，以做為底框焊接的參考點。

步驟 27. 組合焊接

焊接線段：

分規或矩車繪製面版內側中點後，以鋸絲或銼刀鋸磨出凹槽，記錄線段位置並且幫助焊接時較不易走位。

步驟 28. 組合焊接

剪除多餘線段：

以斜口鉗緊貼側邊再剪去多餘線段。

步驟 29. 組合焊接

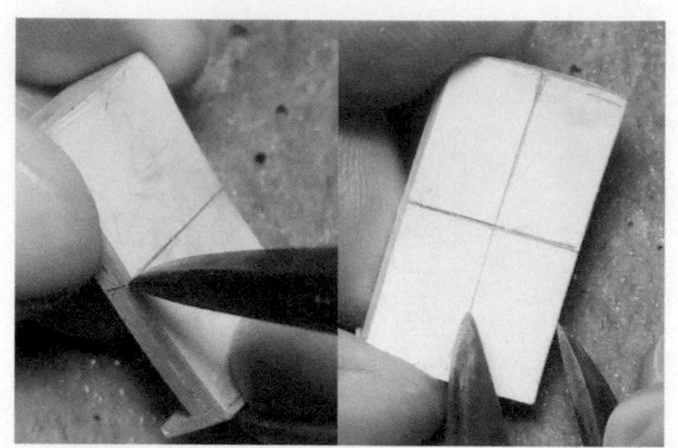

步驟 30. 鑽孔取材

面版繪製中心線：

面版以分規或矩車繪製中心線。

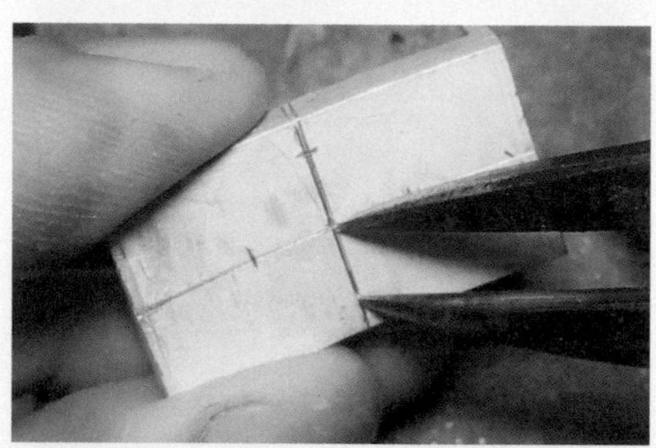

步驟 31. 鑽孔取材

面版繪製正方洞。

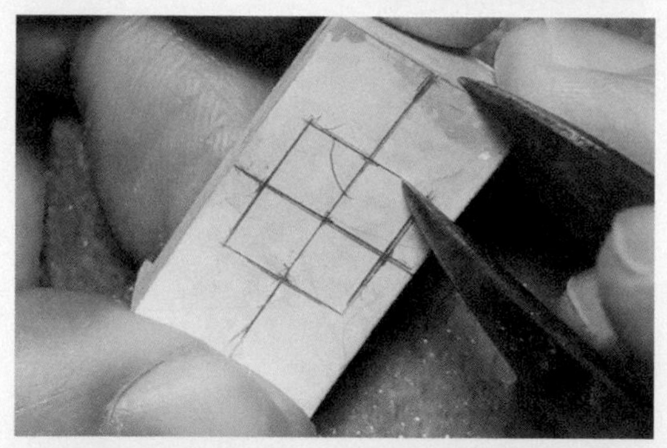

步驟 32. 鑽孔取材

面版以分規或矩車等份距離後，繪製正方洞。

步驟 33. 鑽孔取材

面版鑽孔：

於正方洞角落鑽孔，可於鋸切時快速轉向加速作業時間。

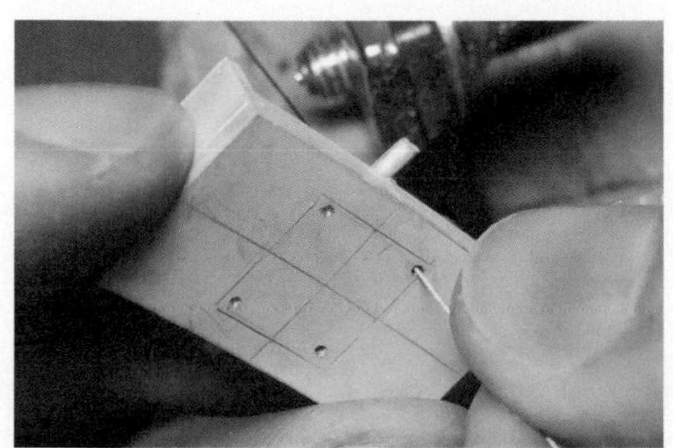

步驟 34. 鋸切取材

鑽針穿過孔洞。

步驟 35. 鋸切取材

面版鋸切正方洞。

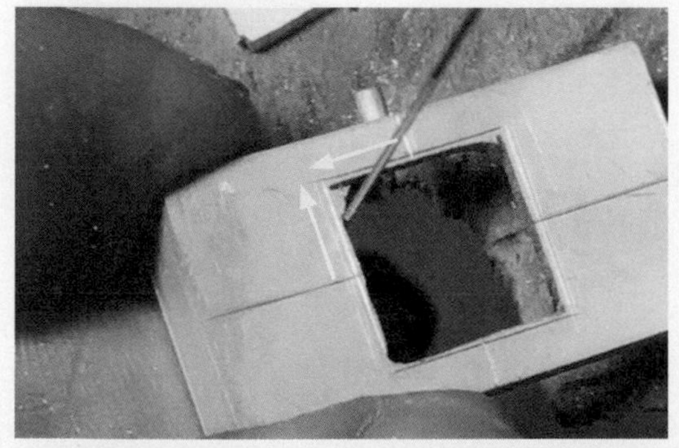

步驟 36. 鋸切取材

面版修飾正方洞：

運用雙攻鋸切角法修飾垂直角。

步驟 37. 銼磨修整

面版修飾正方洞：

以方型銼刀銼磨角落至繪製的基準線。

步驟 38. 銼磨修整

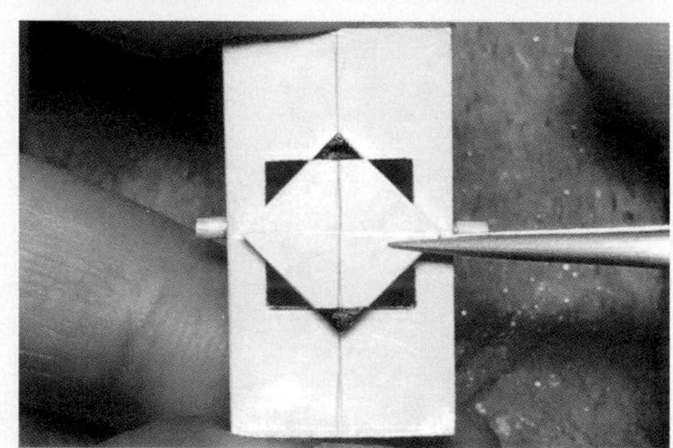

步驟 39. 銼磨修整

面版與上蓋銼磨修合：

上蓋繪製十字參考線，黑色區域修磨弧度。

步驟 40. 組合焊接

面版與上蓋銼磨修合：

兩側修磨弧度，以利面版與上蓋吻合。

步驟 41. 組合焊接

磨合面版與上蓋銜接面：

確保面版與上蓋銜接面密合。

※ 面版與上蓋組焊前，面版以細銼（#02、#04）
整理銼痕或毛邊，並細修至砂紙 #400。

步驟 42. 組合焊接

焊接面版與上蓋：

面版與上蓋組塗敷助焊劑微火加熱焊接。

步驟 43. 組合焊接

先正面固定一點焊接，可再從背面補焊。

步驟 44. 組合焊接

背面焊藥熔化銜接的狀態。

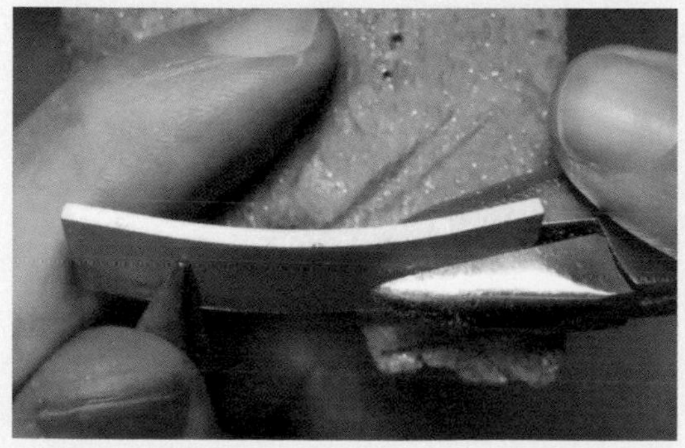

步驟 45. 備料取材

彎折底框雛型：

以平鉗彎折弧度。注意鉗夾方式！

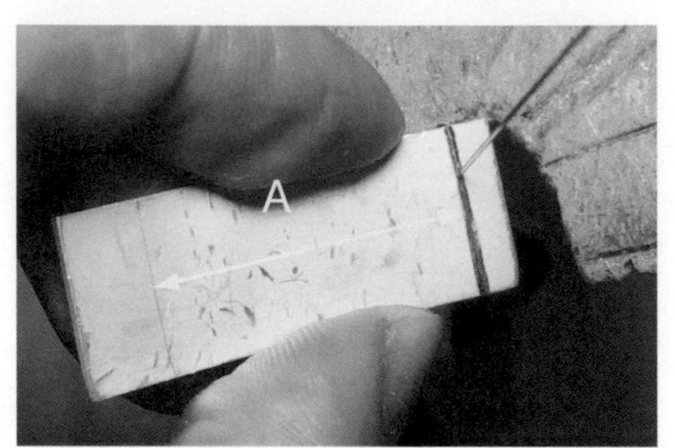

步驟 46. 備料取材

鋸除底框多餘長度：

參考題型鋸除多餘底框長度，需以游標卡尺丈量。

A：23.8± 0.30~0.50（mm）

步驟 47. 組合焊接

側邊厚度扣除版厚。

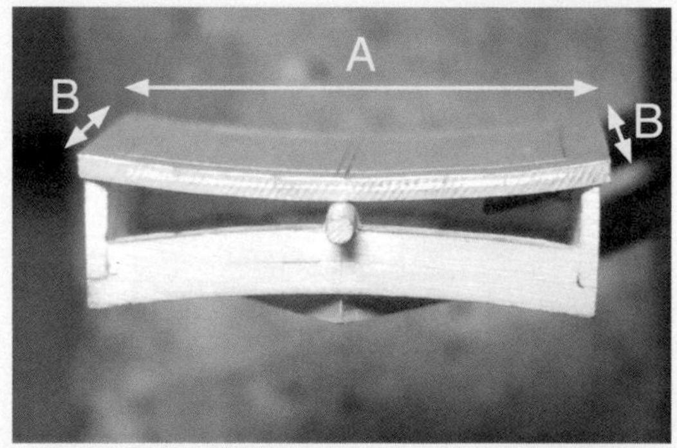

步驟 48. 組合焊接

底框與面版尺寸確認：

底框長度略寬 0.30mm 以利放置。

A：23.8± 0.30（mm）

B：13.2± 0.05~0.10（mm）

步驟 49. 備料取材

底框繪製框線：

繪製框線時需考量預留的 0.30mm。

步驟 50. 備料取材

底框鑽孔：

於四個角落鑽孔，可於鋸切時快速轉向加速作業時間。

步驟 51. 備料取材

底框鋸除框線。

步驟 52. 備料取材

底框修飾：

以方型銼刀銼磨至繪製的基準線。

步驟 53. 備料取材

底框修飾：

以半圓型銼刀銼磨平整。

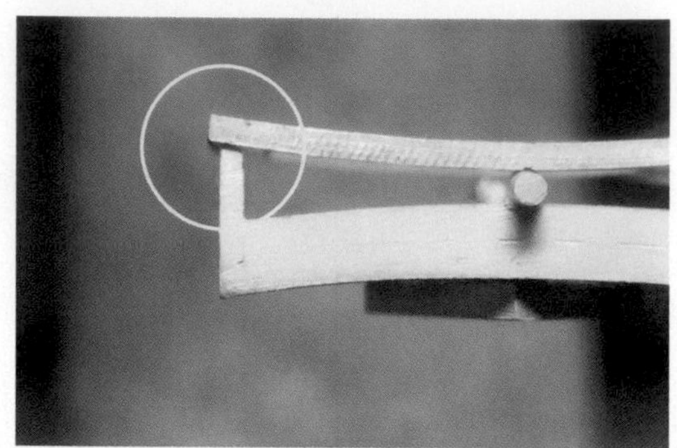

步驟 54. 組合焊接

面版與底框銜接面：

確保面版與底框銜接面密合。

步驟 55. 組合焊接

焊接側版與底框：

側版與底框組焊，欲組焊的兩個工件體積懸殊時，預先加溫體積較大者，避免直接加溫兩個工件銜接面。

步驟 56. 組合焊接

以不同方向加溫，控制焊藥流動方向。

步驟 57. 組合焊接

焊接線段：

將 Ø1.3mm 線段焊接，因其體積小，避免直接加溫線段。

操作時間：1.5~2.1 時

銼磨修整前，確保焊接的完固狀態

明礬酸洗去除助焊劑、氧化層。

檢查焊接點、組件交接面是否焊藥足夠無缺口。

銼磨過程若工件解體崩落，必須再次補焊。把握時間，避免延誤。

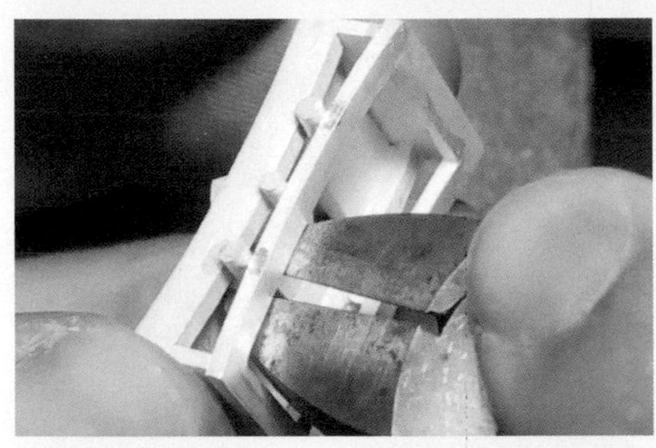

步驟 58. 銼磨修整

剪除多餘線段：

明礬煮洗淨後，以斜口鉗緊貼內側再剪去多餘線段。

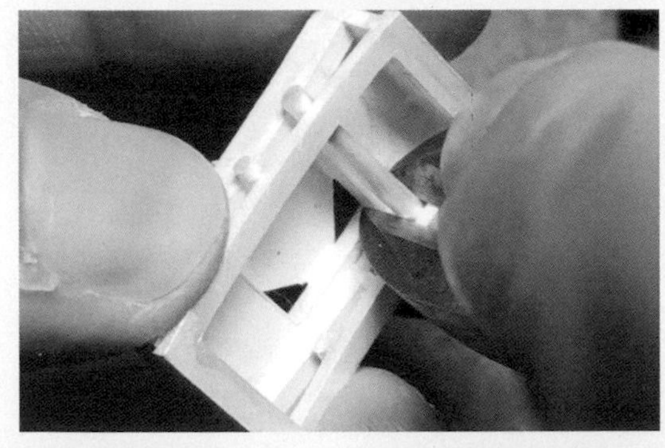

步驟 59. 銼磨修整

以斜口鉗緊貼內側再剪去多餘線段。

步驟 60. 銼磨修整

以斜口鉗貼平外側再剪去多餘線段。

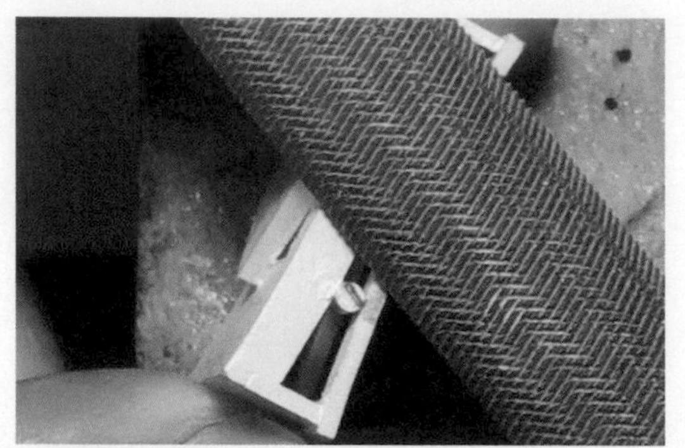

步驟 61. 銼磨修整

側面整平：

銼刀將側面多餘凸起處修磨平整。

步驟 62. 銼磨修整

粗銼（#00）修整後，可以細銼（#02、#04）整理銼痕或毛邊。

步驟 63. 銼磨修整

以明礬酸洗去除助焊劑、氧化物；砂紙表面細修銼齒紋、工具痕。

※ 題型要求尺寸精準度、完成度、表面處理程度，雖無要求拋光面，但仍需以明礬酸洗過後，細修至砂紙 #400。

※ 延伸思考：題型完成後，會有許多死角修不到，故必須在製作過程中先細修，再進行組焊！

操作時間：0.5~0.8 時

金工 MEMO

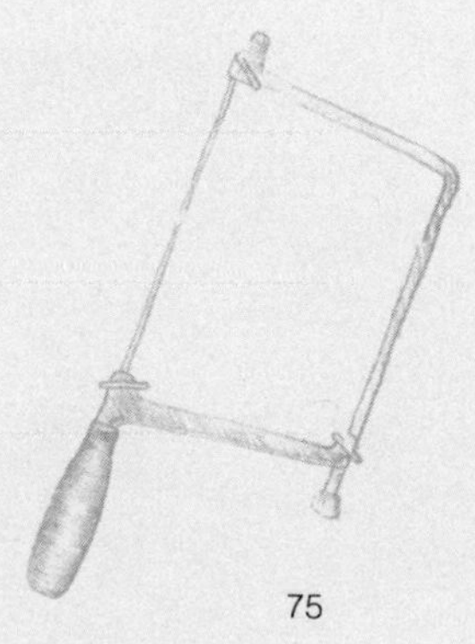

術科題型（四）

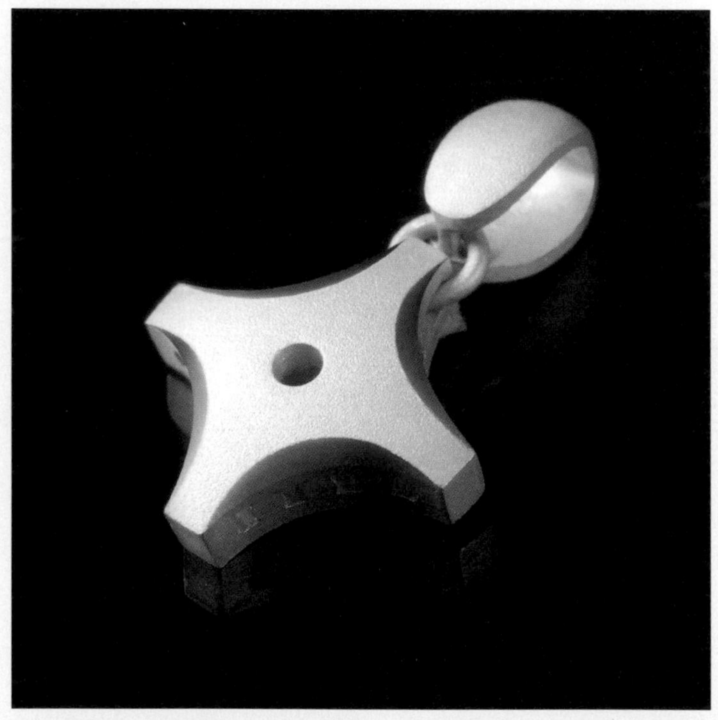

材料：100 x 20 x 2　　　一片

Ø2 x 80　　　一線

Ø1.5 x 80　　　一線

焊料：20 x 10 x 0.3　　　一片

單位：公釐 / mm

測驗時間：6 小時

術科題型模擬

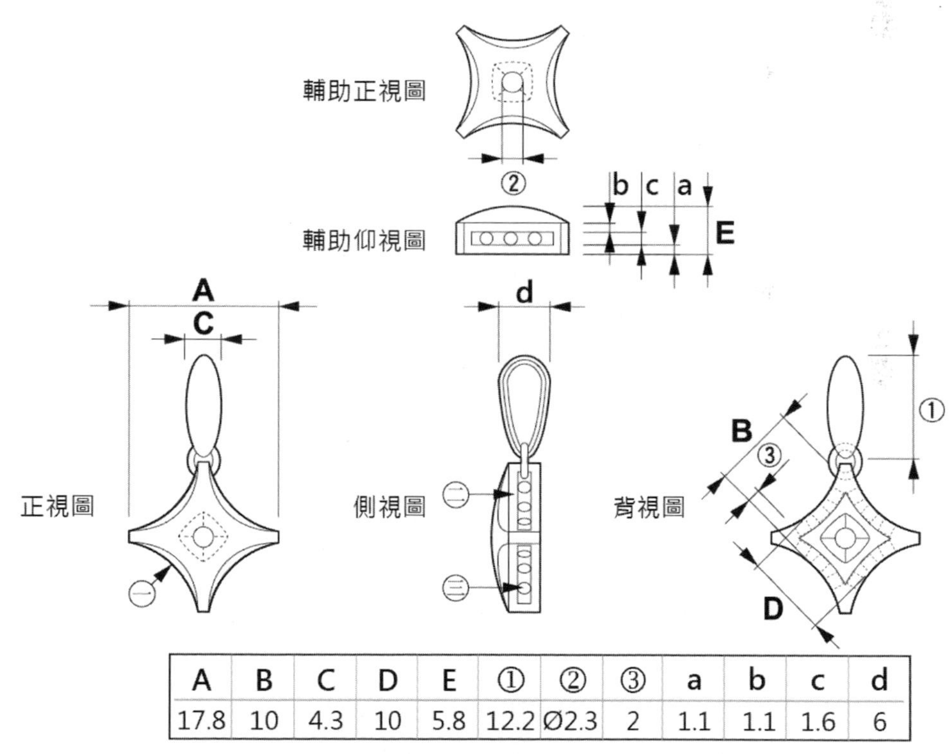

A	B	C	D	E	①	②	③	a	b	c	d
17.8	10	4.3	10	5.8	12.2	Ø2.3	2	1.1	1.1	1.6	6

㊀ 圖中【◡】為正面斜邊共計4處

㊁ 加高套底，要鏤空

㊂ 為實線，四邊共計12支

依側視圖區分五塊零件：
墜頭、面版、線段、支架、底框。（如下圖）

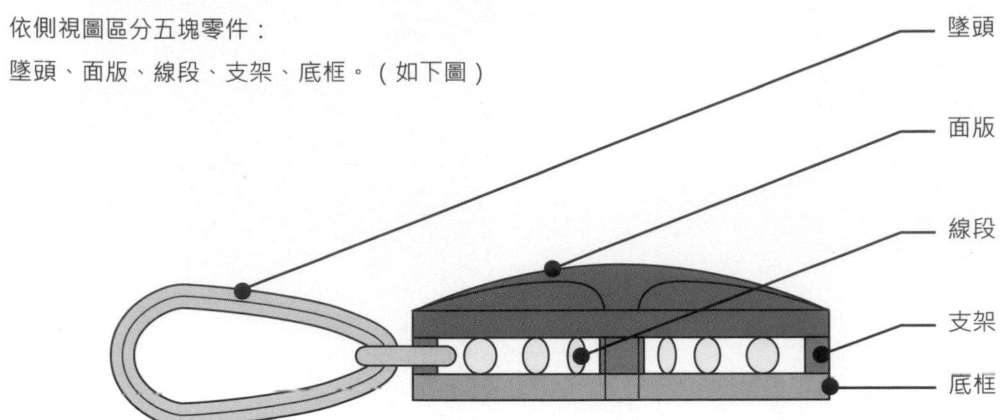

開始計時！！

步驟 1. 備料取材

決定所需材料尺寸：
反覆演練熟悉工序後，可依自身經驗斟酌取材尺寸是否需要增減。

步驟 2. 備料取材

材料銼磨平整：
將鋸切面銼修對稱、平整，繪製的基準線才會有參考價值。
以手固定銼修工件。

步驟 3. 備料取材

可應用直角規檢查材料邊線垂直與否。

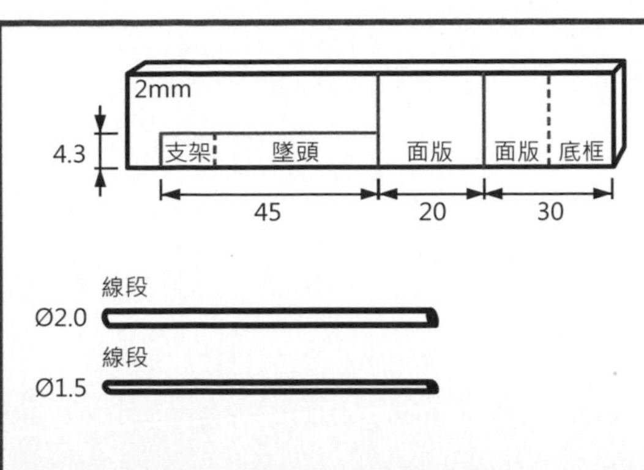

步驟 4. 備料取材

取材步驟——取料尺寸預留與否。

面版：輾壓至所需厚度後裁下備用，為增加厚度故分為兩塊。

底框、支架、墜頭：輾壓至所需厚度，再鋸切至所需尺寸。

線段：取線 Ø2.0 抽細至線 Ø1.6，取線 Ø1.5 抽細繞圈備用。

鋸切、退火、輾壓、拉絲

操作時間：1.0~1.2 時

面版（一）（厚度 2.0）20 × 20

底框（厚度 1.1）20 × 20

墜頭（厚度 1.1）4.3 × 30

面版（二）（厚度 1.1）20 × 20

※ 題型最厚尺寸 3.1mm，但考場版料只提供 2mm，故需以版料相疊焊接增加厚度。

支架（厚度 1.6）

線段 Ø1.6、Ø0.8

※ 備料過程隨時運用游標卡尺掌握尺寸與厚度。

步驟 5. 備料取材

決定所需材料：

現場考題未必是 1：1 圖形，備取材料前需詳細比對術科考題上的數字。

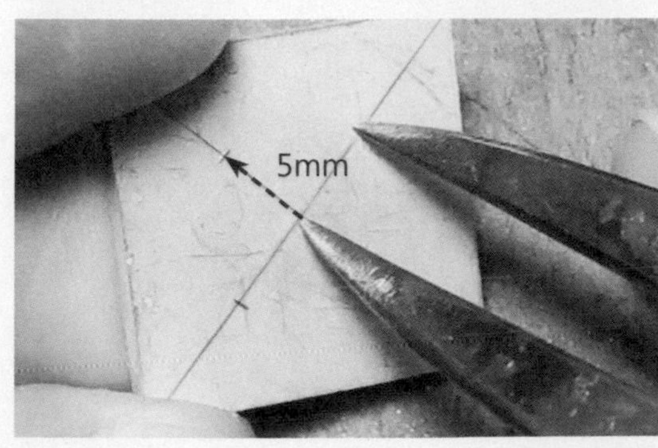

步驟 6. 備料取材

面版（二）：

依術科考題尺寸，落樣於術科材料。

由中心點向外繪製 5mm 記號點。

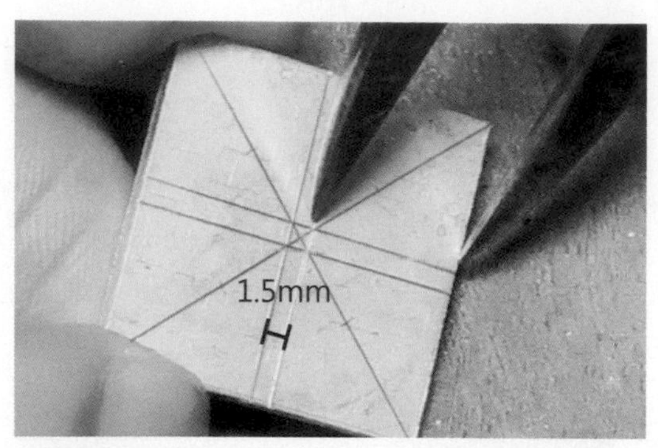

步驟 7. 備料取材

面版（二）：

依術科考題尺寸，落樣於術科材料。

正方形中段預留 1.5mm 繪製參考線。

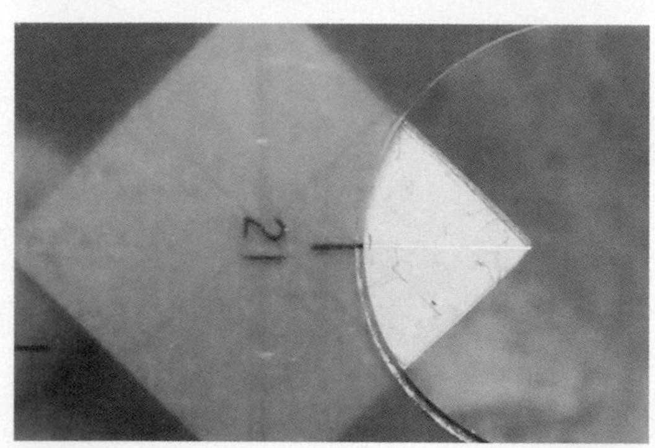

步驟 8. 備料取材

面版（二）：

依術科考題尺寸，落樣於術科材料。

圓圈版找出適當尺寸，觀察三點連線即可。

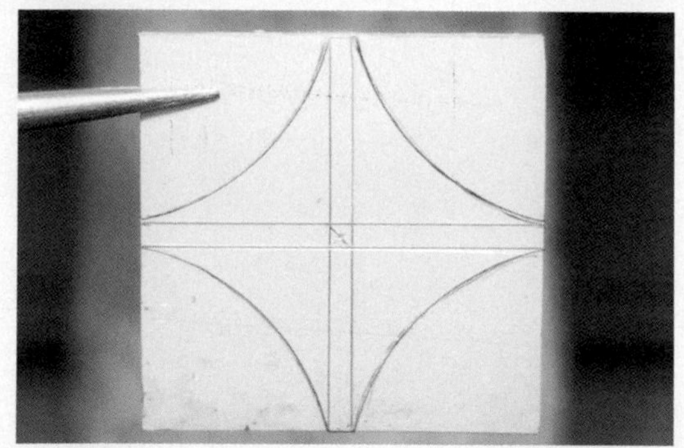

步驟 9. 備料取材

面版（二）：

第一塊為模版，繪製精準以利後續複製其他組件。

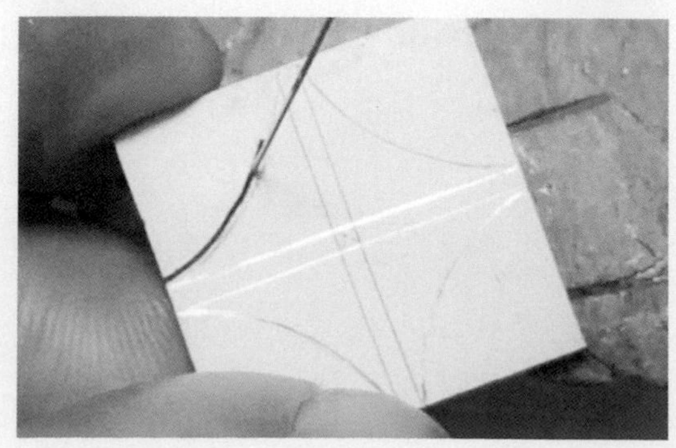

步驟 10. 備料取材

面版（二）：

鋸切時保留繪製的輪廓線，再以此為依據銼磨修整多餘金屬，確保尺寸及圖樣的精準度。

如左圖鋸切路徑與輪廓線之間仍有修磨空間。

步驟 11. 備料取材

銼磨至保留繪製的輪廓線。

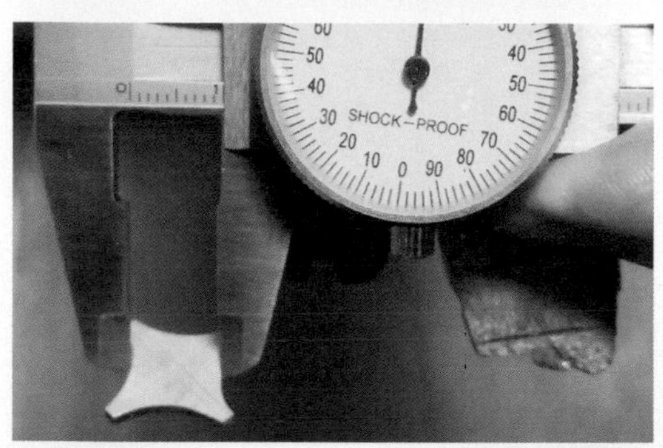

步驟 12. 備料取材

以游標卡尺確認尺寸與圖樣對稱性。

步驟 13. 備料取材

以矩車或分規於面版（二）上繪製 2mm 內框線。

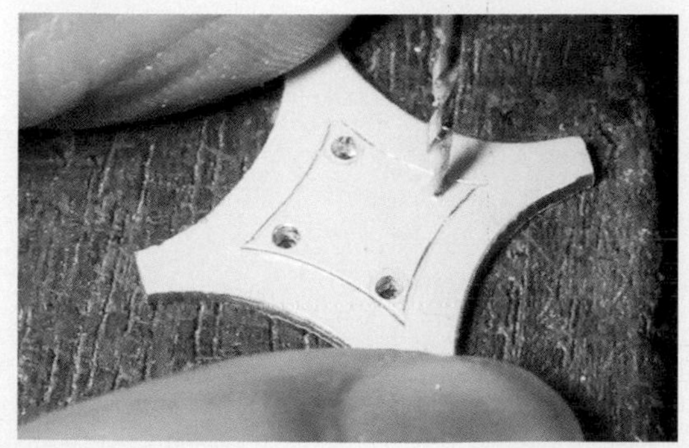

步驟 14. 鑽孔取材

面版（二）鑽孔：

內框保留安全範圍於角落鑽孔，可於鋸切時快速轉向加速作業時間。

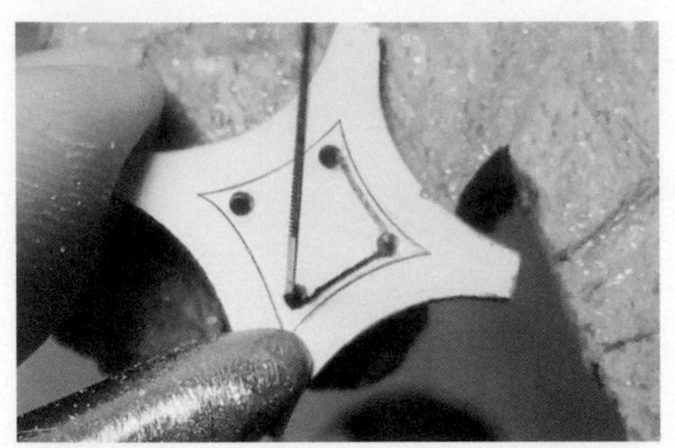

步驟 15. 鑽孔取材

鋸切取材：

運用雙攻鋸切角法修飾銳角，再以銼刀銼磨至繪製的基準線。

步驟 16. 備料取材

修飾內框銼修外型。

※ 注意，需將欲留的空間含括在內測量。

步驟 17. 備料取材

彎折墜頭雛型：

以兩隻平鉗彎折墜頭雛型，檢查兩側對稱性。

步驟 18. 備料取材

以游標卡尺確認尺寸，與圖樣對稱性。

步驟 19. 備料取材

鋸除墜頭多餘尺寸：

墜頭雛型鋸除多餘尺寸，但仍保留銼修空間。

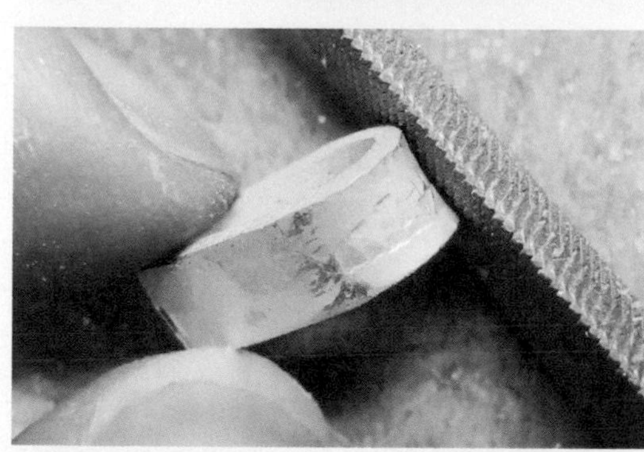

步驟 20. 備料取材

修磨墜頭平整備用：

銼磨墜頭因彎折凸起的面後，繪製基準線備用。

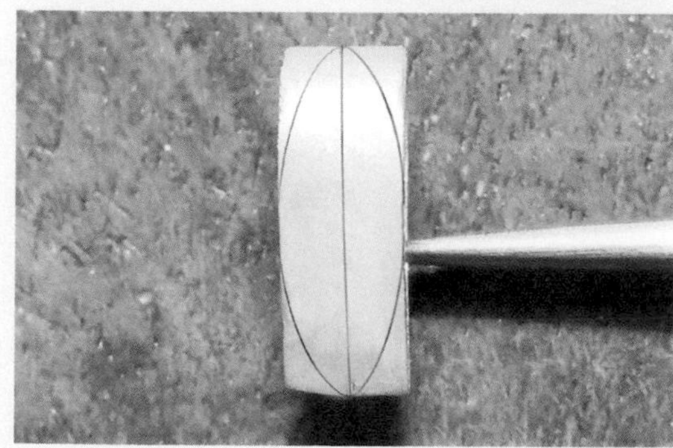

步驟 21. 備料取材

修磨墜頭平整備用：

銼磨墜頭因彎折凸起的面後，繪製基準線備用。

操作時間：1.0~1.2 時

組合焊接前，備好的材料檢查尺寸

面版測量長度、寬度尺寸公差 ±0.05 ~ ±0.10 (mm) 。

墜頭、底框、線段、支架備用。

步驟 22. 組合焊接

焊接面版（一）、（二）：

面版（一）、（二）塗敷助焊劑與焊藥，加熱至焊藥熔化，並以焊夾輔助撥平推展。

步驟 23. 組合焊接

焊接面版（一）、（二）：

明礬酸洗後，檢查焊接是否平整穩妥。

步驟 24. 組合焊接

鋸切時仍保留面版（一）部分材料，再以面版（二）為依據銼磨修整多餘金屬，確保尺寸及圖樣的精準度。

步驟 25. 組合焊接

如左圖鋸切路徑與面版（二）之間仍有修磨空間。

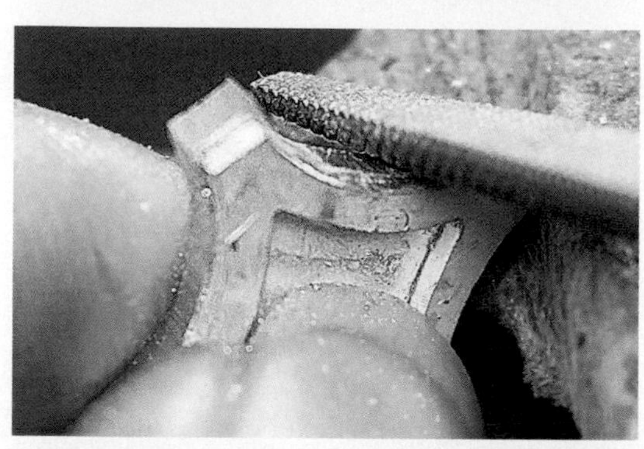

步驟 26. 組合焊接

銼磨與面版（二）相同，並以游標卡尺確認尺寸與圖樣對稱性。

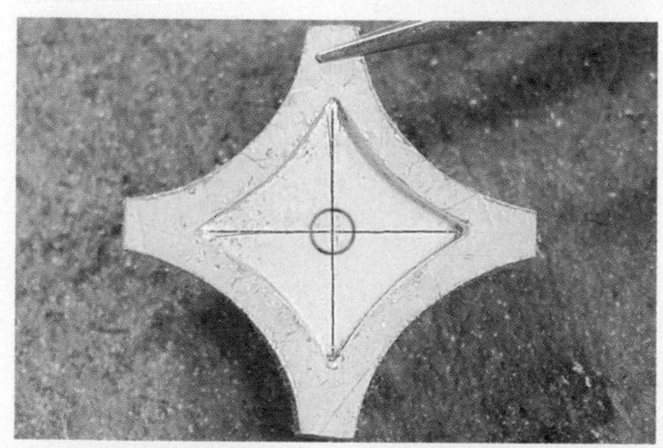

步驟 27. 組合焊接

面版內外繪製十字參考線：

內外繪製參考線、擴孔直徑，可檢視單側鑽孔是否歪斜。

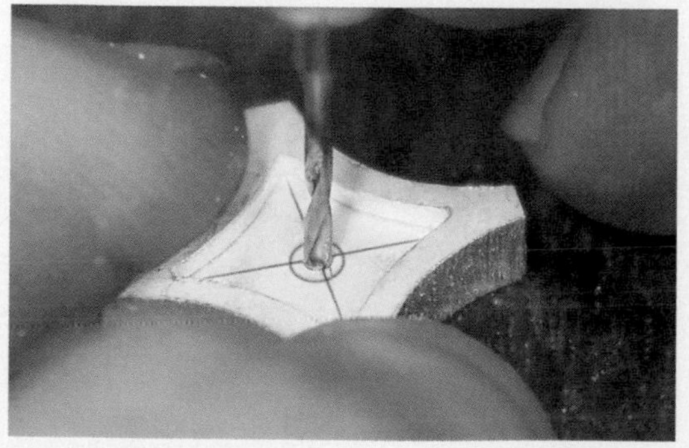

步驟 28. 組合焊接

面版鑽孔、擴增至題型要求尺寸。

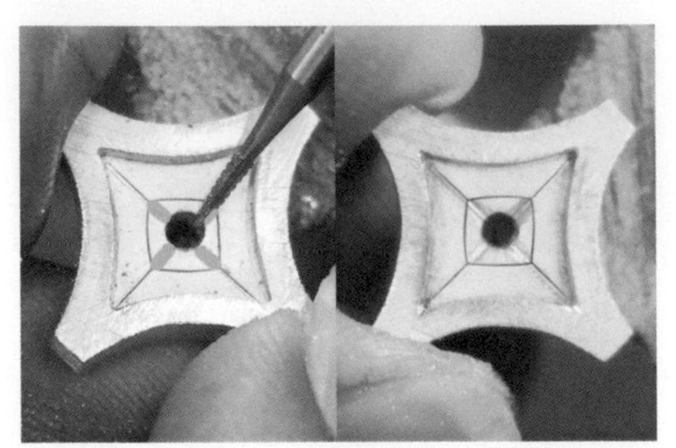

步驟 29. 組合焊接

面版內側斜度範圍：

面版以針落樣適當的斜度範圍，亦可以矩車於對角線繪製等距線段再連結。

斜度範圍先以斜握狼牙棒車磨四角。（如左圖粉紅色塊）

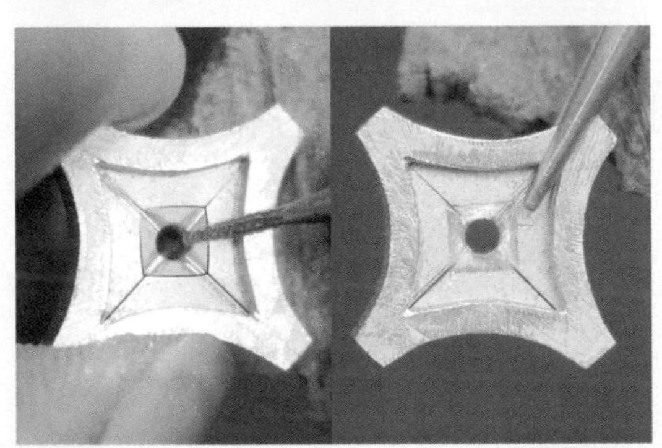

步驟 30. 組合焊接

斜度範圍再以狼牙棒車磨四角平面。（如左圖粉紅色塊）

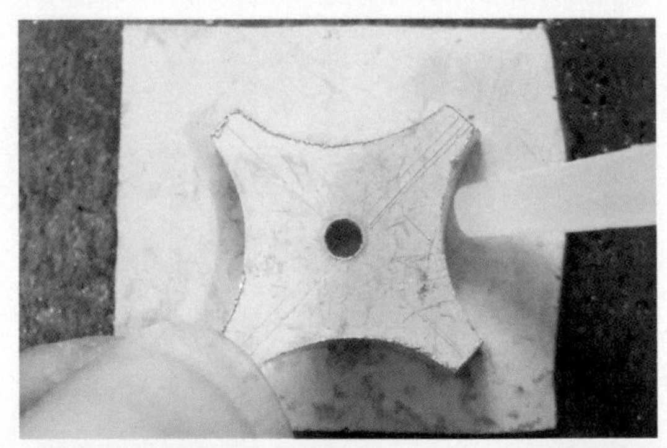

步驟 31. 組合焊接

面版作為模版，以雙面膠或快乾暫時與底框版固定。

步驟 32. 組合焊接

鋸切時，底框版四側延伸保留金屬支架。

四側延伸保留的金屬支架作為後續焊接流程的輔助定位。

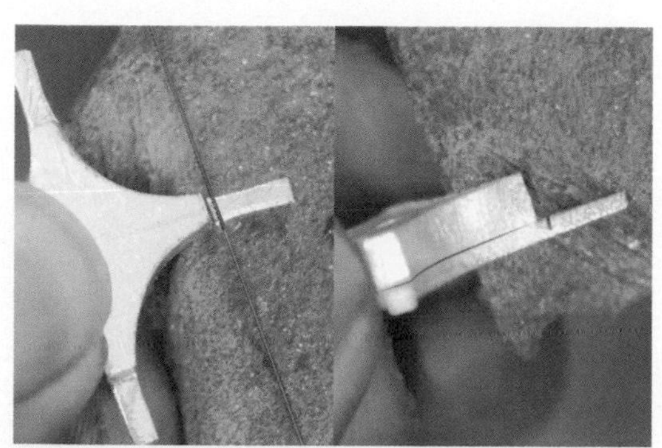

步驟 33. 組合焊接

四側金屬支架邊緣間隔 1mm 以鋸絲向下鋸出線槽。

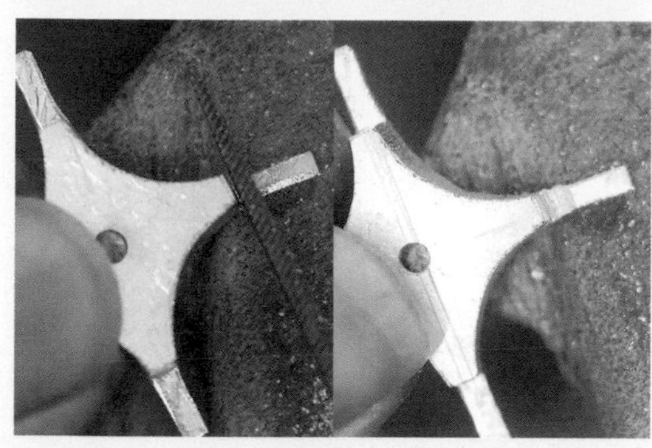

步驟 34. 組合焊接

以半圓銼或三角銼銼磨角度。

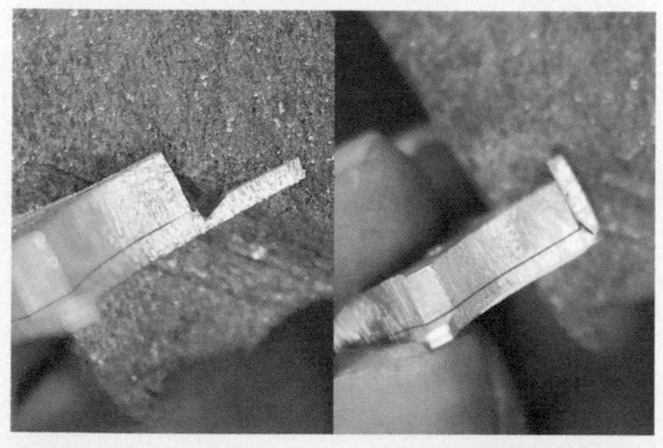

步驟 35. 組合焊接

底框金屬支架銼磨角度後，向上彎折貼平面版。

※ 注意，彎折過程底框（黃色線）仍保持平直不彎曲變形。

步驟 36. 組合焊接

分離面版與底框。

底框以分規繪製等距內框線。

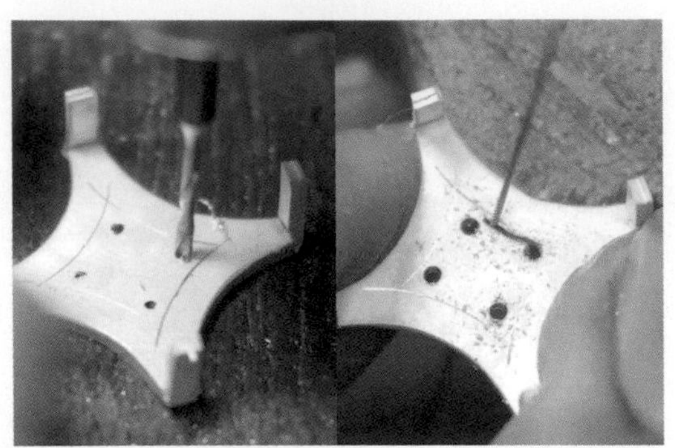

步驟 37. 組合焊接

底框鋸切取料。

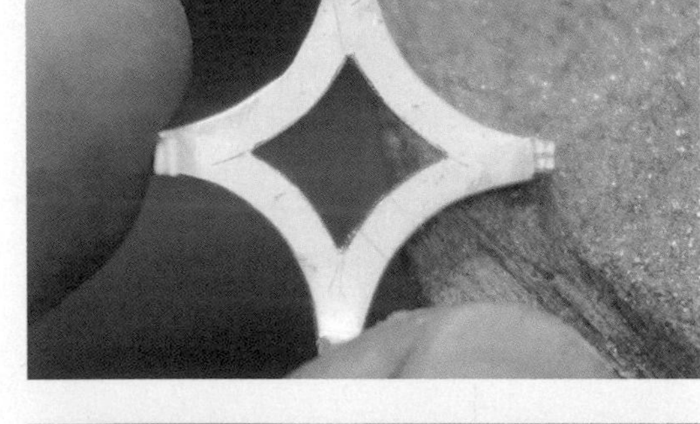

步驟 38. 組合焊接

銼修外型，並以游標卡尺確認尺寸與圖樣對稱性。

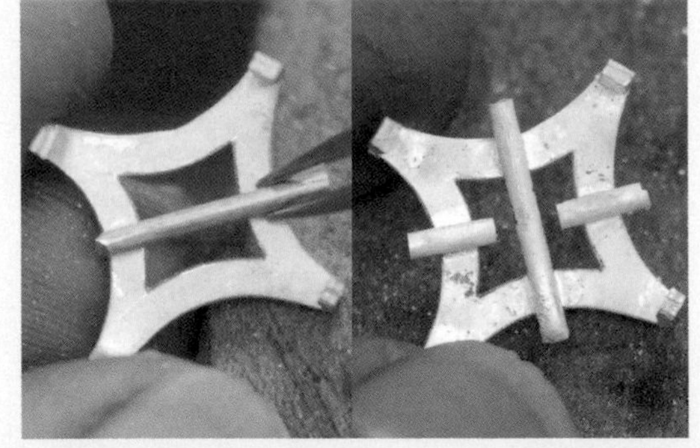

步驟 39. 組合焊接

焊接底框與部分線段。

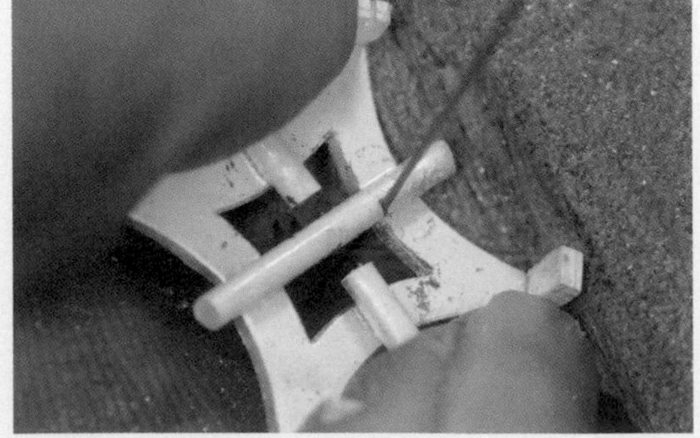

步驟 40. 組合焊接

內框鋸除線段並修磨。

步驟 41. 組合焊接

面版與底框組焊：

先焊接固定一個點後，確認面板與底框有無歪斜，再焊接固定四個點。

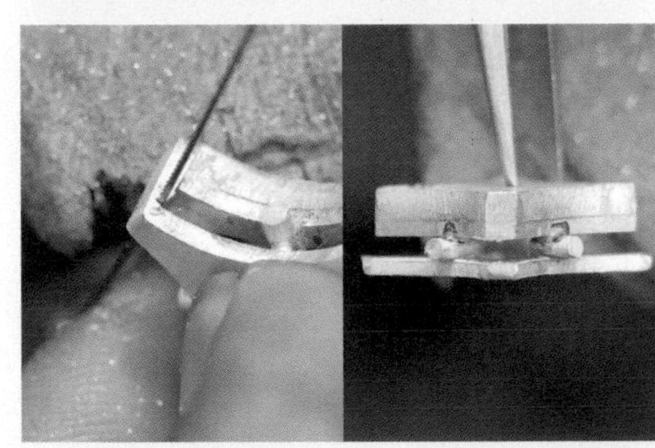

步驟 42. 組合焊接

鋸除底框的四側（輔助定位）金屬支架。

操作時間：1.0~1.4 時

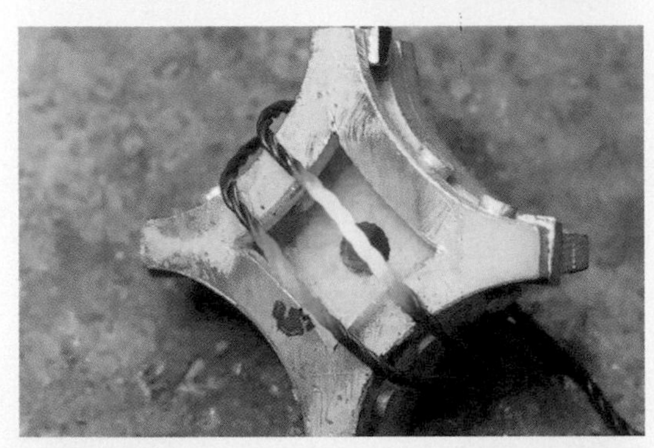

步驟 43. 組合焊接

面版與底框組焊：

以鐵線纏繞固定，焊接面沾覆助焊劑，可運用外凸的支架放置焊藥焊接。

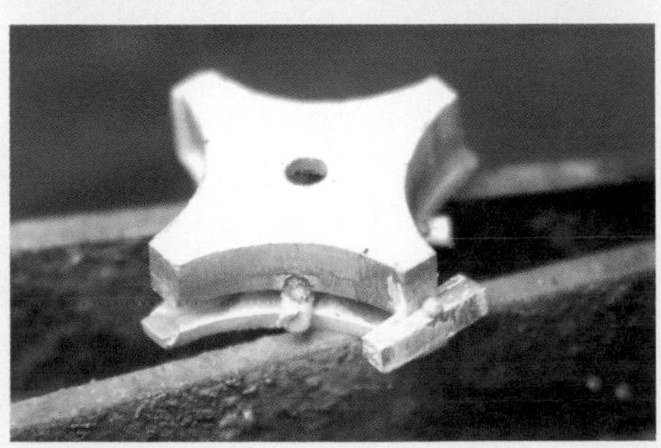

步驟 44. 銼磨修整

焊接外側支架。

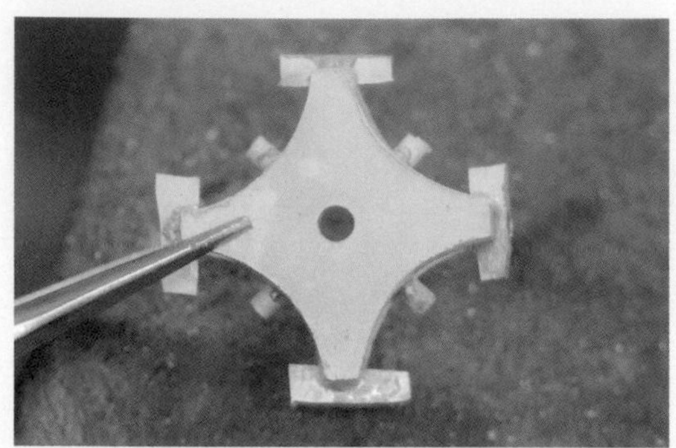

步驟 45. 銼磨修整

檢查外側支架焊接完整性。

步驟 46. 銼磨修整

再次焊接剩餘線段。

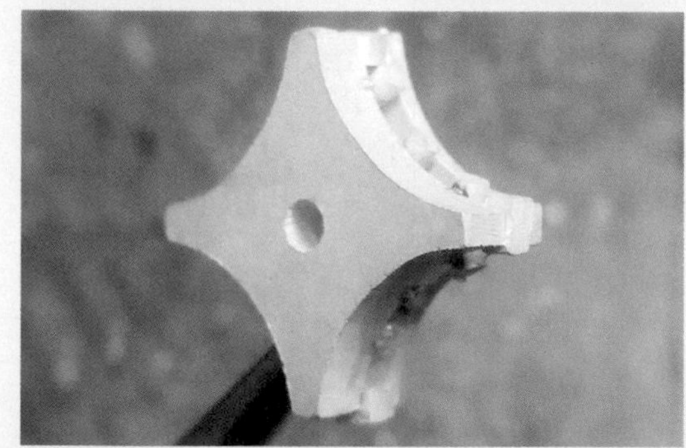

步驟 47. 組合焊接

檢查焊接完整性：
檢查銜接面焊藥量是否充足，避免後續銼修時，
各個分件因焊接不牢固導致解體、崩落 。

操作時間：1.0~1.4 時

銼磨修整前，確保焊接的完固狀態

明礬酸洗去除助焊劑、氧化層。

檢查焊接點、組件交接面是否焊藥足夠無缺口。

鎚磨過程若工件解體崩落，必須再次補焊，恐增加時間不足、無法完成的風險。

步驟 48. 銼磨修整

面版外型銼磨修整：

面版銼磨修整外型，將突出支架、線段修磨平整。

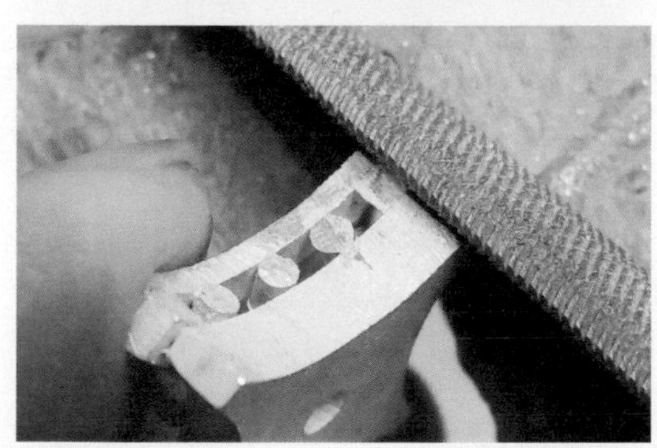

步驟 49. 銼磨修整

面版外型銼磨修整：

側邊修磨平整，與面版、底框垂直。

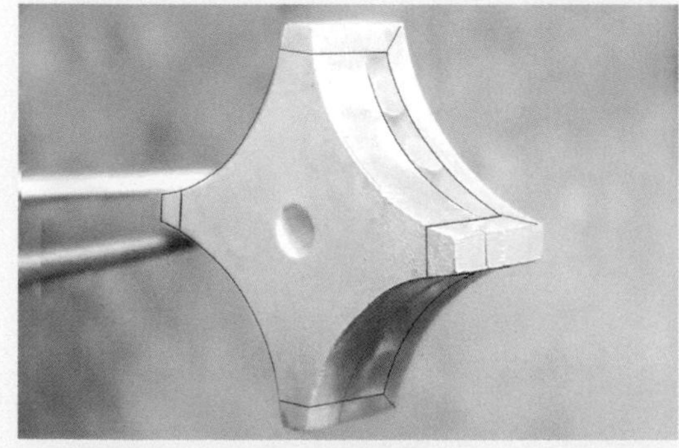

步驟 50. 銼磨修整

面版外型銼磨修整：

依題型繪製銼磨參考線。

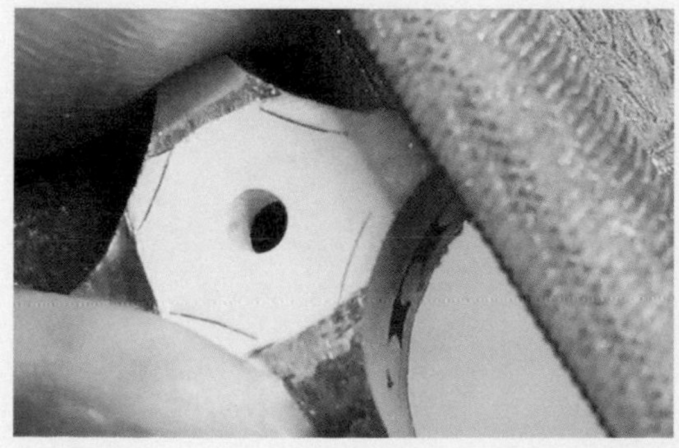

步驟 51. 銼磨修整

面版依題型銼磨出弧度。

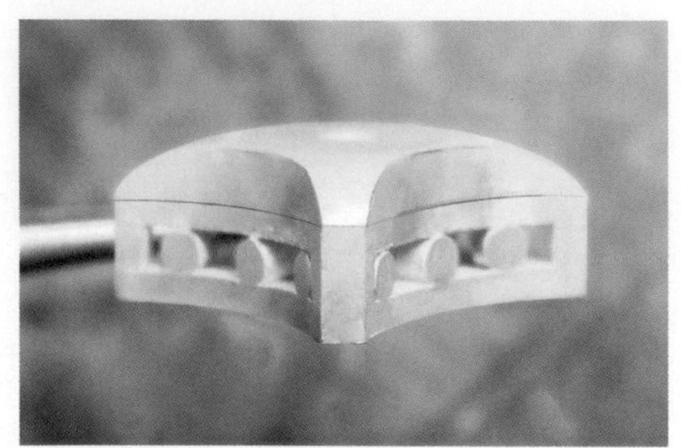

步驟 52. 銼磨修整

面版外型銼磨修整：

注意銼磨至繪製的參考線。

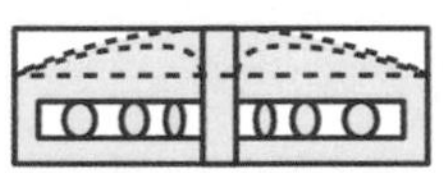

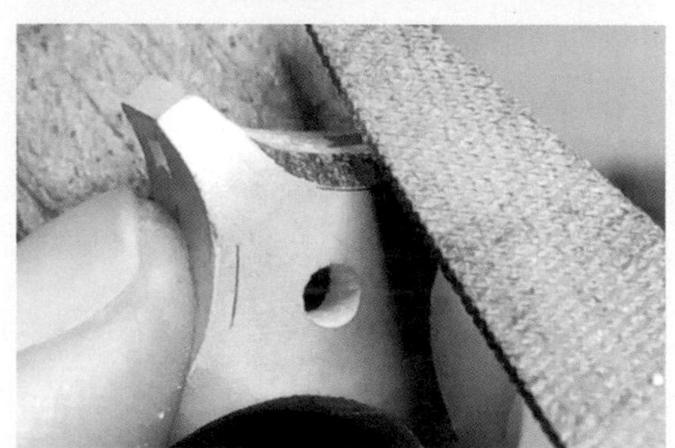

步驟 53. 銼磨修整

面版外型銼磨修整：

面版依題型銼磨出正面斜邊。

步驟 54. 銼磨修整

面版依題型銼磨出正面斜邊。

粗銼（#00）修整後，可以細銼（#02、#04）整理銼痕或毛邊。

步驟 55. 銼磨修整

繪製墜頭外型基準線：

墜頭依基準線銼磨外型。

步驟 56. 銼磨修整

墜頭依基準線銼磨外型。

步驟 57. 銼磨修整

墜頭依基準線銼磨外型。

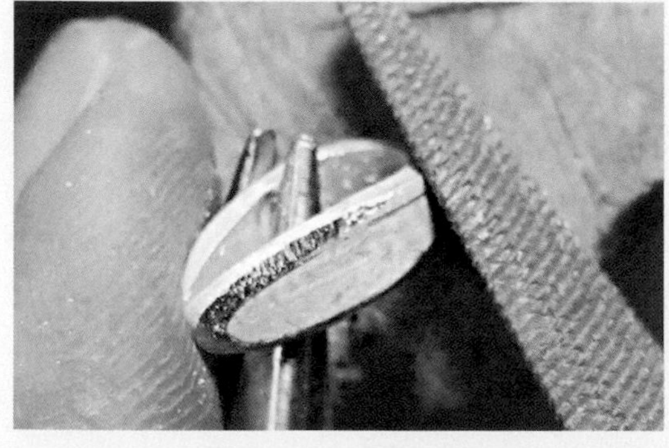

步驟 58. 銼磨修整

墜頭依基準線銼磨外型。

步驟 59. 銼磨修整

粗銼（#00）修整後，可以細銼（#02、#04）整理銼痕或毛邊。

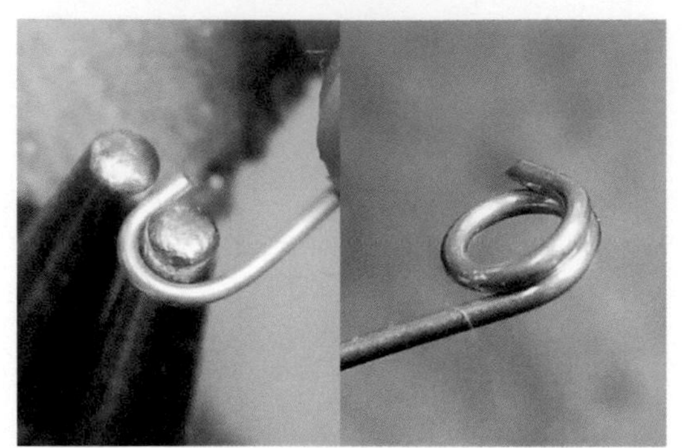

步驟 60. 備料取材

墜頭線圈備用：

線 Ø0.8 mm 以圓鉗彎折繞成環後備用。

步驟 61. 組合焊接

線圈鋸切取材。

步驟 62. 組合焊接

組合面版與墜頭：

以平鉗將線圈縫隙鉗夾密合。

步驟 63. 組合焊接

組合面版與墜頭：

將線圈縫隙焊接。

步驟 64. 表面處理

以明礬酸洗去除助焊劑、氧化物；砂紙表面細修銼齒紋、工具痕。

※ 題型要求尺寸精準度、完成度、表面處理程度，雖無要求拋光面，但仍需以明礬酸洗過後，細修至砂紙 #400。

※ 延伸思考：題型完成後，會有許多死角修不到，故必須在製作過程中先細修，再進行組焊！

操作時間：1.5~2.0 時

術科題型（五）

材料：100 x 20 x 2　　一片

Ø2 x 80　　一線

Ø1.5 x 80　　一線

焊料：20 x 10 x 0.3　　一片

單位：公釐 / mm

測驗時間：6 小時

術科題型模擬

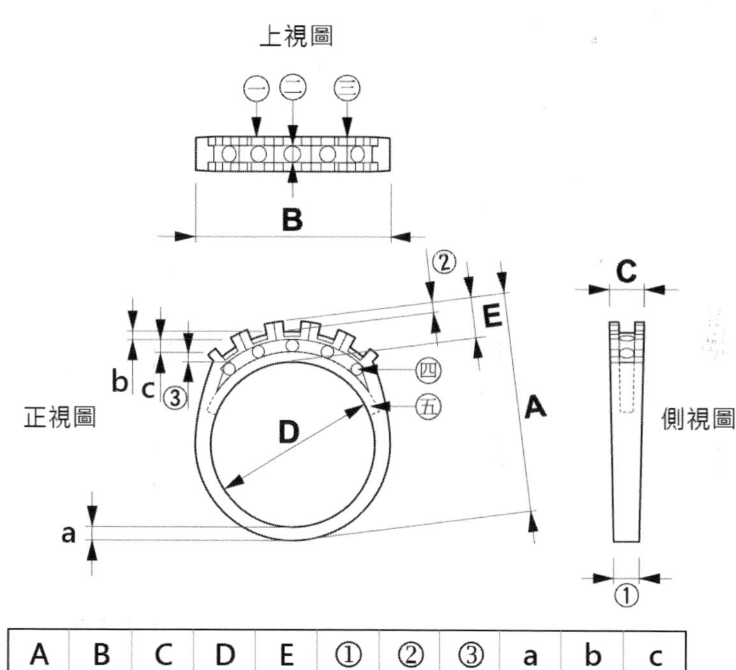

A	B	C	D	E	①	②	③	a	b	c
24.7	21.5	3.9	Ø18.5	4.7	2.8	1.2	1.1	1.5	1	1.4

㈠ 圖中【⊓⊥⊓】為斜面

㈡ 貫穿鑽孔Ø1.3，共計5個洞

㈢ 用鋸線鋸溝

㈣ 為實線，兩側共計10支

㈤ 套底鏤空

依側視圖區分四塊零件：

戒面、線段、內圈、戒圈。（如右圖）

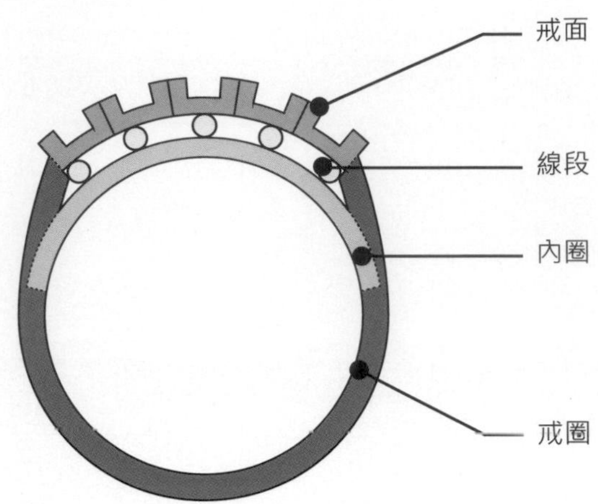

開始計時！！

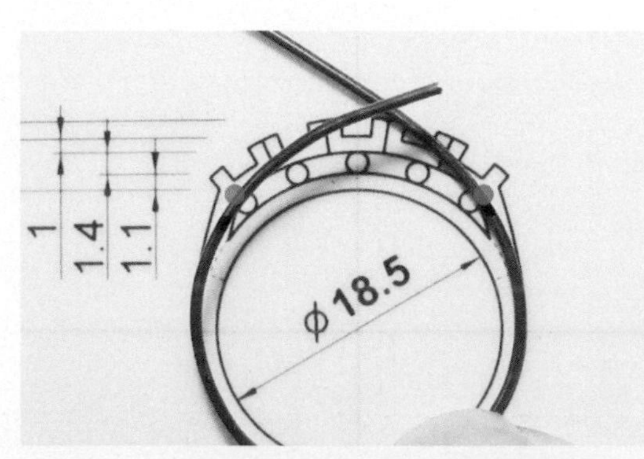

步驟 1. 備料取材

決定所需材料尺寸：

方法一、線依圖繞型，作出記號後攤平測量，可得知戒圈大致長度。

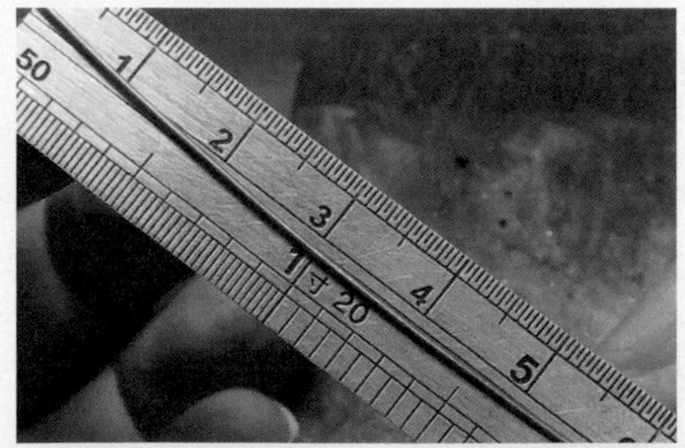

步驟 2. 備料取材

決定所需材料尺寸：

方法二、戒圍 18.5 推算戒圈長度。

公式：（直徑 x π）+ 預留尺寸

本題型：（18.5 x 3.14）+ 10 ≒ 68

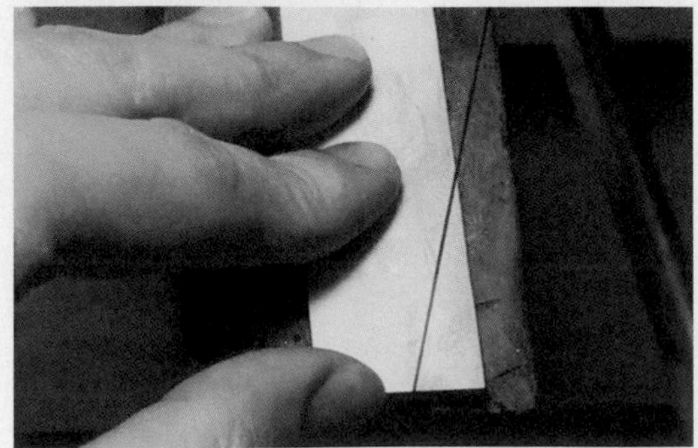

步驟 3. 備料取材

現場考題未必是 1：1 圖形，備取材料需預留長度，提供鍛造彎折時的操作空間。

※ 工序反覆演練熟稔後，可依自身經驗斟酌取材尺寸是否需要增減。

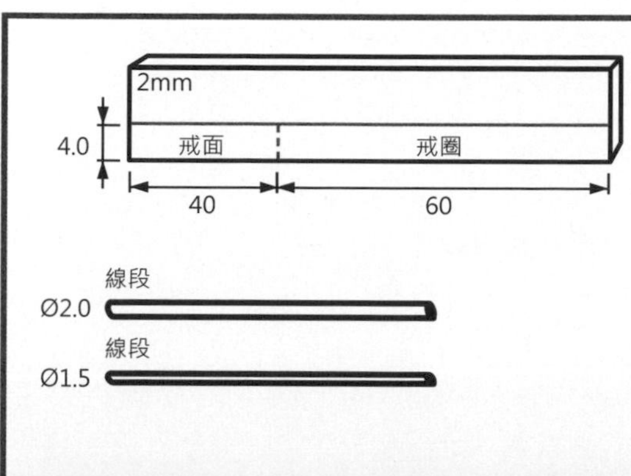

步驟 4. 備料取材

取材步驟——取料尺寸預留與否。

戒圈、戒面：以相同寬度裁切後，再個別輾壓至所需厚度。

線段：取線 Ø1.5 抽細至線 Ø1.4。

內圈：取線 Ø2.0 壓扁至 1.2 厚。

鋸切、退火、輾壓、拔線

操作時間：0.5~0.8 時

戒面（厚度 1.1）

4.0

35+

※題型最厚尺寸 2.2mm，但考場版料只提供 2mm，故需以版料相疊焊接增加厚度。

戒圈（厚度 1.5）

4.0

60+

5

內圈（厚度 1.2）

※內圈以線 Ø2.0 壓扁。

線段

Ø1.4

※ 備料過程隨時運用游標卡尺掌握尺寸與厚度。

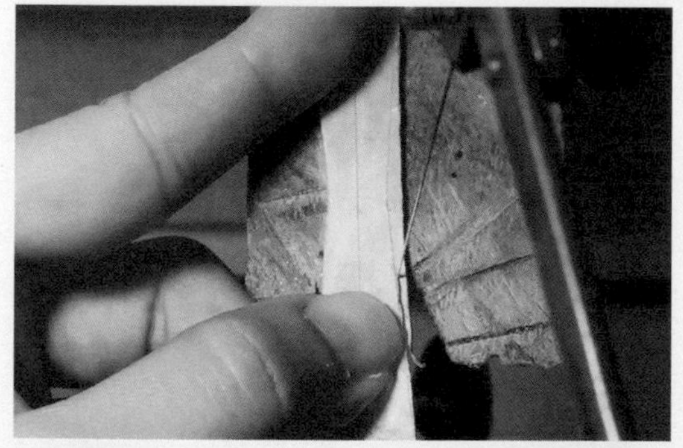

步驟 5. 備料取材

鋸切戒圈材料：

戒圈版料繪製 5mm 預留間隔、十字中心線，並透過側視圖得知戒圈最窄處為 2.8mm，繪製如下圖後，鋸切多餘材料。

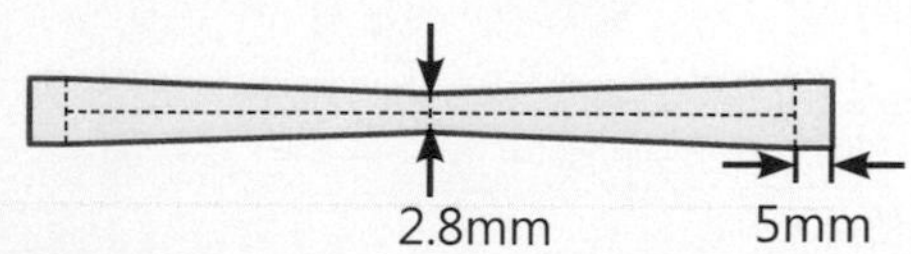

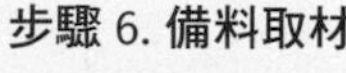

步驟 6. 備料取材

銼磨戒圈材料：

將鋸切面銼修對稱、平整，繪製的基準線才會有參考價值。

以手固定銼修工件。

步驟 7. 備料取材

將游標卡尺固定於 18.5mm 後，比照戒指棒的戒圍，得知題型戒圍尺寸 #15。

步驟 8. 備料取材

彎折戒圈雛型：

以戒指棒彎折成形，或以木槌、膠槌槌擊成形。

檢查弧度對稱性及兩側戒圈平行與否。

步驟 9. 備料取材

以針註記多餘材料，觀察戒圈弧度與題型的相似度。

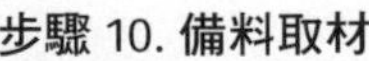
※ 外形與題型愈相似，尺寸愈準確。

步驟 10. 備料取材

鋸切戒圈多餘長度，須預留修磨空間。

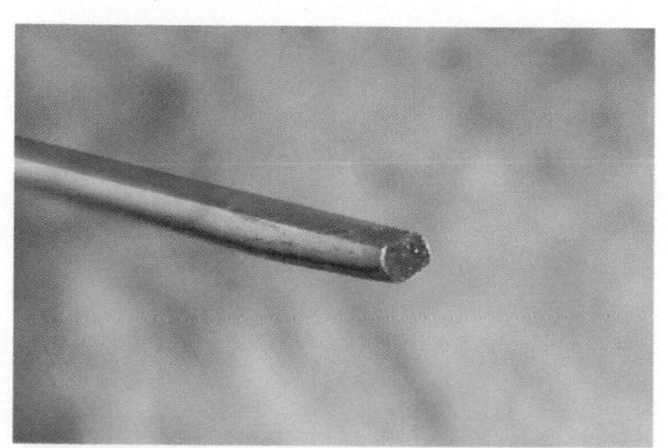

步驟 11. 備料取材

內圈：

以線 Ø2.0 壓扁至厚度 1.2mm，題型要求厚度為 1.1mm，預留 0.10 ～ 0.05mm 做為鍛敲、銼磨操作厚度。

步驟 12. 備料取材

彎折內圈雛型備用：

彎折戒圈雛型，題型要求尺寸 #15，一開始先以 #14 彎折。

亦可用題型一、二製作內圈的方式。

步驟 13. 備料取材

戒圈修磨內圈焊接位置：

戒圈小半號，左圖黃色圈為戒指棒與戒圈交接處並以油性筆註記。

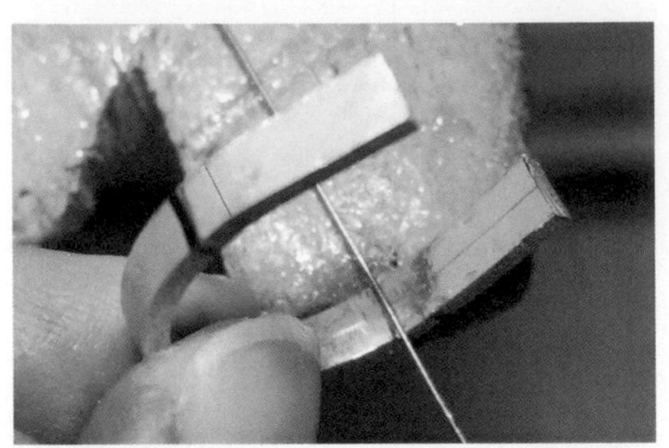

步驟 14. 備料取材

戒圈與戒棒交接處內圍，以鋸絲鋸磨出一定深度作為記號。

步驟 15. 備料取材

以銼刀修磨吻合，直至內圈完全貼合戒圈。

步驟 16. 備料取材

戒圈完成示範。

步驟 17. 備料取材

戒圈與內圈示範。

步驟 18. 備料取材

戒面增加厚度：

方法一、兩片版材相疊焊接增厚：題型要求尺寸為 2.2mm，以 1.1mm 版材兩塊相疊增厚。

步驟 19. 備料取材

戒面增加厚度：

方法二、條材鍛敲增厚：寬度 4.2mm 、厚度 2.0mm 條段，鍛敲至寬度 3.9~4.0mm、厚度 2.20~2.25mm。

※ 若條材寬度已鍛敲至 3.9mm，但厚度仍不足 2.2mm，建議再次取料，並增加寬度至 4.5mm。

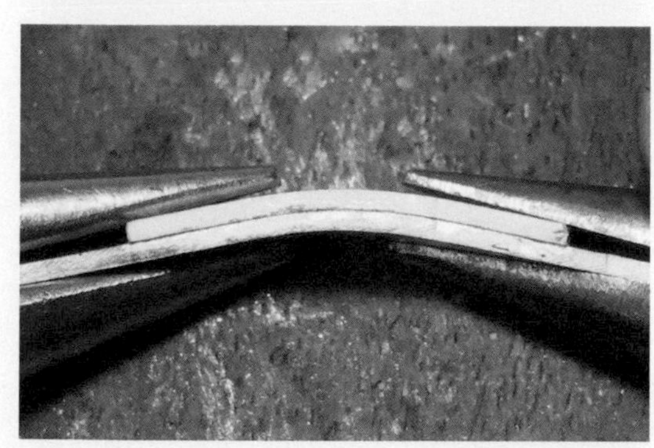

步驟 20. 備料取材

彎折戒面雛型：

以平鉗、平 / 半圓鉗彎折戒圈弧度。

步驟 21. 備料取材

彎折戒面雛型：

觀察戒面弧度與題型的相似度。

※ 外形與題型愈相似，尺寸愈準確。

操作時間：1.0~1.2 時

組合焊接前，備好的材料檢查尺寸

戒面、戒圈、內圈測量長度、寬度尺寸公差 ±0.05 ~ ±0.10mm。

線段備用。

步驟 22. 組合焊接

內圈與戒圈組焊：

焊接面塗敷助焊劑後，內圈一端與戒圈加熱組合焊接。

內圈稍往戒圈外側凸出放置，避免焊接後，銼磨完成後材料不足有缺口。

步驟 23. 組合焊接

內圈與戒圈組焊：

剪多餘內圈長度，再次進行焊接。內圈尺寸略小半號，預留後續整圓時的擴大微調空間。

步驟 24. 組合焊接

兩面內圈依序與戒圈焊接。

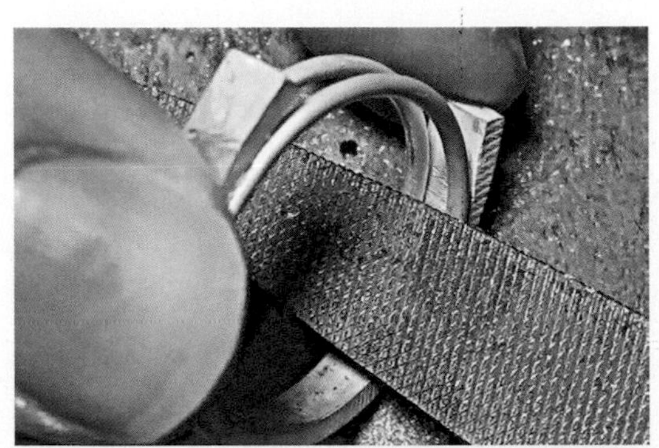

步驟 25. 組合焊接

內圈與戒圈銜接面：

運用半圓銼刀銼磨，順沿著戒圈弧度，將內圈與戒圈銜接凸起處修飾平順。

步驟 26. 組合焊接

內圈尺寸槌敲：

目前內圍介於#14~#14.5，須先將尺寸槌敲至正確尺寸（#15）後，再進行戒面組合焊接。

※ 槌敲戒圈尺寸前，內圈與戒圈的內圍銜接面務必先銼磨修整。

步驟 27. 組合焊接

焊接線段：

焊接中間與兩側線段 Ø1.4mm，以做為戒面焊接的參考點。

步驟 28. 組合焊接

※ 注意焊藥量不需太多。

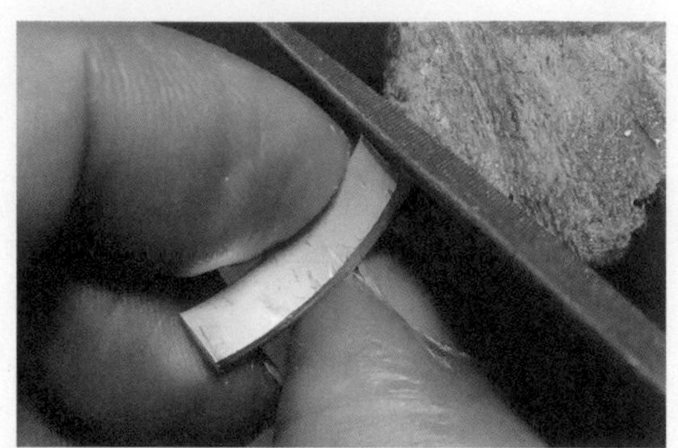

步驟 29. 組合焊接

修磨戒面與戒圈銜接面。

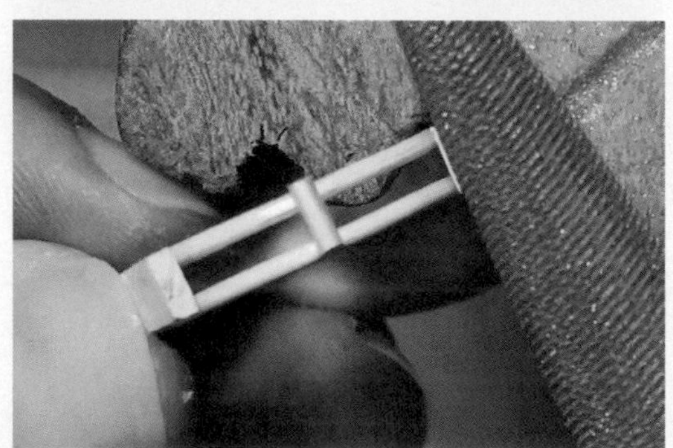

步驟 30. 組合焊接

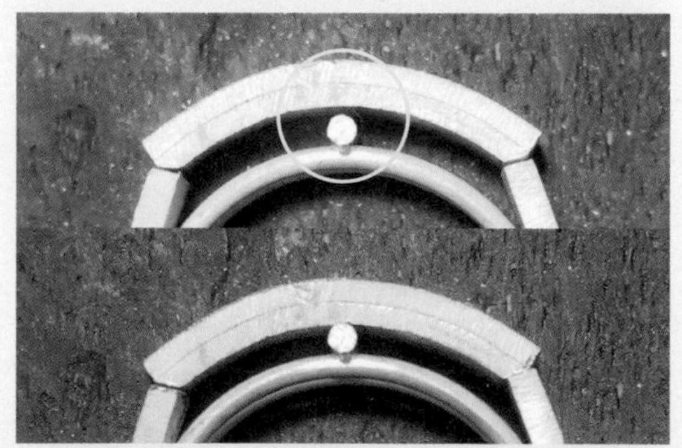

步驟 31. 組合焊接

鋸除多餘戒面與戒圈：

戒面修磨至同時貼覆戒圈與線段。

步驟 32. 組合焊接

焊接線段：

焊接兩側線段 Ø1.4mm。

步驟 33. 組合焊接

線段裁剪：

題型要求套底鏤空，在焊接線段與戒面之前，須裁剪中間連接部分。

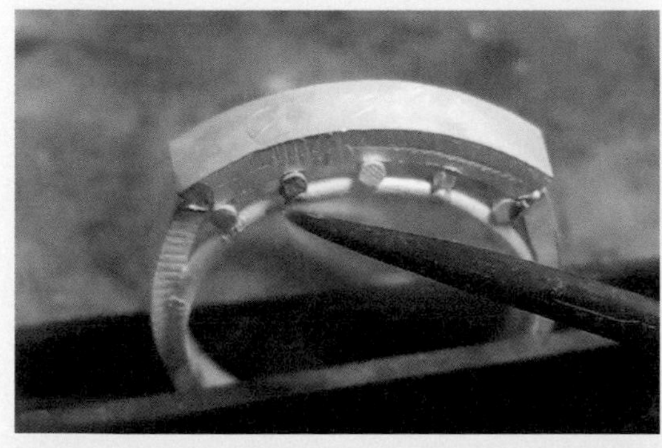

步驟 34. 組合焊接

焊接戒面與戒圈：

焊接戒面與戒圈後，進行線段焊接。焊接後以明礬酸洗檢查焊接位置。

操作時間：1.2~1.5 時

銼磨修整前，確保焊接的完固狀態

明礬酸洗去除助焊劑、氧化層。

檢查焊接點、組件交接面是否焊藥足夠無缺口。

鉎磨過程若工件解體崩落，必須再次補焊，恐增加時間不足、無法完成的風險。

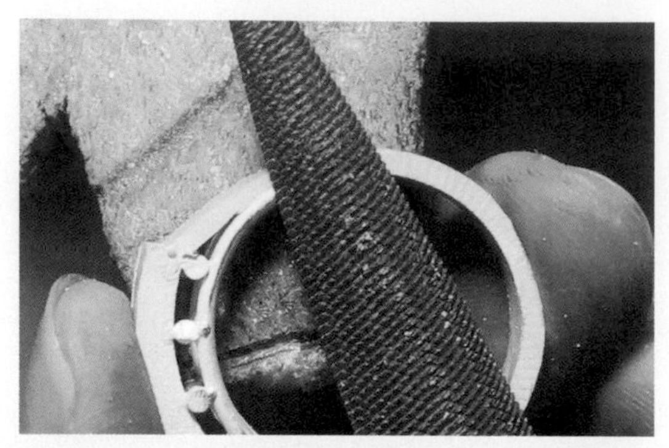

步驟 35. 銼磨修整

側面：

將側面突出不平整的內圈與戒圈銜接處修磨一致。

保留戒面（尺寸已精準）不銼磨到為原則，將側面突出不平整的內圈、線段修磨一致。

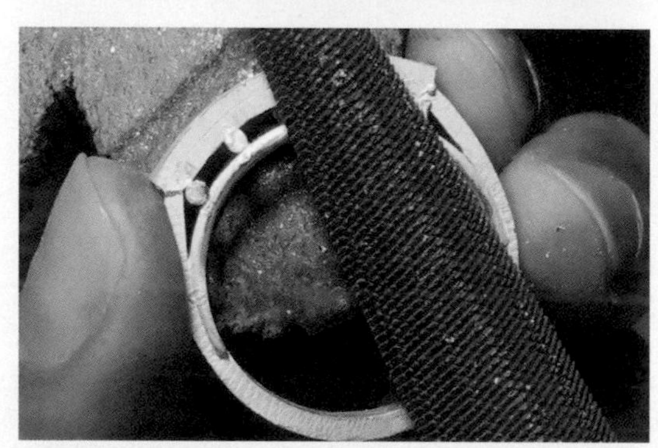

步驟 36. 銼磨修整

側面：

粗修毛邊需處理。

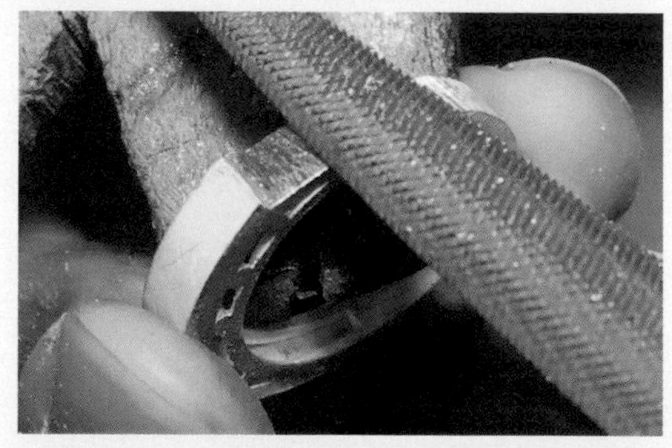

步驟 37. 銼磨修整

戒圈：

銼刀運行沿戒圈弧度將表面彎折、鍛敲痕修磨平整。

※ 銼磨過程隨時以游標卡尺丈量尺寸，避免銼修過度。

操作時間：0.5~0.8 時

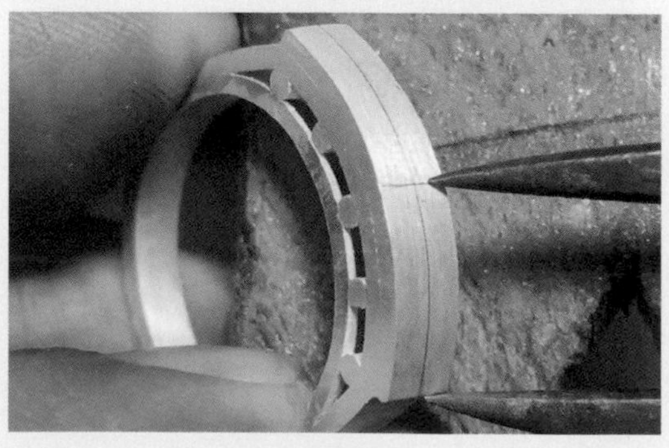

步驟 38. 定位鑽孔

戒面孔位均分：

戒面以分規或矩車繪製中心線。

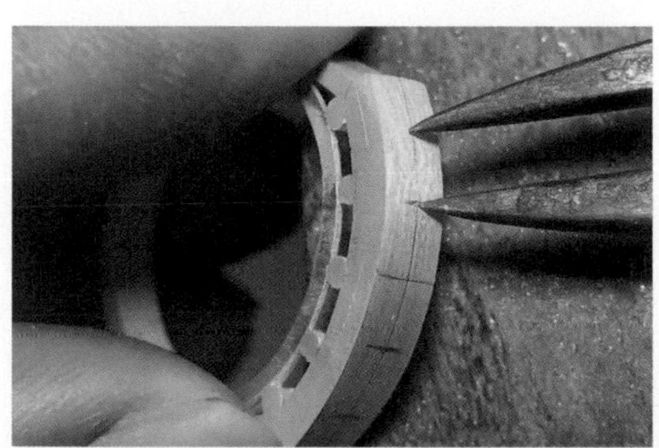

步驟 39. 定位鑽孔

戒面孔位均分：

戒面再依序從中心、左右兩側均分七個點（參考題型規格）。

步驟 40. 定位鑽孔

戒面車磨孔位中心：

以 Ø0.7 mm斜身狼牙棒車磨孔位中心，避免鑽針鑽孔走位歪斜。

步驟 41. 定位鑽孔

戒面鑽孔：

題型要求貫穿鑽孔 Ø1.3mm；可先以 Ø1.0mm 淺鑽。鑽孔順序同上述，可避免鑽孔時孔位偏移過多，再次以 Ø1.2mm 鑽孔時可做孔位微調，最後再擴孔至 Ø1.3mm 。

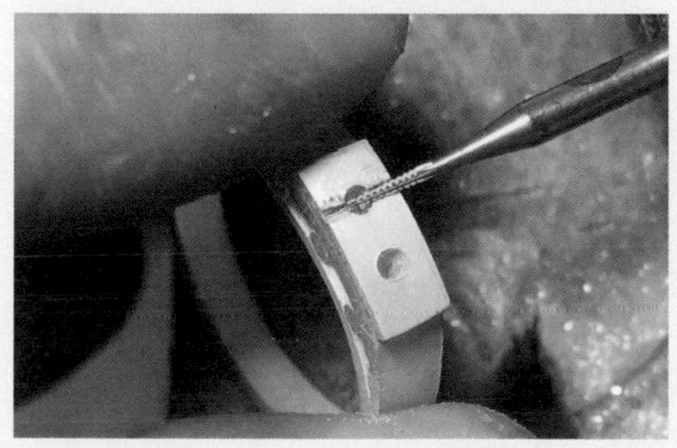

步驟 42. 定位鑽孔

戒面橫向車溝：

題型要求側邊城垛深度 1.2mm，繪製參考線後以狼牙棒向下車磨溝槽。

步驟 43. 銼磨修整

繪製側邊城垛深度參考線 1.2mm。

步驟 44. 銼磨修整

戒面橫向車溝：

依題型要求銼磨城垛，先以三角銼刀左右擴寬，

再以方形銼刀修飾。

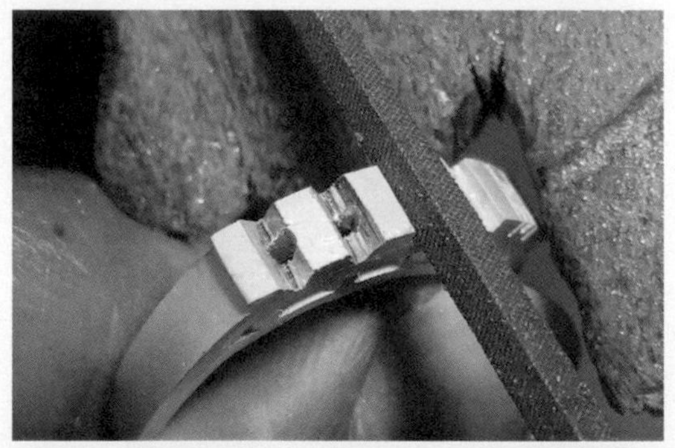

步驟 45. 銼磨修整

步驟 46. 銼磨修整

檢查間隔大小與對稱性。

步驟 47. 銼磨修整

戒面孔位均分：

戒面再依序從中心、左右兩側均分七個點（參考題型規格），可參考下圖順序。

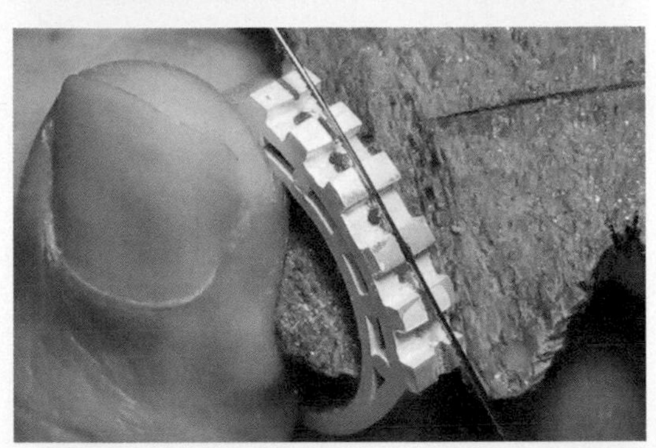

步驟 48. 銼磨修整

戒面縱向車溝：

題型要求側邊城垛深度 1.2mm，繪製中心參考線後以鋸絲鋸切記號。

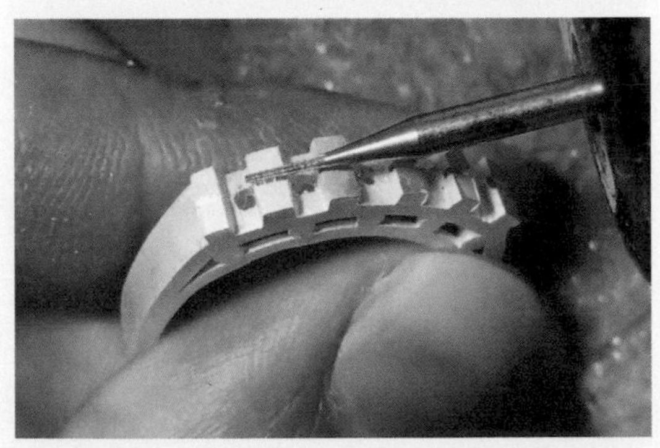

步驟 49. 銼磨修整

戒面縱向車溝：

狼牙棒順延鋸切記號向下車磨。

步驟 50. 銼磨修整

戒面縱向溝槽：

方型、長方銼刀銼磨方形溝槽。

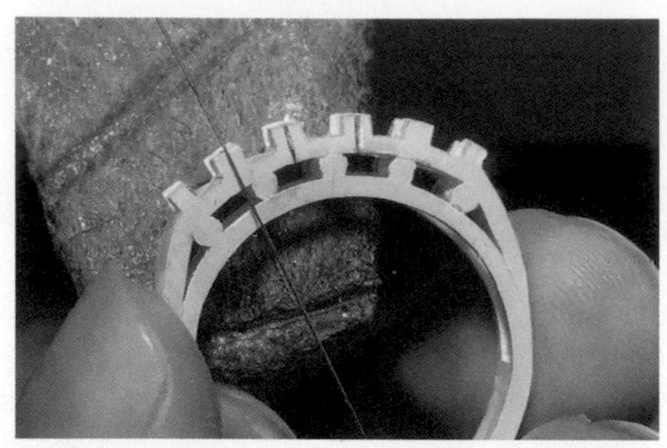

步驟 51. 裝飾線槽

戒面線槽：

以鋸絲鋸磨側面城垛鑲口線槽。

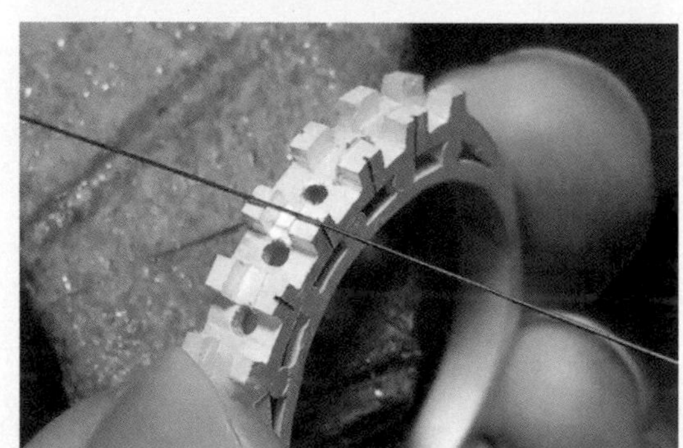

步驟 52. 裝飾線槽

戒面線槽：

以鋸絲鋸磨上側面城垛鑲口線槽。

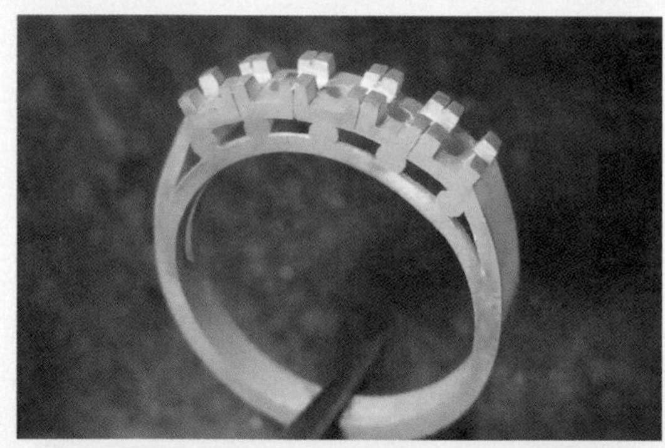

步驟 53. 表面處理

以明礬酸洗去除助焊劑、氧化物；砂紙表面細修銼齒紋、工具痕。

※ 題型要求尺寸精準度、完成度、表面處理程度，雖無要求拋光面，但仍需以明礬酸洗過後，細修至砂紙 #400。

※ 延伸思考：題型完成後，會有許多死角修不到，故必須在製作過程中先細修，再進行組焊！

操作時間：1.2~1.5 時

金工 MEMO

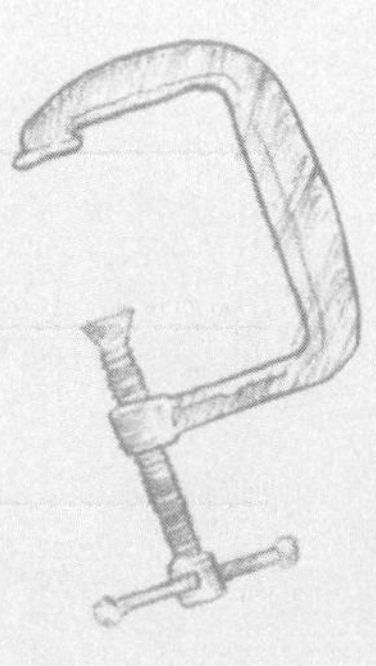

術科題型（六）

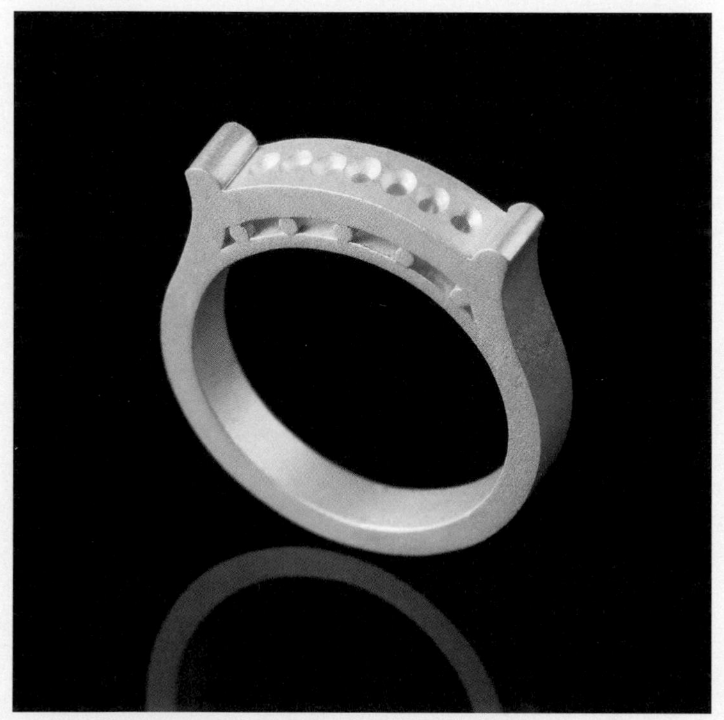

材料：100 x 20 x 2　　一片

Ø2 x 80　　一線

Ø1.5 x 80　　一線

焊料：20 x 10 x 0.3　　一片

單位：公釐 / mm

測驗時間：6 小時

術科題型模擬

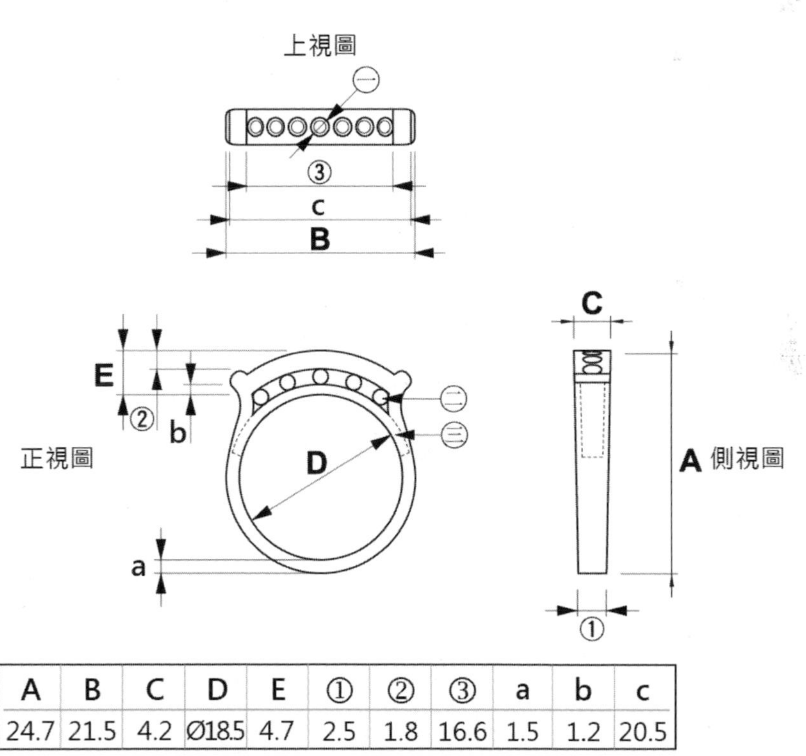

A	B	C	D	E	①	②	③	a	b	c
24.7	21.5	4.2	Ø18.5	4.7	2.5	1.8	16.6	1.5	1.2	20.5

㊀ 圖中【◎】貫穿鑽孔Ø1，外洞Ø1.8，共計7個洞

㊁ 為實線，兩側共計10支

㊂ 套底鏤空

依側視圖區分四塊零件：

戒面、線段、內圈、戒圈。（如右圖）

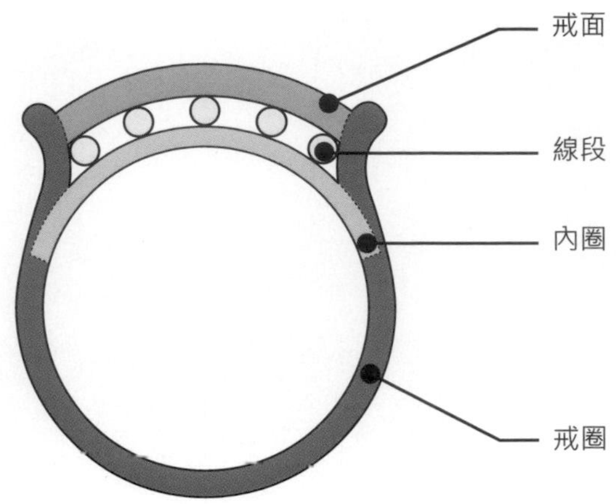

開始計時！！

步驟 1. 備料取材

決定所需材料尺寸：

方法一、依圖型繞線，作出記號後攤平測量，即可得知戒圈大致長度。

步驟 2. 備料取材

決定所需材料尺寸：

方法二、戒圍 18.5 推算戒圈長度。

公式：（直徑 x π）+ 預留尺寸

本題型：（18.5 x 3.14）+ 10 ≒ 68

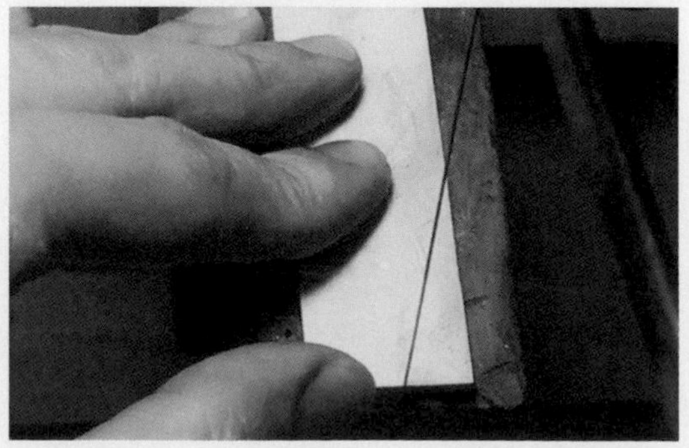

步驟 3. 備料取材

現場考題提供圖形未必是 1：1，備取材料需預留長度，提供鍛造彎折時的操作空間。

※ 反覆演練熟悉工序後，可依自身經驗斟酌取材尺寸是否需要增減。

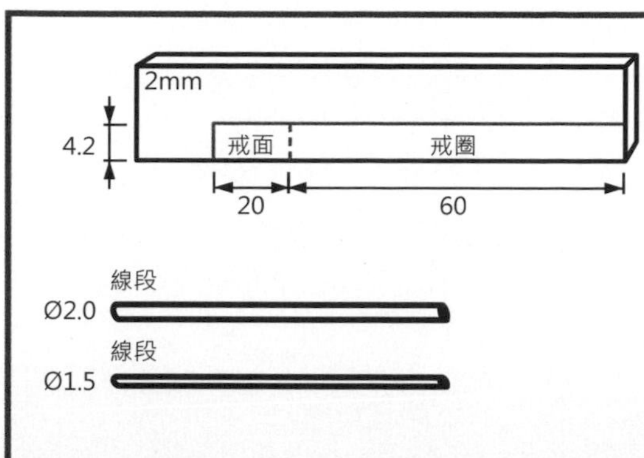

步驟 4. 備料取材

取材步驟——取料尺寸預留與否。

戒圈、戒面：以相同寬度裁切後，再個別輾壓至所需厚度。

線段：取線 Ø2.0 抽細至線 Ø1.7。

內圈：取線 Ø1.5 壓扁至 1.25 厚。

鋸切、退火、輾壓、拔線

操作時間：0.6~1.0 時

戒圈（厚度 1.5）

4.2

60+

5

內圈（厚度 1.25）

※ 內圈以線 Ø1.5 壓扁，長度需超過戒圈周長一半。

線段

Ø1.7

※ 備料過程隨時運用游標卡尺掌握尺寸與厚度。

步驟 5. 備料取材

鋸切戒圈材料：

戒圈版料繪製 5mm 預留間隔、十字中心線，並透過側視圖得知戒圈最窄處為 2.5mm，繪製如下圖後，鋸切多餘材料。

步驟 6. 備料取材

繪製戒圈基準線：

在製作過程中，透過參考基準線決定題型弧度位置、對稱性。

步驟 7. 備料取材

彎折面版雛型：

以平鉗彎折弧度。注意鉗夾方式！

亦可依附戒指棒彎折成形，以木槌、膠槌搭配長方吻座敲擊成形。

步驟 8. 備料取材

彎折戒圈雛型：

以戒指棒彎折成形，或以木槌、膠槌搭配長方吻座槌擊成形。

初步檢查弧度對稱性及兩側戒圈是否平行（如左圖黃色虛線）。

步驟 9. 備料取材

彎折戒圈雛型：

以針註記彎曲轉折點，觀察戒圈弧度與題型的相似度。

※ 外形與題型愈相似，尺寸愈準確。

步驟 10. 備料取材

以平鉗、平／半圓鉗彎折戒圈弧度。不斷使用游標卡尺測量戒圈最寬處，確保尺寸不至偏差過多。

左圖黃色虛線為測量位置。

步驟 11. 備料取材

彎折戒圈雛型：

觀察戒圈弧度與題型的相似度，外形與題型愈相似，尺寸愈準確。

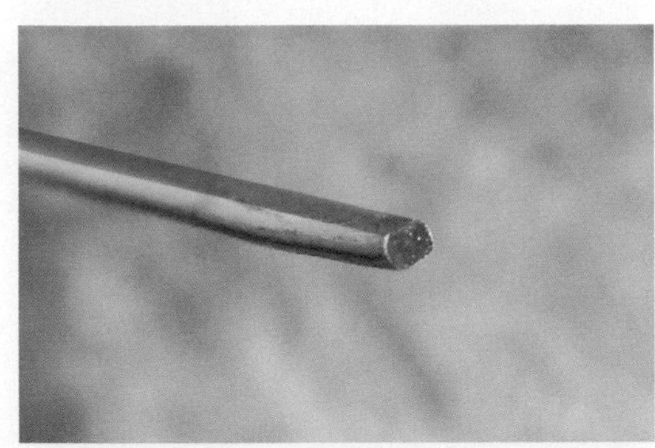

步驟 12. 備料取材

內圈：

以 Ø1.5mm 線壓扁至厚度 1.25mm，題型要求厚度為 1.20mm，預留 0.10~0.05mm 做為鍛敲、銼磨操作厚度。

步驟 13. 備料取材

彎折內圈雛型備用：

題型要求尺寸 #15，一開始先以 #14 彎折戒圈雛型。

※ 亦可用題型一、二製作內圈的方式，如左圖。

步驟 14. 備料取材

戒圈修磨內圈焊接位置：

戒圈略小半號，黃色圈為戒指棒與戒圈交接處並以油性筆註記。

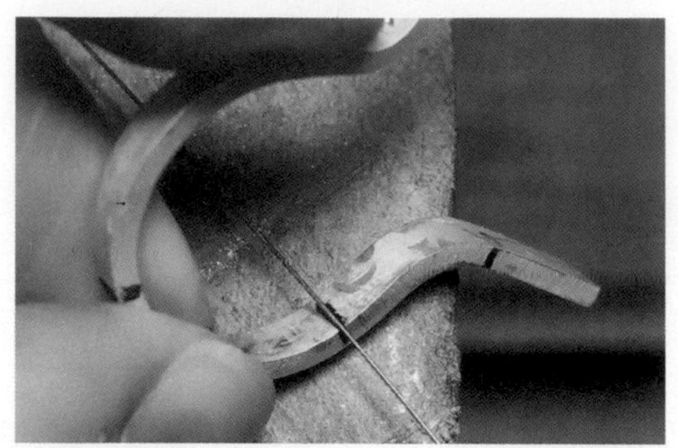

步驟 15. 備料取材

以鋸絲鋸出深度後改以銼刀修磨吻合，直至內圈完全貼合戒圈。

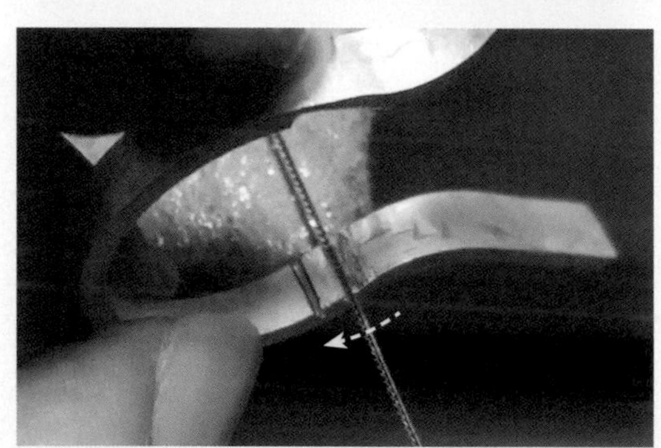

步驟 16. 備料取材

亦可以鋸絲鋸除較多的金屬塊。

※ 此步驟具操作危險性，鋸切過程勿過度施力，將會導致鋸齒滑牙誤傷自己。

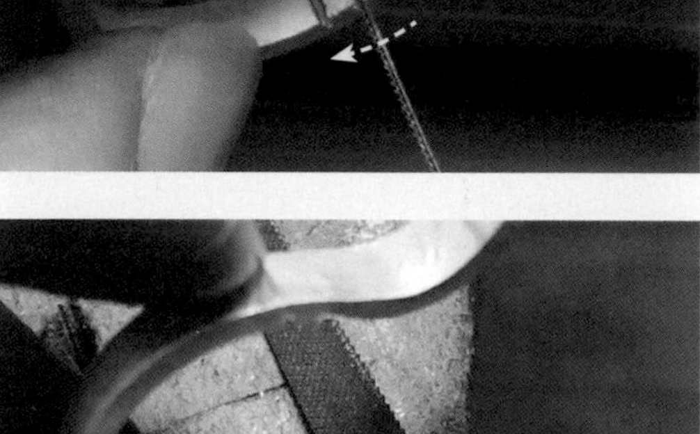

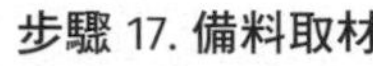

步驟 17. 備料取材

以銼刀修磨吻合，直至內圈完全貼合戒圈。

步驟 18. 備料取材

兩側銼磨範例。

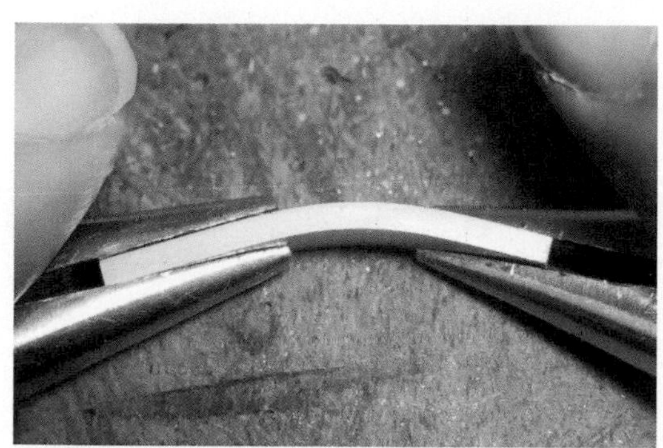

步驟 19. 備料取材

彎折戒面雛型：

以平鉗、平／半圓鉗彎折戒圈弧度。

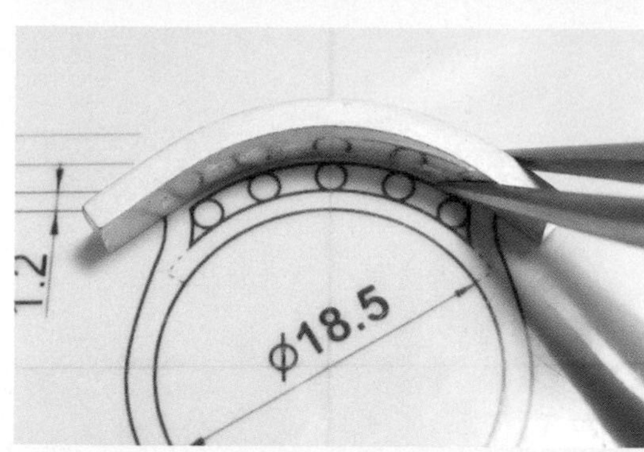

步驟 20. 備料取材

彎折戒面雛型：

觀察戒面弧度與題型的相似度，外形與題型愈相似，尺寸愈準確。

步驟 21. 備料取材

備料示範。

操作時間：1.2~1.5 時

組合焊接前，備好的材料檢查尺寸

戒面、戒圈、內圈測量長度、寬度尺寸公差 ±0.05~±0.10mm。

線段備用。

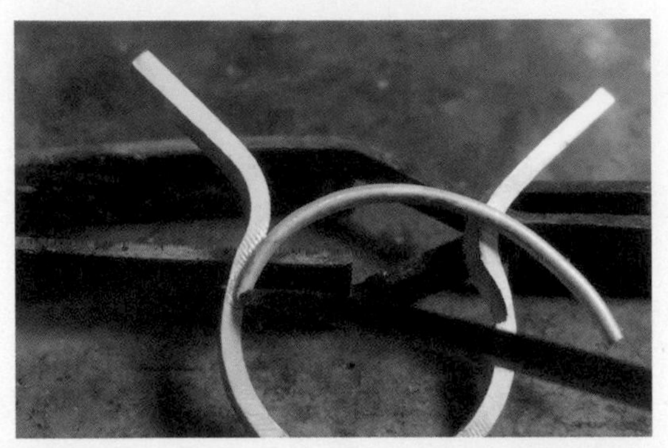

步驟 22. 組合焊接

內圈與戒圈組焊：

焊接面塗敷助焊劑後，內圈一端與戒圈加熱組合焊接。

內圈稍往戒圈外側凸出放置，避免焊接後，銼磨完成後材料不足有缺口。

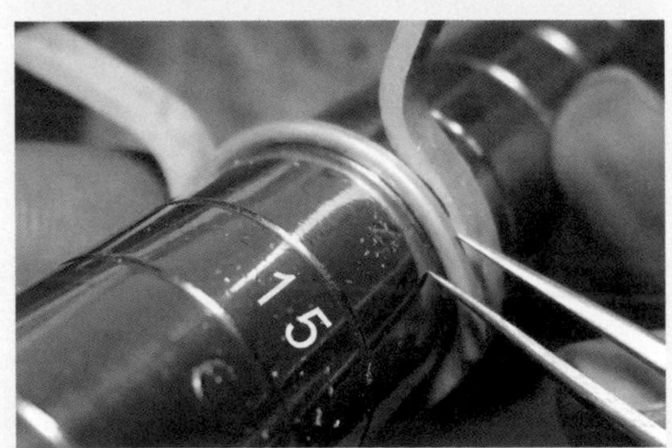

步驟 23. 組合焊接

內圈與戒圈組焊：

以戒指棒為依據確認內圈與戒圈焊接位置。

步驟 24. 組合焊接

內圈與戒圈組焊：

剪多餘內圈長度，注意焊接面是否吻合後，再次進行焊接。

步驟 25. 組合焊接

內圈與戒圈組焊：

兩面內圈依序焊接。

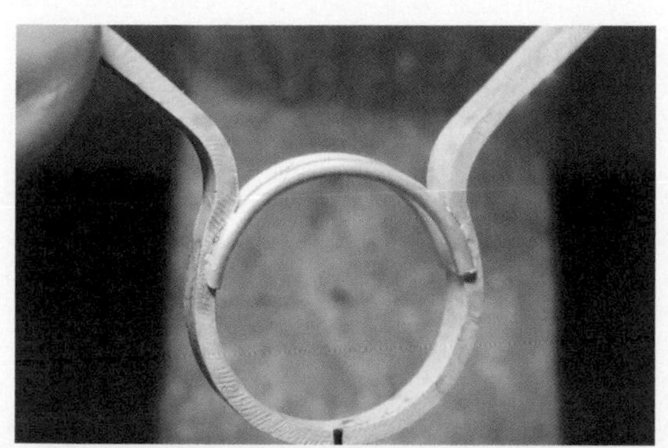

步驟 26. 組合焊接

檢查焊接處：

明礬酸洗後檢查內圈與戒圈銜接面焊藥量是否充足，避免磨除側面多餘材料後，產生縫隙。

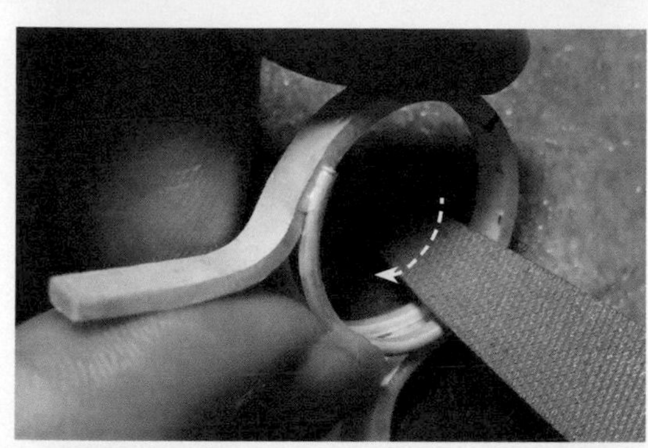

步驟 27. 組合焊接

內圈與戒圈銜接面：

運用銼刀半圓處，運刀延戒圈弧度將內圈與戒圈銜接凸起處修磨平整。

步驟 28. 組合焊接

內圈尺寸槌敲：

目前內圍介於#14~#14.5，須先將尺寸槌敲至正確尺寸（#15）後，再進行戒面組合焊接。

※ 槌敲戒圈尺寸前，內圈與戒圈的內圍銜接面務必先銼磨修整。

步驟 29. 組合焊接

焊接線段：

焊接中間與兩側線段 Ø1.7mm，以做為戒面焊接的參考點。

題型要求套底鏤空，線段焊接完成後，須裁剪中間連接部分。

步驟 30. 組合焊接

檢視戒面與戒圈長度關係。

步驟 31. 組合焊接

鋸除戒圈多餘材料，須預留鋸絲厚度與銼磨空間，並於修磨過程中，確認尺寸！

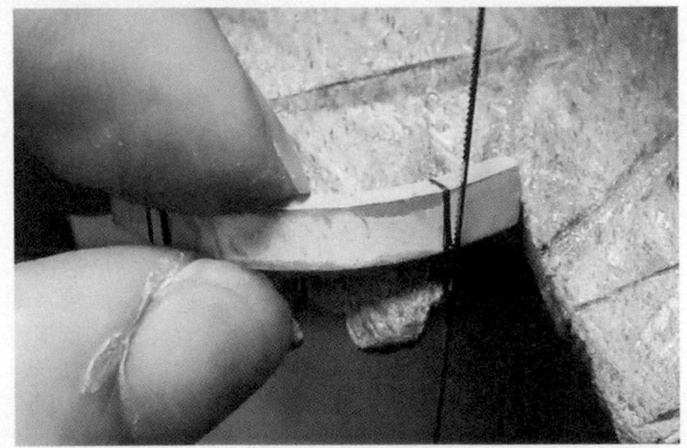

步驟 32. 組合焊接

鋸除戒面多餘材料，須預留鋸絲厚度與銼磨空間。

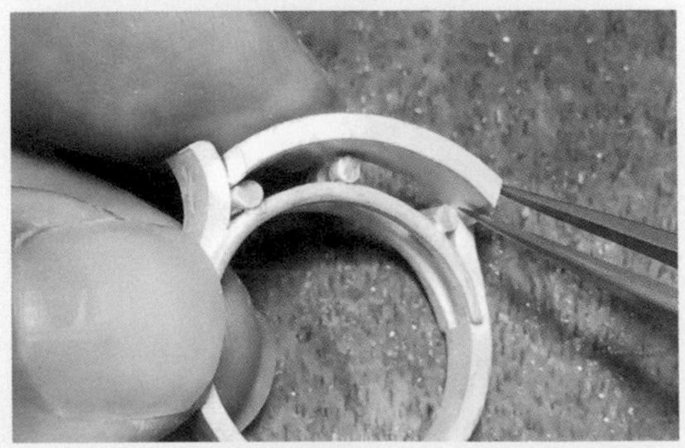

步驟 33. 組合焊接

修磨戒面與戒圈銜接面。

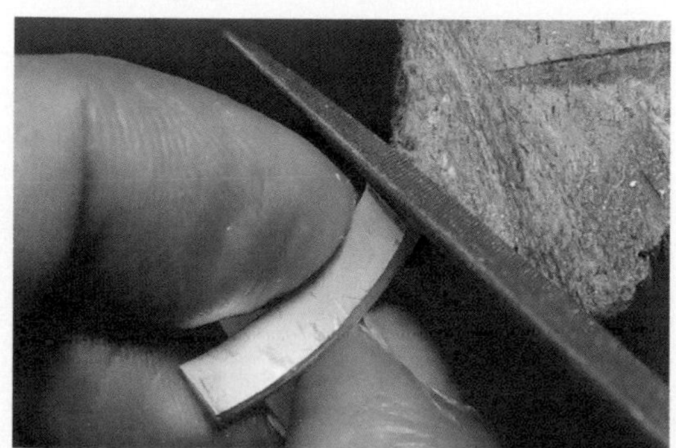

步驟 34. 組合焊接

修磨戒面與戒圈銜接面。

步驟 35. 組合焊接

檢視戒面與戒圈銜接面吻合度。

步驟 36. 組合焊接

焊接戒面與戒圈。

步驟 37. 組合焊接

進行剩下兩組線段焊接。

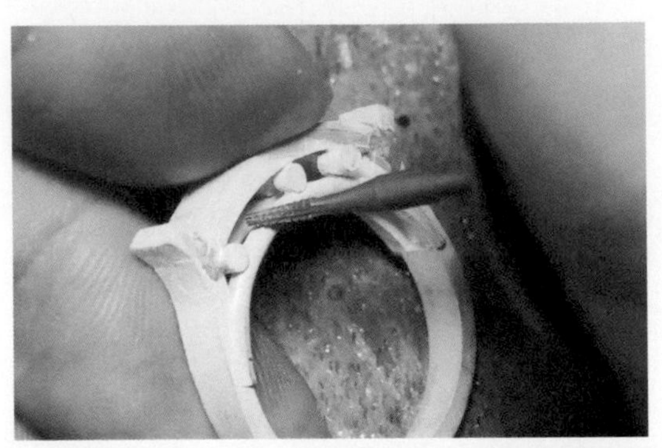

步驟 38. 組合焊接

※ 倘若戒面變形，線段無法塞入，可使用狼牙棒車磨，避免過度修磨導致空隙過大。

步驟 39. 組合焊接

檢查焊接完整性：

明礬酸洗檢查銜接面焊藥量是否充足，避免後續銼修時，各個分件因焊接不牢固導致解體、崩落，再次增加製作工時。

操作時間：1.5~1.8 時

銼磨修整前，確保焊接的完固狀態

明礬酸洗去除助焊劑、氧化層。

檢查焊接點、組件交接面是否焊藥足夠無缺口。

鎚磨過程若工件解體崩落，必須再次補焊，恐增加時間不足、無法完成的風險。

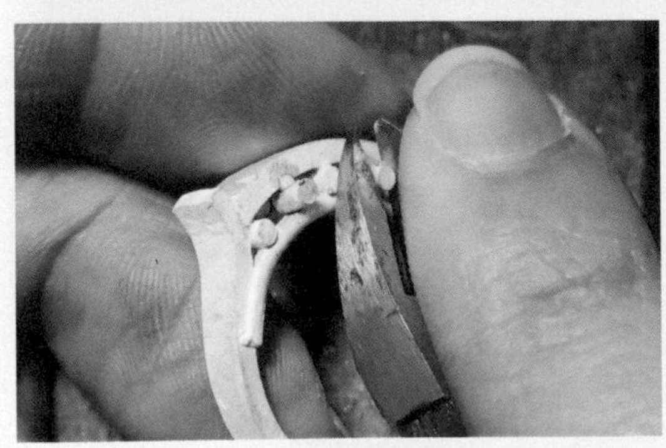

步驟 40. 銼磨修整

剪除多餘線段：

以斜口鉗貼平外側再剪去多餘線段。

步驟 41. 銼磨修整

保留戒面（尺寸已精準）不銼磨到為原則，將側面突出不平整的內圈、線段修磨一致。

步驟 42. 銼磨修整

將側面突出不平整的內圈與戒圈銜接處修磨一致。

步驟 43. 銼磨修整

銼刀運行沿戒圈弧度將表面彎折、鍛敲痕修磨平整。

※ 銼磨過程隨時以游標卡尺丈量尺寸，避免銼修過度。

步驟 44. 銼磨修整

戒圈上端修磨圓弧

修磨戒圈上端弧度，如左圖黃色圈。

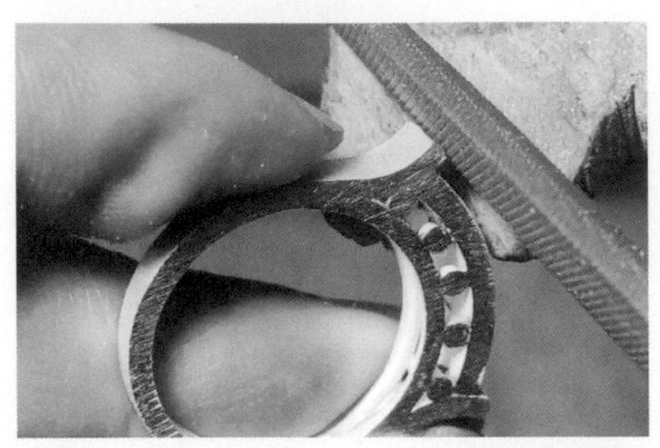

步驟 45. 銼磨修整

修磨戒圈上端弧度。

步驟 46. 銼磨修整

外型依題型要求銼磨至尺寸精準。

※ 粗銼（#00）修整後，可以細銼（#02、#04）整理銼痕或毛邊。若時間充裕，攜帶砂紙棒（#400）做表面細修。

步驟 47. 銼磨修整

鑽孔前，先行將戒面銼磨修整。

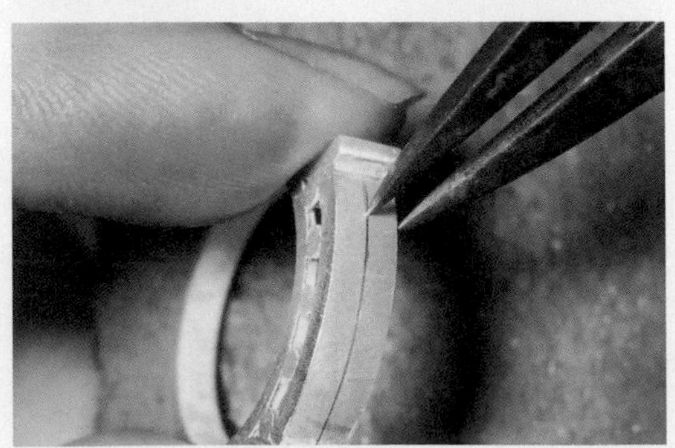

步驟 48. 定位鑽孔

戒面孔位均分：

戒面以分規或矩車繪製中心線。

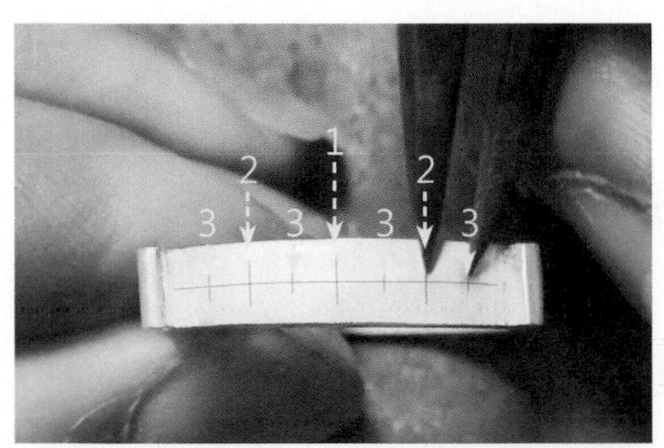

步驟 49. 定位鑽孔

戒面孔位均分：

戒面再依序從中心、左右兩側均分七個點（參考題型規格），可參考左圖順序。

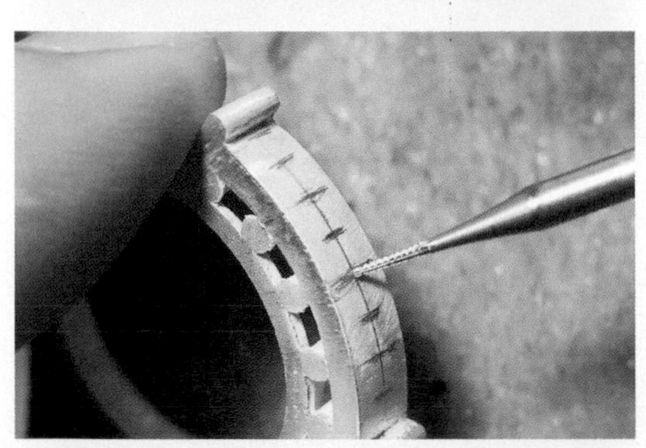

步驟 50. 定位鑽孔

戒面車磨孔位中心：

以 Ø0.7mm 斜身狼牙棒車磨孔位中心，避免鑽針鑽孔走位歪斜。

步驟 51. 定位鑽孔

題型要求貫穿鑽孔Ø1.0mm；先以Ø0.8mm 淺鑽。

※ 鑽孔順序同步驟 49，可避免鑽孔時孔位偏移過多。

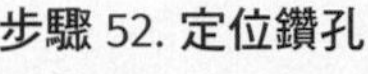

步驟 52. 定位鑽孔

以 Ø0.7mm 斜身狼牙棒調整孔洞中心位置。

步驟 53. 定位鑽孔

再次以 Ø1.0mm 鑽孔。

步驟 54. 定位鑽孔

戒面車錐孔外徑：

題型要求錐孔外徑 Ø1.8mm；以桃型波蘿頭擴增孔徑。

步驟 55. 表面處理

以明礬酸洗去除助焊劑、氧化物；砂紙表面細修銼齒紋、工具痕。

※ 題型要求尺寸精準度、完成度、表面處理程度，雖無要求拋光面，但仍需以明礬酸洗過後，細修至砂紙 #400。

※ 延伸思考：題型完成後，會有許多死角修不到，故必須在製作過程中先細修，再進行組焊！

操作時間：1.2~1.7 時

金工 MEMO

Chapter 2

破解丙級金工術科檢定考題

III 丙級術科測試應檢參考資料

各年度應檢資料及訊息，應以主管機關最新公告為準，詳細內容敬請查詢官網資訊，或洽主管機關索取相關資料，以免權益受損。

丙級金工術科測試應檢人須知

一、 **術科測試辦理單位應於檢定日前寄發本須知，供應檢人先行閱讀，俾使其瞭解術科測試之一般規定、測試程序及應注意遵守等事項。**

二、 **一般規定：**

（一）應檢人必須攜帶身分證、准考證，依照排定之日期、時間及地點準時參加術科測試。

（二）應檢人須於測試當日上午 8：00 前完成報到手續，領取檢測編號、識別證並佩戴在指定位置。

（三）8：10 於指定場所，聆聽評審長宣布有關安全注意事項、介紹監評人員及測試場環境，並領取試題。

（四）8：20 應檢人進入測試場後，即自行核對測試位置、編號、火具、工具、燈具、電源插座等。然後監評人員要再一次協助核對。

（五）術科辦理單位依時間配當表辦理抽題，並將電腦設置到抽題操作界面，會同監評人員、應檢人，全程參與抽題，處理電腦操作及列印簽名事項。

（六）就位後即開始點檢工具及材料，如有缺失，應即調換（逾時則不予處理），以及由應檢人自行抽取一題試題。並令應檢人核對材料、試題及現場時間。

（七）8：30 評審長宣布測試開始後，應檢人才可開始操作。

（八）測試開始逾 15 分鐘遲到，或測試進行中未經監評人員許可而擅自離開測試場地者，均不得進場應考。

（九）應檢人於測試進行中有特殊原因，經監評人員許可而離開測試場地者，不得以任何理由藉故要求延長測試時間。

（十）測試使用之材料一律由測試術科測試辦理單位統一供應，不得使用任何自備之材料。

（十一）測試前須先閱讀圖說，如有印刷不清之處，得測試位置舉手向擔任之監評人員請示。

（十二）測試場地內所供應之機具設備應小心使用，如因使用不當或故意而損壞者，應照價賠償，並以「不及格」論處。

（十三）因誤作或施作不當而損壞料件，造成缺料情形者，不予補充料件，且不得使用自備之料件或向他人商借料件，一經發現作弊皆予「不及格」論處。

（十四）應檢人應自行攜帶落樣用具（如捲尺、鋼尺或角尺、圓規、制式三角板、奇異筆、原子筆等），如向他人借用時，則予以扣分。

（十五）測試進行中，使用之工具、材料等應放置有序，如有放置紊亂則予扣分。

（十六）測試進行中，應隨時注意安全，保持環境整潔衛生。

（十七）與試題有關之樣板、參考資料等，均不得攜入測試場地使用，如經發覺則以夾帶論評為「不及格」。

（十八）工作不慎釀成災害以「不及格」論。

（十九）代人製作或受人代製作者，均以作弊「不及格」論。

（二十）應檢人須在測試位置操作，如擅自變換位置經勸告不理者，則以「不及格」論。

（廿一）成品之繳交請按照本須知第四項測試程序說明之（七）、（八）、（九）、（十）、（十一）等說明規定事項。

（廿二）測試時間屆滿，於評審長宣布「測試時間結束」時，應檢人應即停止操作，若尚未完成者則為不及格，但仍依第四項之（八）、（九）、（十）、（十一）等說明規定辦理。

（廿三）應檢人不得藉故要求延長測試時間。

（廿四）測試進行中途自願放棄或在規定時間內未能完成或逾時交件者，均以「不及格」論。

（廿五）測試後之成品、半成品等料件，不論是否及格，應檢人均不得要求取回。

（廿六）成品經安裝試驗（參照本須知第四項之（五）說明）而無法安裝者（因加工、接合、組合裝配所致者），則為不及格，不再進行成品評審。

（廿七）完成之成品，須依監評人員進行成品評審後，才能評定其是否及格。

（廿八）逾時交件、不及格及完成評審等之成品，皆不予保存。

（廿九）凡不遵守測試規定，經勸導無效者，概以「不及格」論。

三、 測試中應注意事項：

（一） 應檢人對各過程需要之時間須能妥善分配並控制掌握。

（二） 測試期間應注意工作安全，否則予以扣分。

（三） 氧、乙炔氣（或其它油氣……等）火焰於備用狀況時，應將火焰關閉，以節省燃料並預防灼傷，否則以不安全論予以扣分。

（四） 飾品之加工、接合及裝配等，應力求精確、堅固、美觀……等。

（五） 各種工具皆有其獨特之功能及用途，若有不當之使用，則予以扣分。

（六） 妥為利用工具、場地設備進行加工、裝配及接合等，以求精確。

四、　測試程序說明：

本測試約可分為下列過程，其中自第（四）至第（十一）之說明必須於規定時間內完成，應檢人應妥善計劃各過程佔用時間，並妥為控制進度。茲概略說明如下：

（一）閱讀圖說：本測試試題以正面圖、反面圖、俯視圖、側視圖、或細部詳圖……等方法表示長度、位置、方向、彎曲、角度、直徑等皆有標示，應檢人接到試題後，應即詳加研究。

（二）檢點料件：按照試題之使用材料表核對料件，如有短缺或缺陷者應即請擔任之監評人員處理調換。

（三）檢查工具：按照使用工具表核對放置於測試位置之工具是否欠缺或完好可用，如有不符，應請服務員處理調換（注意：應檢人於測試結束要離開測試場地前，必須將工具點交給服務員）。

（四）取材下料：按照試題所示之材料、規格、長度等進行鋸切、敲打、銼磨、抽線、加工……等作業。

（五）裝配接合：將完成加工之單件或總合件，必須按照試題所示尺寸、位置、方向、角度、直徑等予以裝配接合成為飾品。

（六）表面清潔：組合焊接之後的成品表面必須使用明礬水煮過及清除乾淨。

（七）成品繳交：於測試時間內完成，即請擔任之監評人員於試件編號，經核對號碼無誤後，才可離開檢定場地，測試結束時尚未完成者，也必須繳件。

（八）繳識別證：將識別證繳回。

（九）點交工具：將工具擦拭乾淨並排列整齊後，點交給服務員。

（十）場地清理：將測試位置及周圍上之殘料、紙屑、破布等雜物清理。

（十一）離開測試場地：完成上述過程後，應檢人應即離開測試場地。

（十二）成品評審：完成裝配之成品，須經評審委員按照評審表列逐項評審。

考前導引：掌握 5 要點，放鬆應考！

應檢人應詳讀考試機構寄送的「丙級金工術科測試應檢人參考資料」，以下為重點提示。

1. 本職類丙級技術士著重基本工法熟稔程度，鋸切、銼磨、焊接，並於時間內製作所需尺寸。反覆練習至加工程序熟稔，便著手練習速度與時間的分配。
2. 材料是否平整亦關乎後續加工焊接是否順利；曾有應檢人拿到彎曲版料，立即向監評人員反應後仍無法調換，監評人員向那位應檢人說自行處理。倘若無法調換，請善用工具整平料件，以利後續加工。
3. 平常練習時將各題型會碰到的問題逐一寫下，並於發生狀況時冷靜應對。
4. 不熟悉火槍使用的應檢人，請於測試開始前主動向監評人員尋求協助，要求介紹使用方法與氣壓表定裝置的判讀方式。
5. 自行攜帶 OK 繃、簡單急救工具。

丙級金工術科測試自備工具表

試題編號：146-910201~910206　　每人份　　全頁

編號	名稱	規格	單位	數量	備註
1	游標卡尺	mm 及可量小數點之後第 2 位數	只	1	
2	鋸弓	金工用	支	1	
3	剪刀（大）	長 18cm 以內	支	1	
4	銼刀（粗△）	長 18cm 寬 5cm	支	1	
5	銼刀（細△）	長 15cm 寬 3.5cm	支	1	
6	銼刀（扁平型□）	長 22cm 寬 5cm	支	1	
7	銼刀（半圓型粗∩）	長 18.5cm 寬 12cm	支	1	
8	銼刀（半圓型粗∩）	長 22cm 寬 5.5cm	支	1	
9	有柄小鋼杯	煮明礬用	個	1	
10	小鐵槌		支	1	
11	小鐵砧（桌上用）	直徑 9cm 高 1.5cm	個	1	
12	吊夾	長 25cm 以內	支	1	
13	吊夾（中）	長 20cm 以內	支	1	
14	吊夾（小）	長 14cm 以內	支	1	
15	鉗子（無齒尖嘴）	長 13cm	支	1	
16	鉗子（無齒平嘴）	長 13cm	支	1	
17	鉗子（無齒圓嘴）	長 13cm	支	1	
18	電子式點火器	（或打火機）	支	1	
19	吊鑽板手		支	1	
20	圓圈板	圓、方、橢圓	片	各 1	
21	砂紙	400#、600#	張	各 1	
22	描圖紙	A4	張	1	
23	鉛筆	附橡皮擦	支	1	
24	尺	公制、台制 5 寸	支	1	
25	斜口剪	長 13cm	支	1	
26	抹布		條	1	
27	鑽針	Ø1mm~2.5mm	組	1	

* 術科考場提供工具：【個人工具部分】工作檯、銼橋（有的規格上有平面鐵鉆）、耐火磚、吊鑽、氣焊槍組、降溫鋼鍋。
* 上述表列工具，應檢人應全部自備，測試場地不提供借用。應檢人平常練習須多留心製作過程中需要什麼工具，並加入考試必備工具清單內！

丙級金工術科測試評審表

姓名		檢定日期	年　月　日	評審結果	□及格　□不及格
檢定編號		檢測地點		監評人員	
試題編號		檢測時間	時　分		（請勿於測試結束前先行簽名）

評審審核項目

第一項評分項目

（一）凡有下列事之一者，為不及格。（於該項□打✓）

[illegible]

凡有上列各項之事情者，必要時請註明其具體之事，列舉於下：

第二項評審項目　凡無上項任一情事者　即作下列各項評分

試題編號		檢定編號		應檢人姓名	
項目	項次	內　容	缺點數	評　定	合格判定基準
工作精度	1	A 部份主要尺寸公差為 ±0.4			允許缺點數為4點（含）以下。 ※ 但尺寸不可超過2點。
	2	B 部份主要尺寸公差為 ±0.4			
	3	C 部份主要尺寸公差為 ±0.4			
	4	①部份主要尺寸公差為 ±0.4			
	5	②部份主要尺寸公差為 ±0.4			
	6	③部份主要尺寸公差為 ±0.4			
	7	④部份主要尺寸公差為 ±0.4			
成品外觀	8	是否按圖落樣		□合格 □不合格	
	9	表面是否平順			
	10	焊接處是否正確			
	11	銲料用量是否適當			
		小　計			

評審審核項目

* 術科評審表分為兩評分項目，與應檢人最相關的是第二項評審項目，內容為主要尺寸 A 到 C、①到④與成品外觀。A 到 C 與①到④的尺寸精度每個項目要求誤差 ±0.40 以下，精準度愈高愈好；成品外觀注重焊接銼磨、表面處理、成品對稱性，最後剩餘的材料與損耗都注意不要隨意棄用。

* 平時練習時，便要要求精準測量尺寸。紀錄自身製作過程的尺寸變化。舉例來説：三角形考題尺寸 16mm，原本預留 16.2mm，倘若最後需要花費太多時間銼磨，表示一開始裁切材料時需再縮減，反之亦然。

* 測試結束後，料件繳交包含成品、半成品、版材或塊狀剩餘材料、粉狀損耗材料、焊藥。其中成品若不符合題型規範，皆以不及格論。而焊藥使用量必須適當，過多與不足都是檢測評分範圍。

丙級金工術科測試材料表

項次	名稱	規格	單位	數量	備註
1	925 銀合金	25 x 25 x2.0	片	1	尺寸單位 mm
2	925 銀合金	25 x 25 x1.0	片	1	尺寸單位 mm
3	70% 銀焊材	20 x 10 x0.3	片	1	尺寸單位 mm
4	硼砂		小包	1	
5	明礬		小包	1	

* 應檢人須按照題型之使用材料表核對料件，如有短缺或缺陷者請擔任之監評人員處理調換。
* 每位應檢人拿到的材料會有編號與重量，目的是讓監評長追蹤材料損耗，並避免應檢人挾帶料件進入考場。

丙級金工術科測試時間配當表

時間	內容	備註
07：30 - 08：00	監評前事務協調會議（含監評檢查機具設備）	
	第一場應檢人報到完成	
08：00 - 08：30	1. 應檢人抽題及工作崗位 2. 場地設備及供料、自備機具及材料等作業說明。 3. 測試應注意事項說明。 4. 應檢人試題疑義說明。 5. 應檢人檢查設備及材料。 6 其他事項。	
08：30 - 12：00	第一場測試	測試時間 3.5 小時
12：00 - 13：00	場地人員整理場地	
	監評人員清點作品	
07：30 - 08：00	監評前事務協調會議（含監評檢查機具設備）	
	第一場應檢人報到完成	
13：10 - 15：40	1. 應檢人抽題及工作崗位 2. 場地設備及供料、自備機具及材料等作業說明。 3. 測試應注意事項說明。 4. 應檢人試題疑義說明。 5. 應檢人檢查設備及材料。 6 其他事項。	
15：40 - 15：50	第二場測試	測試時間 3.5 小時
15：50 - 18：50	場地人員整理場地	
	監評人員清點作品	
15：50 - 18：50	監評人員進行評審及成績彙總登錄工作	

* 每一檢定場，每日排定測試場次為上、下午各 1 場。
* 應檢人預先至考場報到以熟悉環境。
* 術科檢定時間 3 小時 30 分，不同題型製作時間約莫 40 分鐘到 2 個小時不等。請多預留時間緩衝，碰到突發狀況還有時間可應對改變。

金工 MEMO

Ⅳ 丙級術科測試題型及製作工序步驟

題型一　三角形

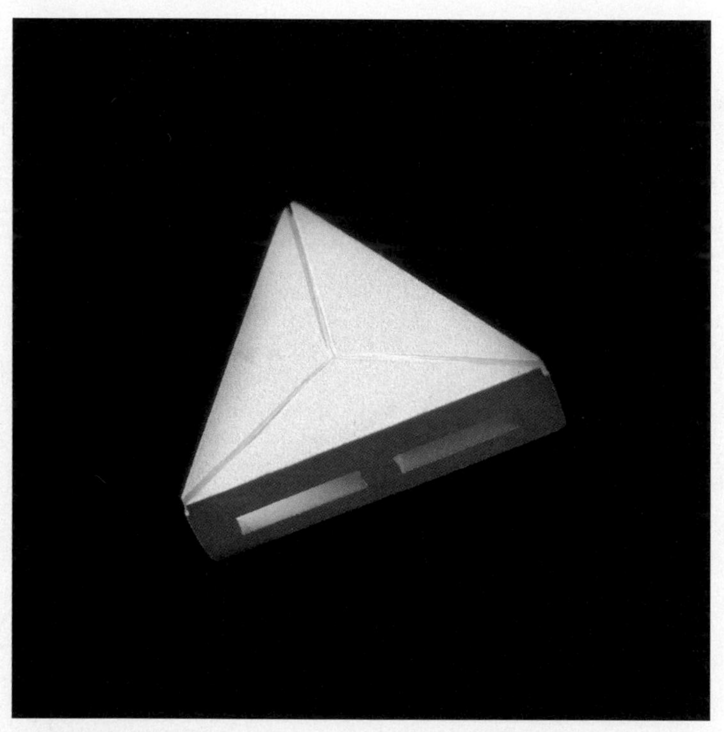

材料：25 x 25 x 2　　一片
　　　25 x 25 x 1　　一片
焊料：20 x 10 x 0.3　　一線
單位：公釐 / mm
測驗時間：3.5 小時

術科題型模擬

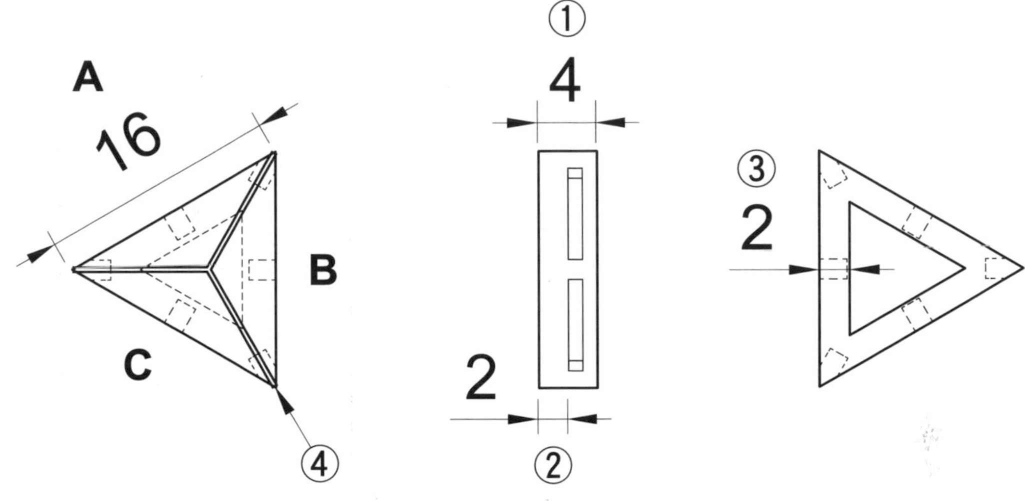

A、B、C　為主要尺寸。

①、②、③　為次要尺寸。

④【為線槽部分】請使用線鋸加工。

隔層支架共 6 處。

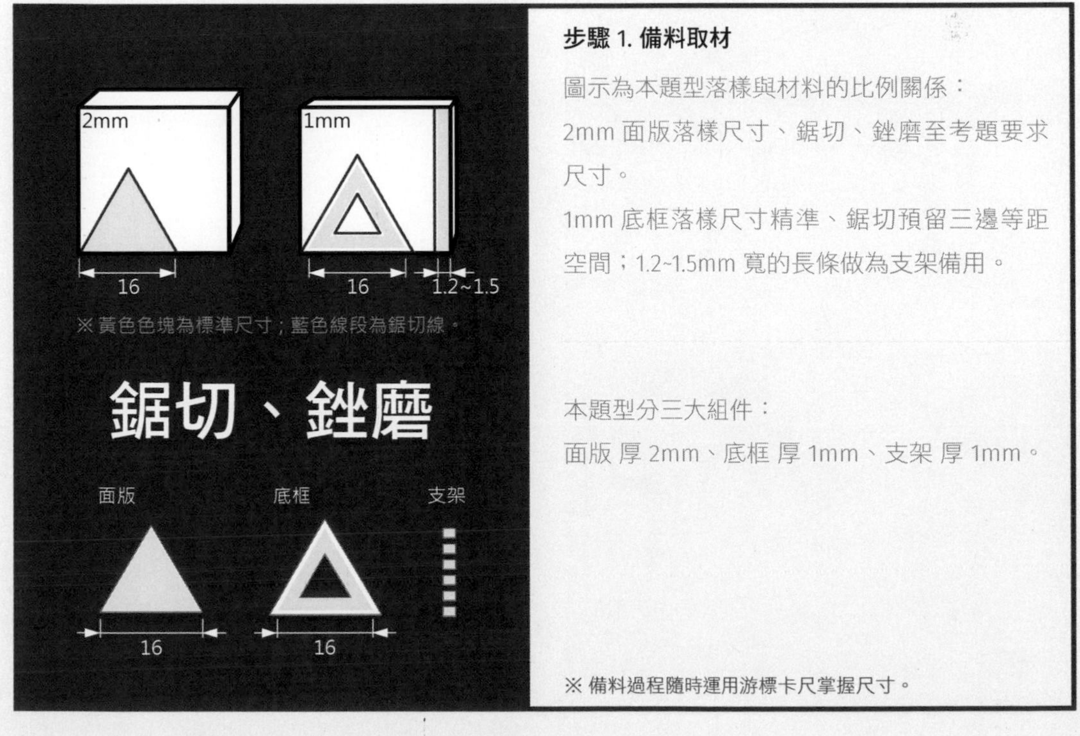

步驟 1. 備料取材

圖示為本題型落樣與材料的比例關係：

2mm 面版落樣尺寸、鋸切、銼磨至考題要求尺寸。

1mm 底框落樣尺寸精準、鋸切預留三邊等距空間；1.2~1.5mm 寬的長條做為支架備用。

本題型分三大組件：

面版 厚 2mm、底框 厚 1mm、支架 厚 1mm。

※ 備料過程隨時運用游標卡尺掌握尺寸。

開始計時！！

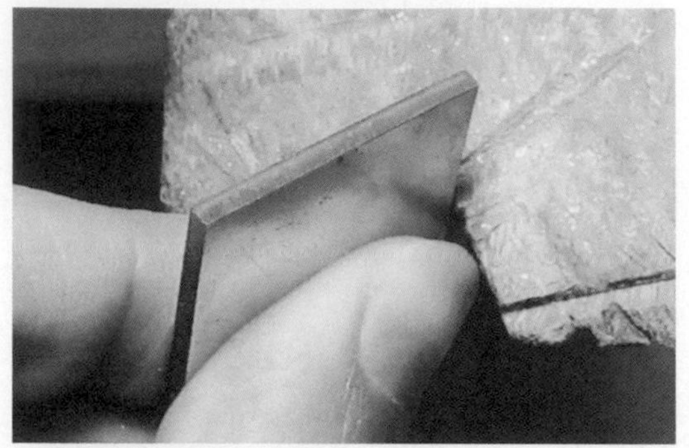

步驟 2. 備料取材

按圖落樣前，預先檢查材料狀況：
擷取材料一邊，銼磨至平整後，靠齊落樣，節省一側鋸切備料的時間。

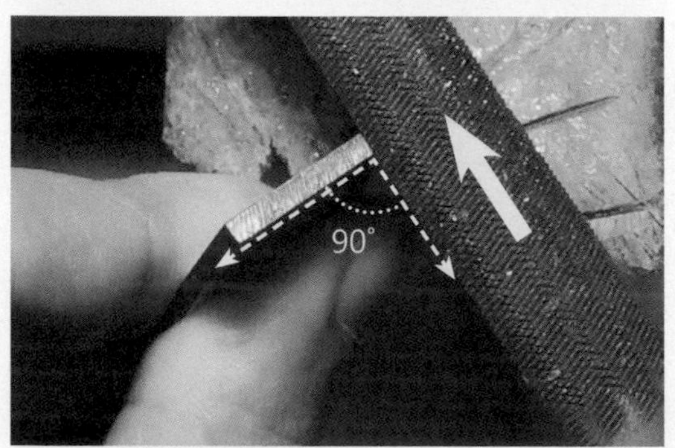

步驟 3. 備料取材

銼磨時，適當施壓銼刀並延銼刀延伸線前推銼修。

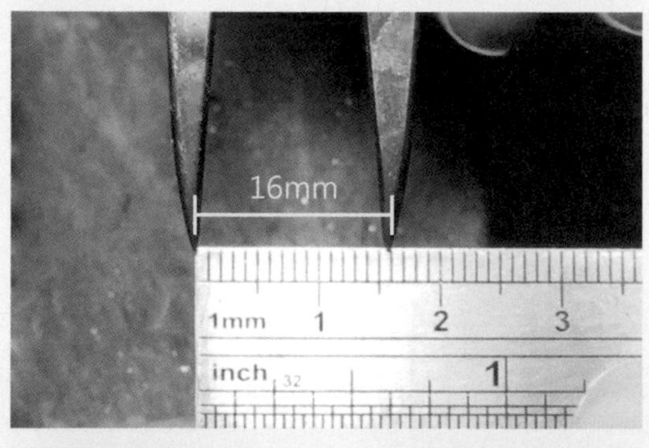

步驟 4. 備料取材

依考題尺寸，落樣於術科材料。

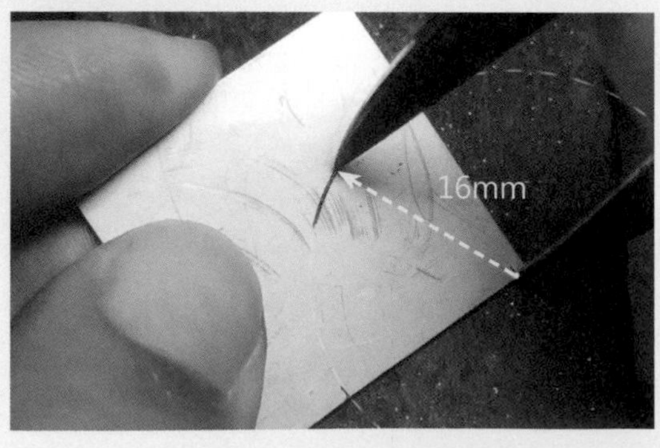

步驟 5. 備料取材

尺規製圖法繪製正三角形：
擷取材料一邊畫出 16mm 線段，再分別以線段二端點為圓心、線段為半徑畫圓形。

※ 貼齊側邊繪製，可省去多鋸一邊的時間

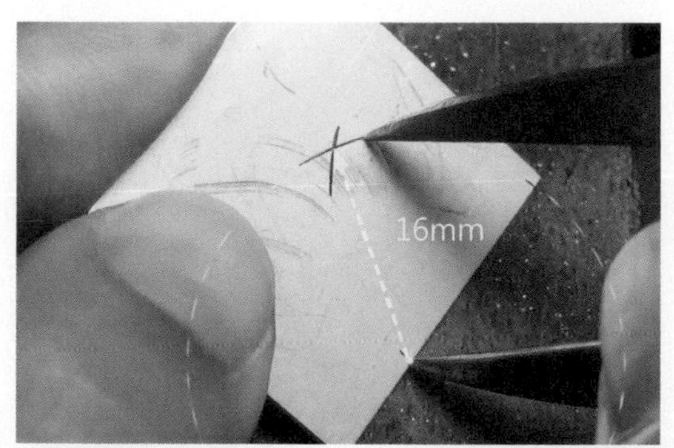

步驟 6. 備料取材

尺規製圖法繪製正三角形：

二圓交會點和原來線段的兩個端點連線，即構成一正三角形。

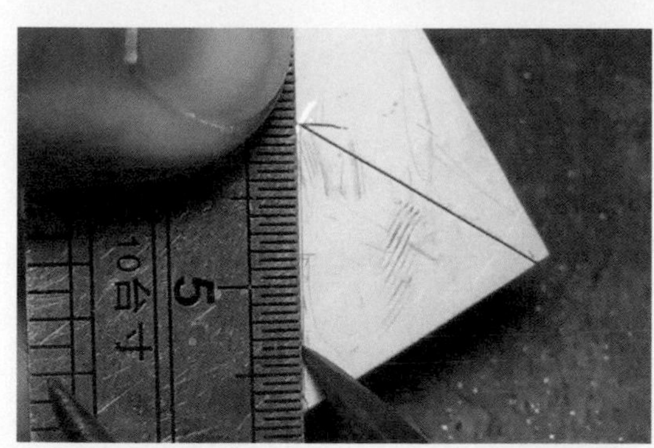

步驟 7. 備料取材

尺規製圖法繪製正三角形。

靠齊材料一側繪製以節省鋸切銼磨時間。

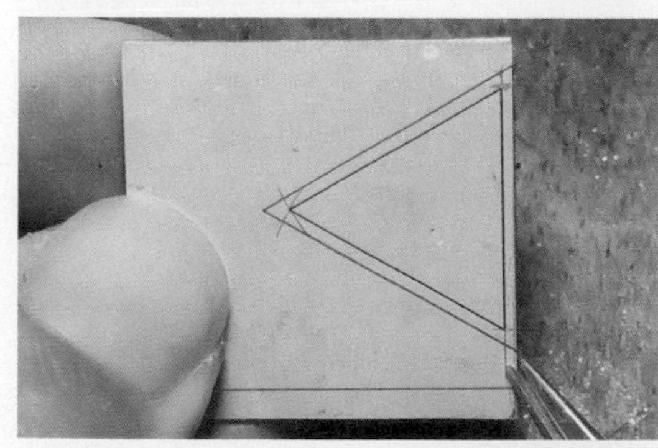

步驟 8. 備料取材

1mm 底框落樣尺寸精準但多預留三邊等距空間；1.2~1.5mm 寬的長條做為支架備用。

紅色線段：預留空間。

黑色線段：16mm 正三角形。

藍色線段：支架。

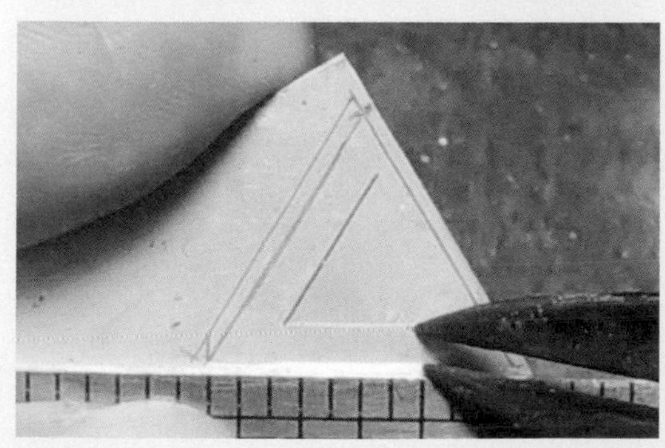

步驟 9. 備料取材

1mm 術科材料繪製 2mm 內框。

分規或矩車測量 2mm 距離，倚靠鋼尺平行繪製內框。

操作時間：15~20 分

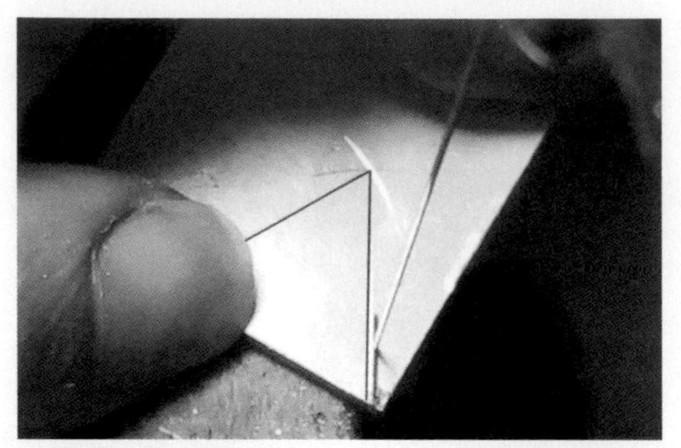

步驟 10. 備料取材

鋸切時保留繪製的輪廓線，再以此為依據銼磨修整多餘金屬，確保尺寸及圖樣的精準度。

※ 左圖鋸切路徑與輪廓線之間仍有修磨空間。

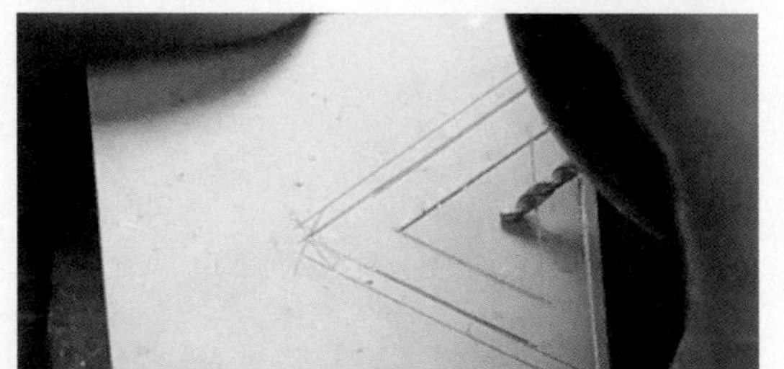

步驟 11. 備料取材

1mm 底框，先鋸除內框材料，較利於抓握材料與修磨。

鑽孔時需垂直材料表面，以免鑽頭在加工時出現偏移甚至斷裂於材料當中。鑽孔時使用針車油以降低鑽針因高速轉動而產生的熱，增加潤滑幫助退出削屑。

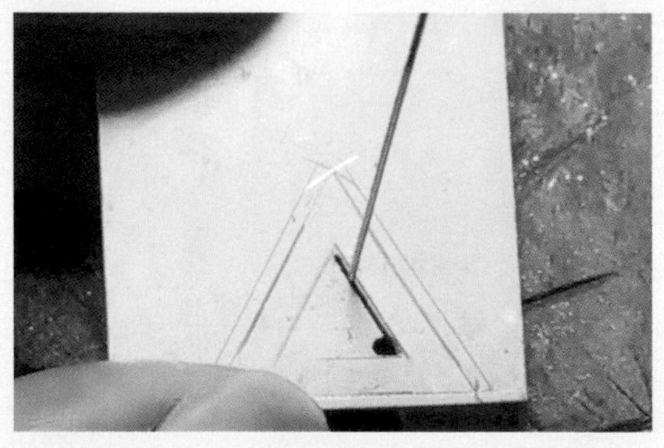

步驟 12. 備料取材

鋸切處理銳利角度：

鋸切內角 > 90° 可於進行至角度頂端時稍微後退原處拉鋸，並轉動工件，將鋸絲轉動空間刮磨出來後，便可繼續向前鋸切。

鋸切內角 < 90° 運用雙攻鋸切角法，鋸切至角度頂端時退出鋸絲，再次沿另一側鋸切至頂端。

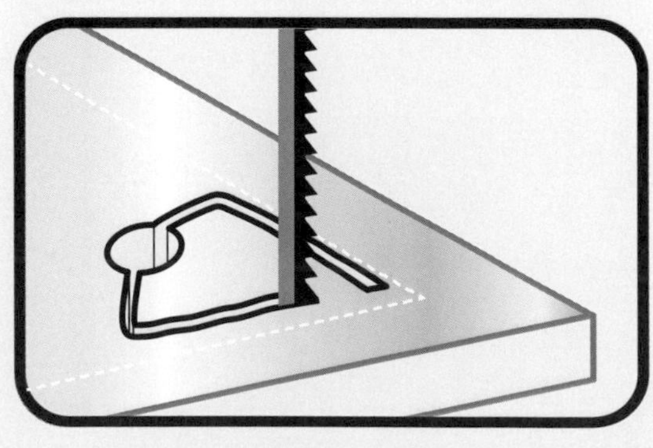

※ 如左圖。

※ 鋸切過程搭配使用針車油以增加潤滑與排除削屑。

步驟 13. 銼磨修整

內側銼磨修整並細銼毛邊。

步驟 14. 備料取材

鋸切預留的輪廓線，如左圖紅色線段。
若時間較充裕，鋸切後可再使用銼刀修磨至三邊等距。

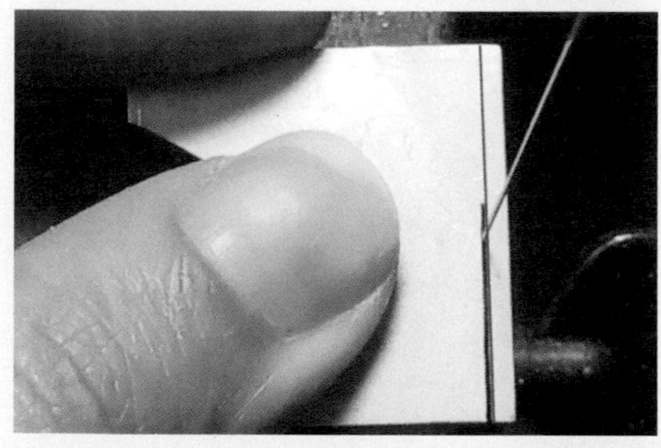

步驟 15. 備料取材

鋸切寬 1.2~1.5mm 的長條做為支架備用。
隔層支架共 6 處。支架由鋸弓鋸切的切口較平直；另在題型三介紹以斜口鉗剪斷的方式。

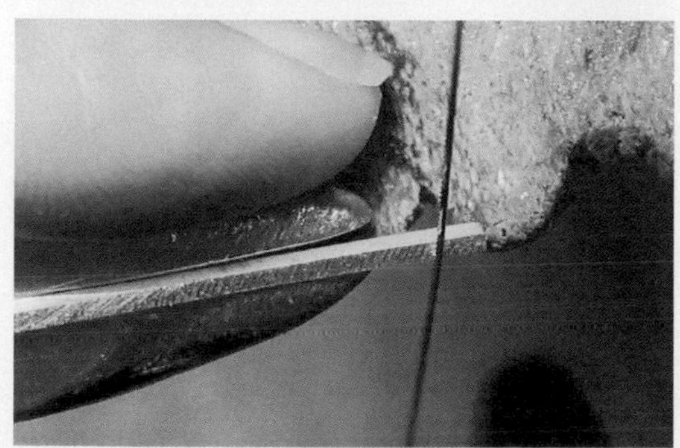

步驟 16. 備料取材

鋸弓鋸切 6 段支架，長度 2.5~3mm。

步驟 17. 備料範例

由左至右，依序為 2mm 面版、1mm 支架 6 段、1mm 底框。

操作時間：30~40 分

組合焊接前，備好的材料檢查尺寸

2mm 三角形面版落樣尺寸、鋸切、銼磨至題型要求尺寸，需以游標卡尺檢測尺寸！
1mm 底框落樣尺寸精準、鋸切預留三邊等距空間；1.2 ~ 1.5mm 寬的長條做為支架備用。

步驟 18. 組合焊接

塗敷助焊劑後加熱：
當助焊劑中的水份被加熱蒸發後，開始轉變成半透明、黏稠狀的保護層，此保護層將空氣隔離避免工件產生氧化現象。

步驟 19. 組合焊接

點狀焊接法：
運用助焊劑在一定溫度下具有黏性的特質，將已塗敷助焊劑的支架擺放沾黏。
此時將焊藥移往已預熱的焊接位置後，持續加溫至焊藥熔解。

步驟 20. 組合焊接

面狀焊接法：

焊藥預先放置於底框上，持續加溫至焊藥熔解。可運用焊夾將熔融中的焊藥引帶至適當的位置。

步驟 21. 組合焊接

面狀焊接法：

之後便將已塗敷助焊劑的支架擺放，再次加熱熔融焊藥接合底框與支架。

步驟 22. 組合焊接

檢查外型與焊接完整性：

支架避免超出內側框線，同時須超過外側繪製之輪廓線，避免最後修整外型時，三個角產生缺口。

步驟 23. 組合焊接

進行 2mm 面版焊接前，先以明礬酸洗除去助焊劑，可避免再次加熱時，原焊接點再次熔融走位。焊接面、焊藥個別沾覆助焊劑，並以微火燒乾水分，並將焊藥放置於外凸的支架加熱焊接。

步驟 24. 組合焊接

焊接面沾覆助焊劑，可運用外凸的支架放置焊藥焊接。

焊藥往高溫方向流動。須注意焊藥走水熔化時的動向，以調節變換火加熱的位置。

步驟 25. 組合焊接

補齊剩餘 3 處支架：

支架沾覆助焊劑並微火燒乾水份，均分間隔塞入夾層中焊接固定。

步驟 26. 組合焊接

補齊剩餘 3 處支架：

運用外凸的支架放置焊藥焊接。

步驟 27. 組合焊接

檢查焊接完整性：

明礬酸洗，焊點檢查可避免銼磨修整外型時，各個分件因焊接不牢固導致解體、崩落。

操作時間：40~70 分

銼磨修整前，確保焊接的完固狀態

明礬酸洗去除助焊劑、氧化層。

檢查焊接點、組件交接面是否焊藥足夠無缺口。

鉎磨過程若工件解體崩落，必須再次補焊，恐增加時間不足、無法完成的風險。

步驟 28. 銼磨修整

左側焊接處邊線呈圓角。

右側物件交接縫隙陰影，沒有焊藥。

步驟 29. 銼磨修整

方法一、修剪多餘支架。

以斜口鉗緊貼側邊剪去多餘支架。

步驟 30. 銼磨修整

方法二、鋸除多餘支架。

以鋸絲鋸除多餘支架與材料。鋸絲保持與側邊平行，多預留材料運用銼刀修磨。

※ 較不建議初學者使用此方式；一來工件較小不易固定，再者鋸工尚未運用純熟不易鋸切準切，恐有操作安全的顧慮。

步驟 31. 銼磨修整

銼磨修整與尺寸測量，銼磨過程因摩擦生熱導致不易徒手抓握工件，故以木夾輔助固定工件。

銼修外型與測量尺寸，確保銼磨修整到題型要求尺寸公差之內。

步驟 32. 銼磨修整

鋸絲刮磨線槽：

鋸絲始終傾側一角向下刮磨，線槽便不會連線至三角邊。

鋸絲輕靠拇指指甲微微拉鋸出淺溝後，再稍做施力向下刮磨出線槽。

步驟 33. 表面處理

以明礬酸洗去除助焊劑、氧化物；砂紙表面磨砂或磨光。

※ 考場要求尺寸精準度與完整性，表面亦可用明礬酸洗乾淨即可。

操作時間：40~70 分

總操作時間
2.1~ 3.5hr

金工 MEMO

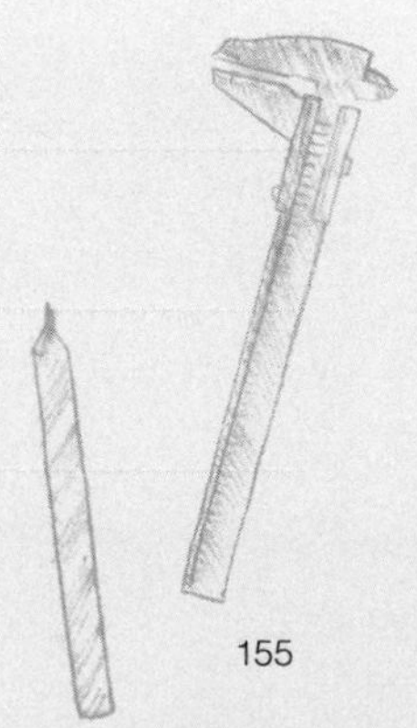

題型二　正方形

材料：25 x 25 x 2　一片

25 x 25 x 1　一片

焊料：20 x 10 x 0.3　一線

單位：公釐 / mm

測驗時間：3.5 小時

術科題型模擬

A、B、C　為主要尺寸。

①、②、③　為次要尺寸。

④【為線槽部分】請使用線鋸加工。

隔層支架共 12 處。

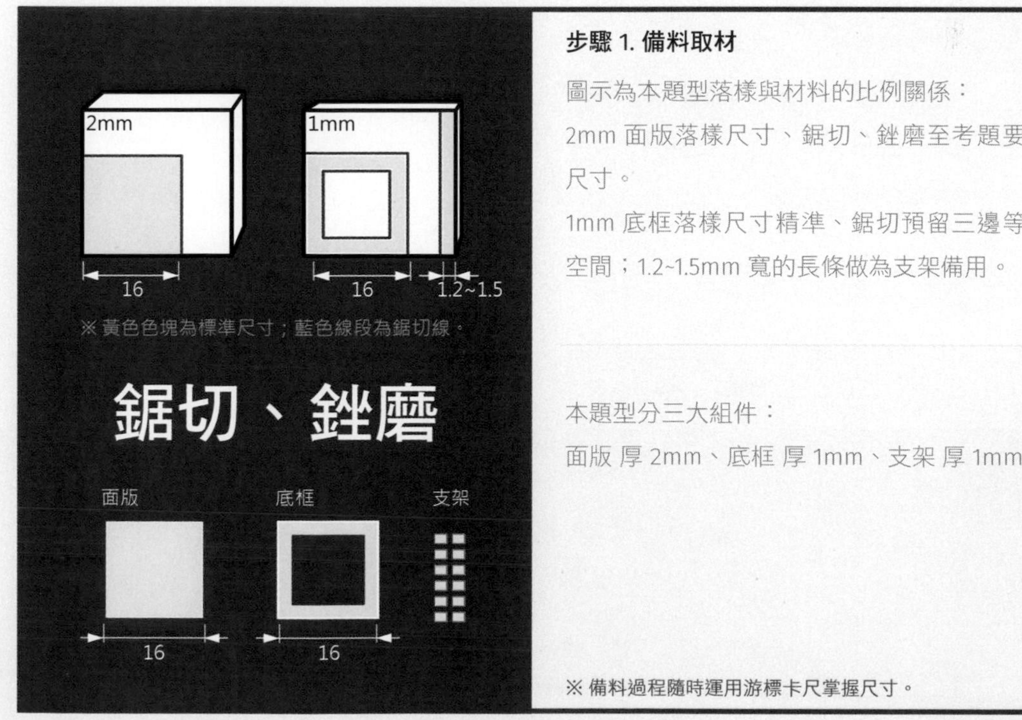

步驟 1. 備料取材

圖示為本題型落樣與材料的比例關係：

2mm 面版落樣尺寸、鋸切、銼磨至考題要求尺寸。

1mm 底框落樣尺寸精準、鋸切預留三邊等距空間；1.2~1.5mm 寬的長條做為支架備用。

本題型分三大組件：

面版 厚 2mm、底框 厚 1mm、支架 厚 1mm。

※ 備料過程隨時運用游標卡尺掌握尺寸。

開始計時！！

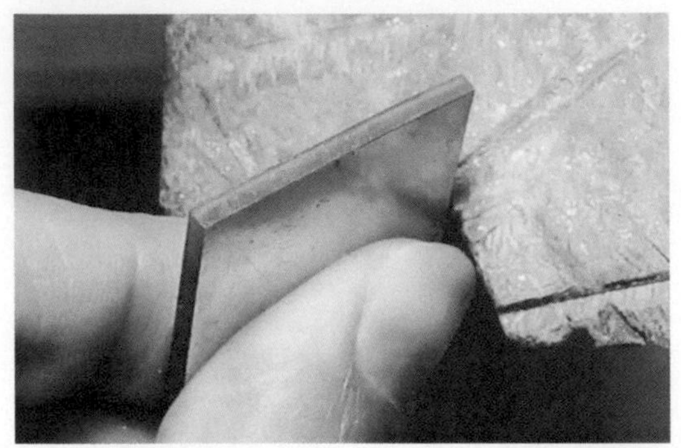

步驟 2. 備料取材

按圖落樣前，預先檢查材料狀況：
揃取材料一邊，銼磨至平整後，靠齊落樣，節省一側鋸切備料的時間。

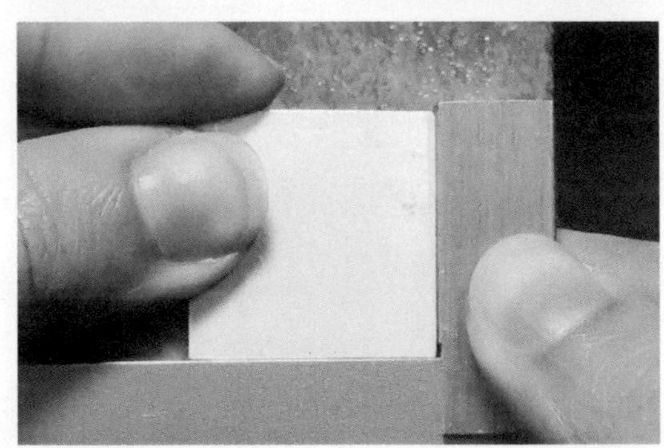

步驟 3. 備料取材

以直角規檢視角度垂直與否。

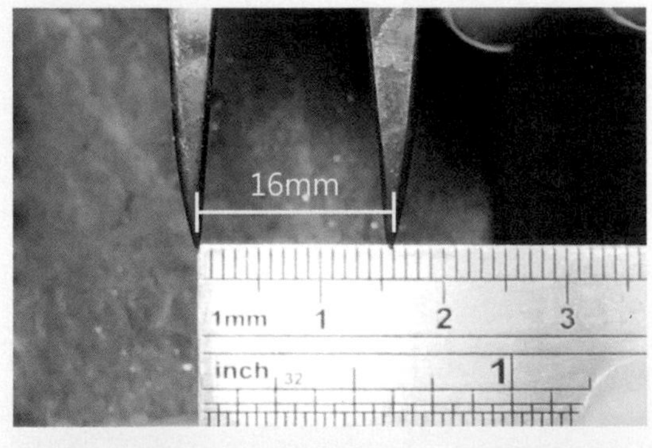

步驟 4. 備料取材

依考題尺寸，落樣於術科材料。

步驟 5. 備料取材

矩車或分規沿銼磨平整過的邊緣，依術科考題尺寸，落樣於術科材料。

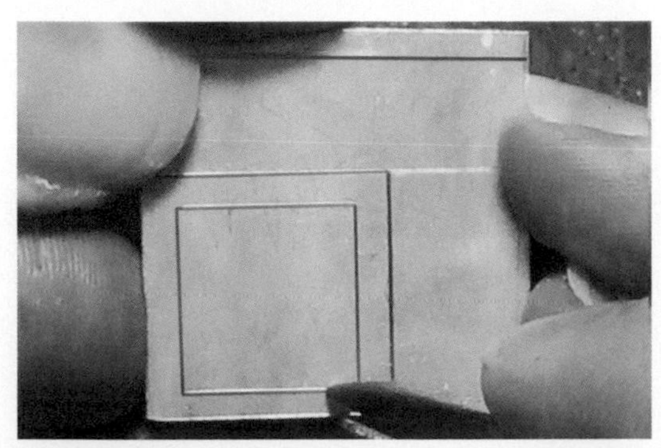

步驟 6. 備料取材

1mm 底框落樣尺寸精準；1.2~1.5mm 寬的長條做為支架備用；內框線以分規或矩車測量 2mm 距離，倚靠鋼尺平行繪製。

黑色線段：16mm 正方形、內框線。

藍色線段：支架。

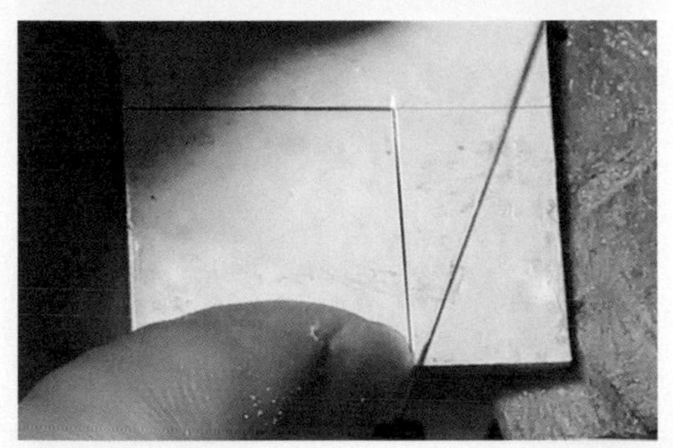

步驟 7. 備料取材

鋸切時保留繪製的輪廓線，再以此為依據銼磨修整多餘金屬，確保尺寸及圖樣的精準度。

※ 左圖鋸切路徑與輪廓線之間仍有修磨空間。初入鋸切時，鋸絲輕靠大拇指順齒刮出淺溝。

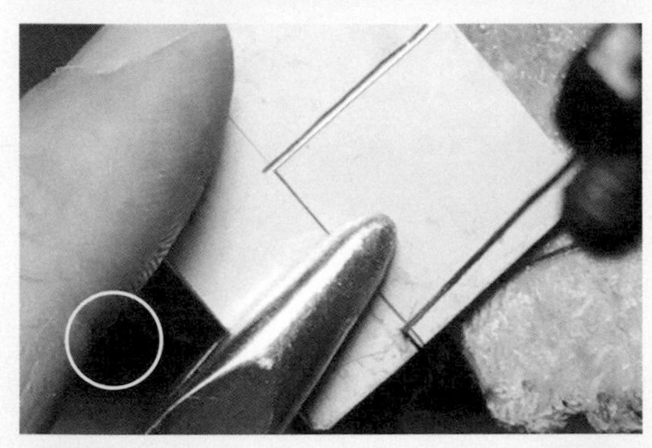

步驟 8. 備料取材

以平鉗輔助夾握材料鋸切。
平鉗夾握位置較深，則力量較穩固。

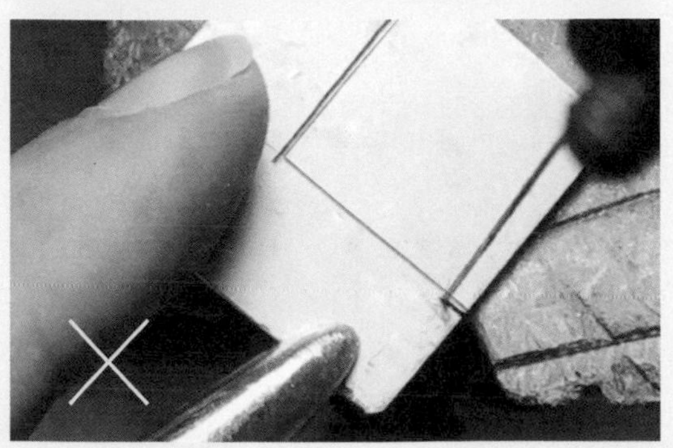

步驟 9. 備料取材

以平鉗輔助夾握材料鋸切。
平鉗夾握位置較淺時工件容易晃動，則鋸絲容易被工件折斷。

步驟 10. 備料取材

1mm 底框，先鋸除內框材料，較利於抓握材料與修磨。

鑽孔時需垂直材料表面，以免鑽頭在加工時出現偏移甚至斷裂於材料當中。鑽孔時使用針車油以降低鑽針因高速轉動而產生的熱，增加潤滑幫助退出削屑。

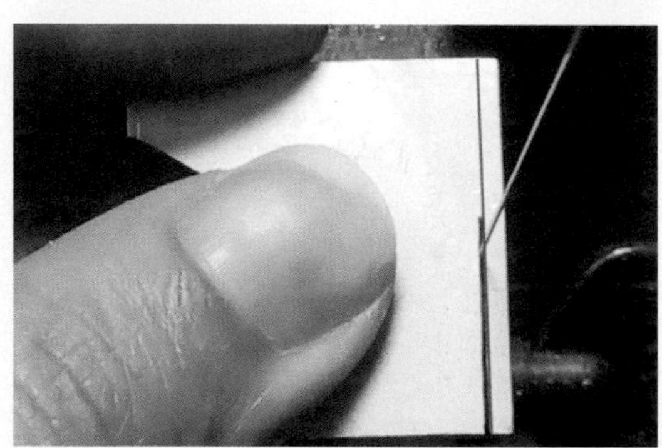

步驟 11. 備料取材

鋸切寬 1.2~1.5mm 的長條做為支架備用。

步驟 12. 備料取材

隔層支架共 12 處。支架數量較多時，由鋸弓鋸切，切口較平直亦可節省材料。

步驟 13. 備料範例

由左至右，依序為 2mm 面版、1mm 支架 12 段、1mm 底框。

操作時間：27~35 分

組合焊接前，備好的材料檢查尺寸

2mm 正方形面版落樣尺寸、鋸切、銼磨至題型要求尺寸，需以游標卡尺檢測尺寸！
1mm 底框落樣尺寸精準、鋸切是否預留等距空間；1.2~1.5mm 寬的長條做為支架備用。

步驟 14. 組合焊接

支架置點記號：

運用鋸絲刮磨出支架放置位置，可避免焊藥流動時支架走位。

步驟 15. 組合焊接

面狀焊接法：

焊藥（黃色圈）放置於底框上，持續加溫至焊藥熔解。

※ 左圖黃色數字參考焊接順序。

步驟 16. 組合焊接

欲組焊的兩個工件體積懸殊時，預先加溫體積較大者，避免直接加溫兩個工件銜接面。

步驟 17. 組合焊接

觀察欲組焊的兩個工件色溫變化來決定火加溫的位置。

※ 受熱較多者，色溫逐漸變紅至鮮紅，持續加熱便會走水熔融。

步驟 18. 組合焊接

檢查外型與焊接完整性：

支架若超出內側框線，以銼刀銼磨修整。支架略向外凸出，避免最後修整外型後產生缺口。

步驟 19. 組合焊接

進行 2mm 面版焊接前，先以明礬酸洗除去助焊劑，可避免再次加熱時，原焊接點再次熔融走位。

※ 支架平面銼磨以確保與面版接觸面高度一致。

步驟 20. 組合焊接

焊接結合 2mm 面版：

沾覆助焊劑後，微火燒乾水分。

步驟 21. 組合焊接

焊接結合 2mm 面版：
當助焊劑中的水份被加熱蒸發後，開始轉變成半透明、黏稠狀的保護層，此保護層將空氣隔離避免工件產生氧化現象。

步驟 22. 組合焊接

焊接結合 2mm 面版，以鐵線纏繞固定。
運用外凸的支架放置焊藥焊接。
焊藥往高溫方向流動。須注意焊藥走水熔化時的動向，以調節變換火加熱的位置。

步驟 23. 組合焊接

固定一處焊點：
先一處放置焊藥，確認是否需要調節位置。

步驟 24. 組合焊接

補齊剩餘支架：
運用外凸的支架放置焊藥焊接。

步驟 25. 組合焊接

明礬酸洗：

焊點檢查可避免銼磨修整外型時，各個分件因焊接不牢固導致解體、崩落。

操作時間：46~90 分

銼磨修整前，確保焊接的完固狀態

明礬酸洗去除助焊劑、氧化層。

檢查焊接點、組件交接面是否焊藥足夠無缺口。

鋰磨過程若工件解體崩落，必須再次補焊，恐增加時間不足、無法完成的風險。

步驟 26. 銼磨修整

修剪多餘支架：

以斜口鉗緊貼側邊厚度再剪去多餘支架。

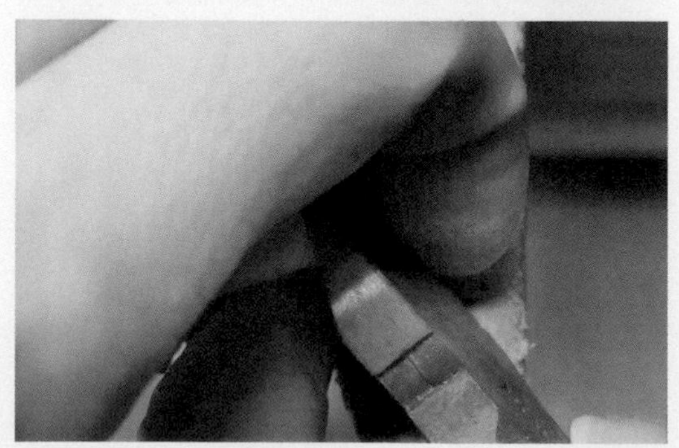

步驟 27. 銼磨修整

以手遮掩，避免剪斷的支架碎塊噴飛。

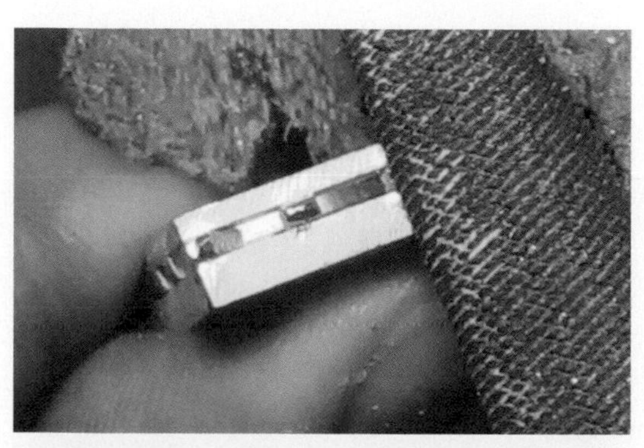

步驟 28. 銼磨修整

銼磨凸出支架，粗銼（#00）修整後，以細銼（#02、#04）整理銼痕或毛邊。

銼修外型與測量尺寸，確保銼磨修整到題型要求尺寸公差之內。

步驟 29. 銼磨修整

銼磨過程因摩擦生熱導致不易徒手抓握工件，故以木夾輔助固定工件。

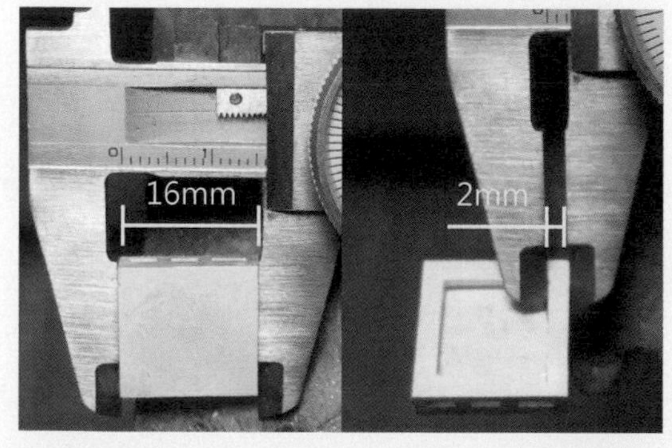

步驟 30. 銼磨修整

根據題型要求尺寸進行丈量。

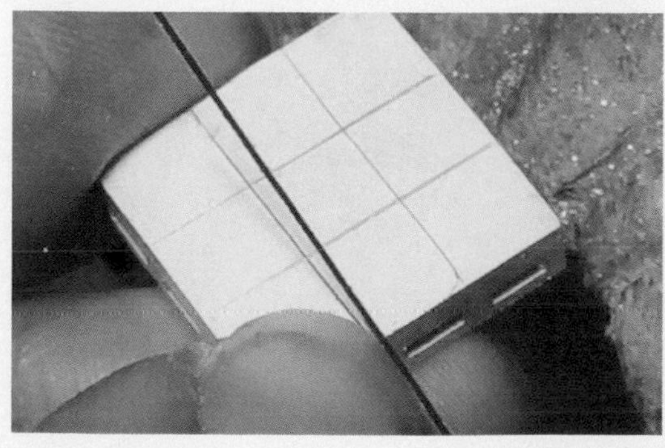

步驟 31. 裝飾線槽

鋸絲刮磨線槽：

鋸絲傾斜輕靠金屬邊緣拉鋸出淺溝後，在平行向下刮磨出深度。

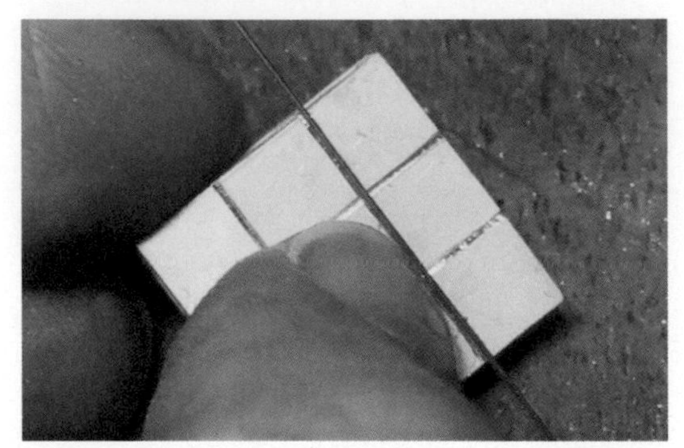

步驟 32. 銼磨修整

鋸絲刮磨線槽：

鋸絲輕靠拇指指甲微微拉鋸出淺溝後，再稍做施力向下刮磨出線槽。

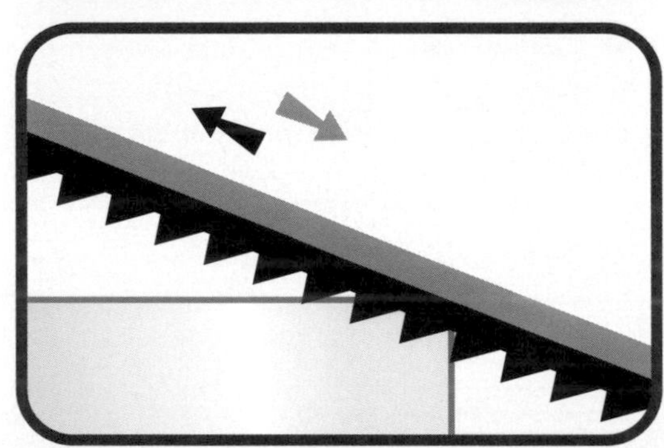

鋸絲刮磨線槽：

灰色箭頭：順齒拉鋸出淺溝。

黑色箭頭：逆齒向下深刻。

步驟 33. 表面處理

以明礬酸洗去除助焊劑、氧化物；砂紙表面磨砂或磨光。

※ 考場要求尺寸精準度與完整性，表面亦可用明礬酸洗乾淨即可。

操作時間：40~70 分

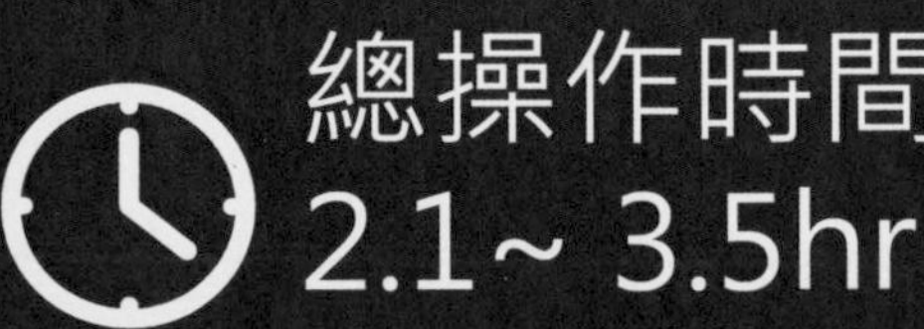

總操作時間
2.1~ 3.5hr

金工 MEMO

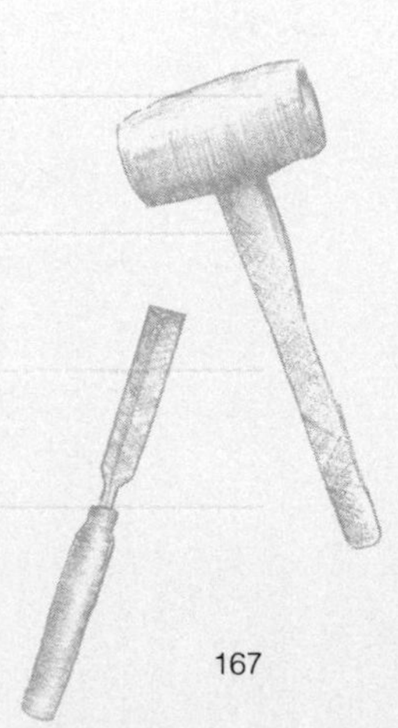

題型三　圓形

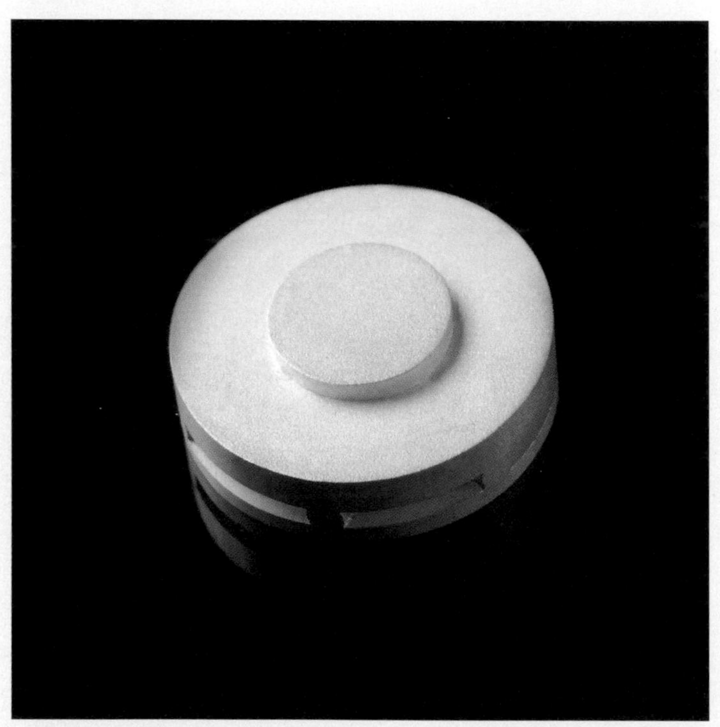

材料：25 x 25 x 2　　一片

25 x 25 x 1　　一片

焊料：20 x 10 x 0.3　　一線

單位：公釐 / mm

測驗時間：3.5 小時

術科題型模擬

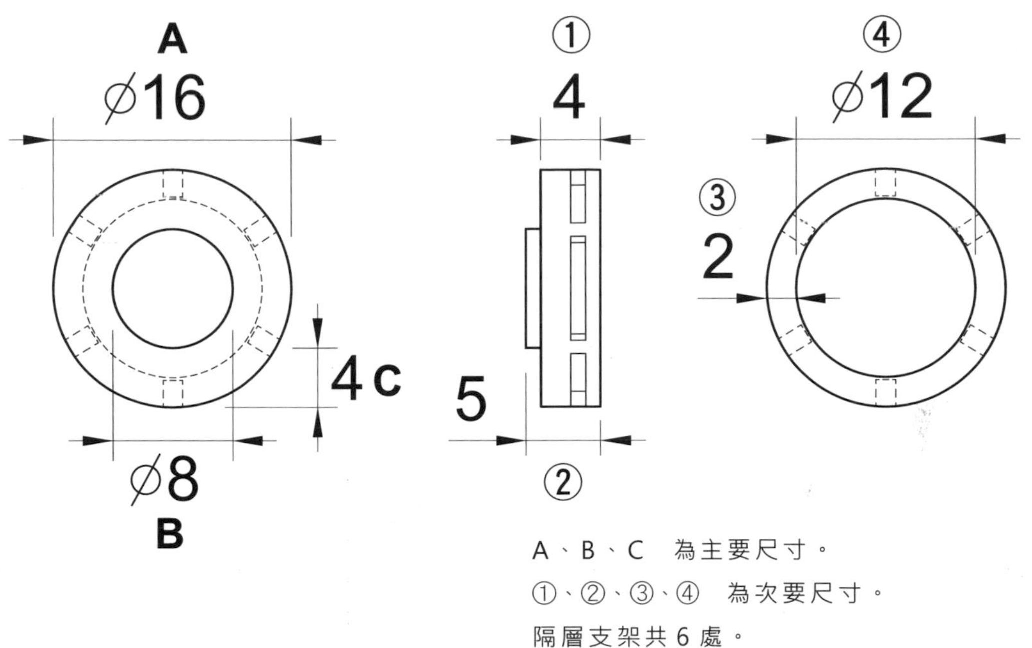

A、B、C　為主要尺寸。

①、②、③、④　為次要尺寸。

隔層支架共 6 處。

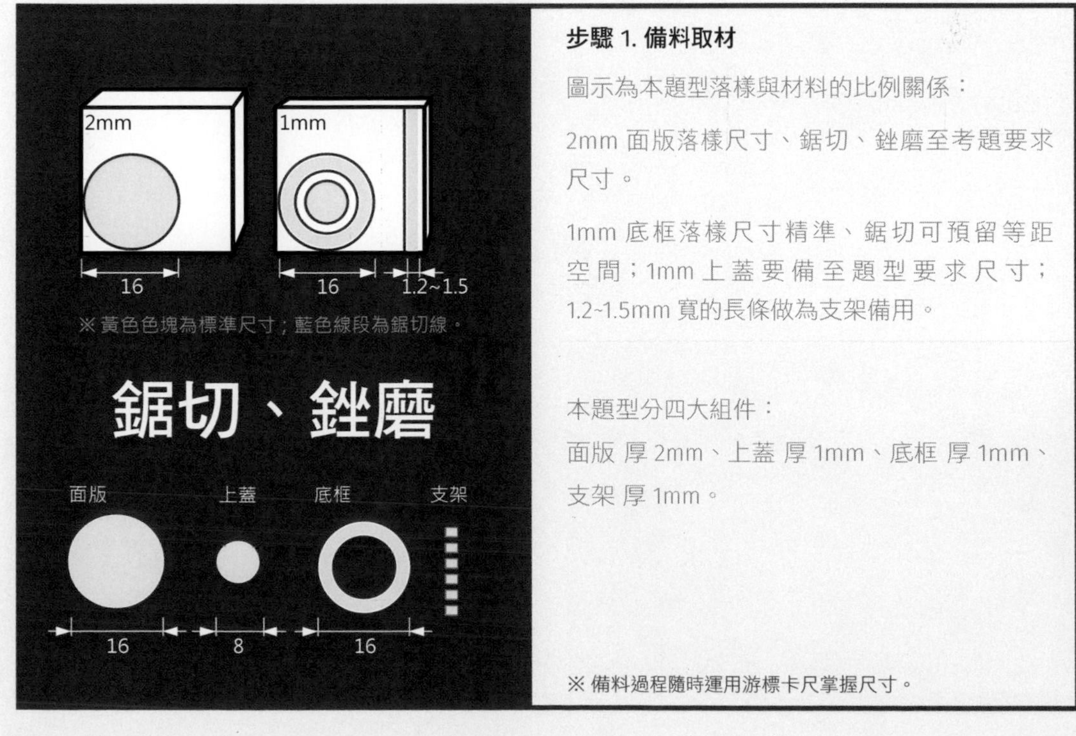

步驟 1. 備料取材

圖示為本題型落樣與材料的比例關係：

2mm 面版落樣尺寸、鋸切、銼磨至考題要求尺寸。

1mm 底框落樣尺寸精準、鋸切可預留等距空間；1mm 上蓋要備至題型要求尺寸；1.2~1.5mm 寬的長條做為支架備用。

本題型分四大組件：

面版 厚 2mm、上蓋 厚 1mm、底框 厚 1mm、支架 厚 1mm。

※ 備料過程隨時運用游標卡尺掌握尺寸。

開始計時！！

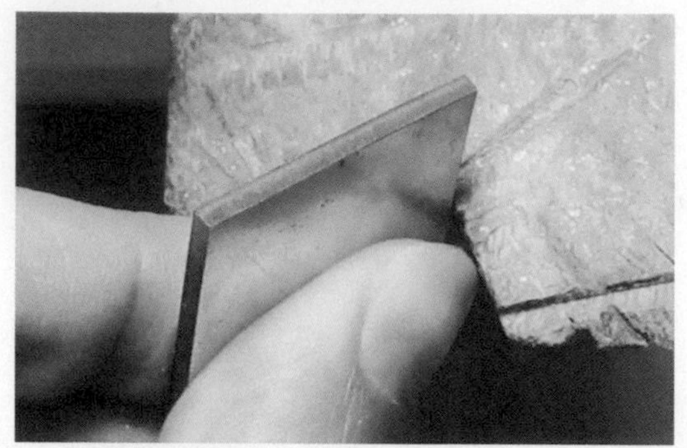

步驟 2. 備料取材

按圖落樣前，預先檢查材料狀況：
擷取材料一邊，銼磨至平整後，靠齊落樣，節省一側鋸切備料的時間。

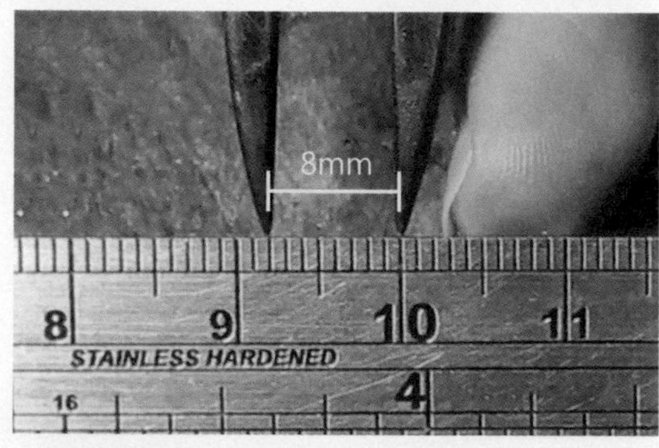

步驟 3. 備料取材

依考題尺寸，落樣於術科材料。

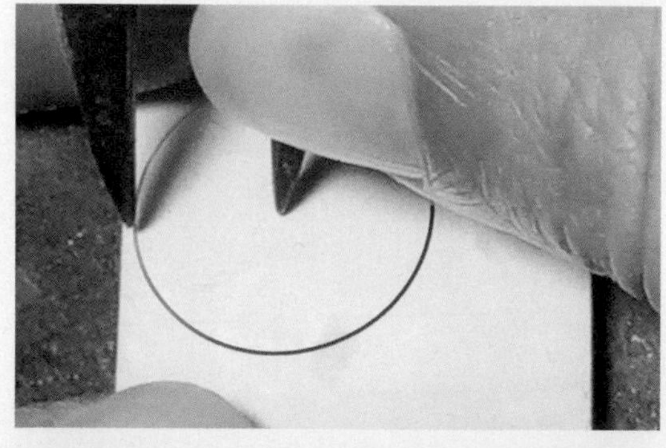

步驟 4. 備料取材

依術科考題尺寸，落樣於術科材料。繪製圓形以手固定圓心軸，轉動版料較利於落樣。

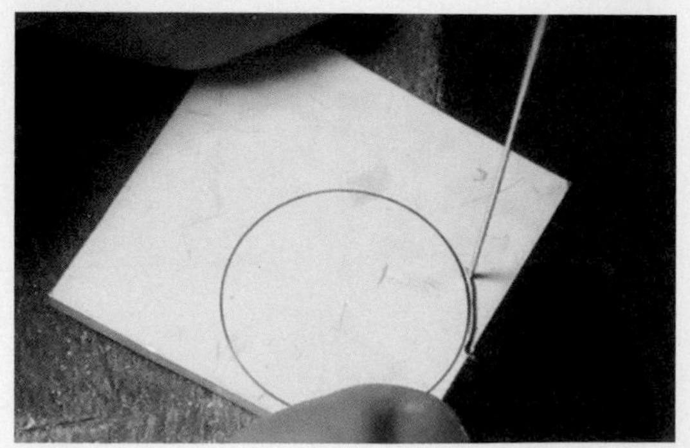

步驟 5. 備料取材

鋸切時保留繪製的輪廓線，再以此為依據銼磨修整多餘金屬，確保尺寸及圖樣的精準度。

※ 左圖鋸切路徑與輪廓線之間仍有修磨空間。

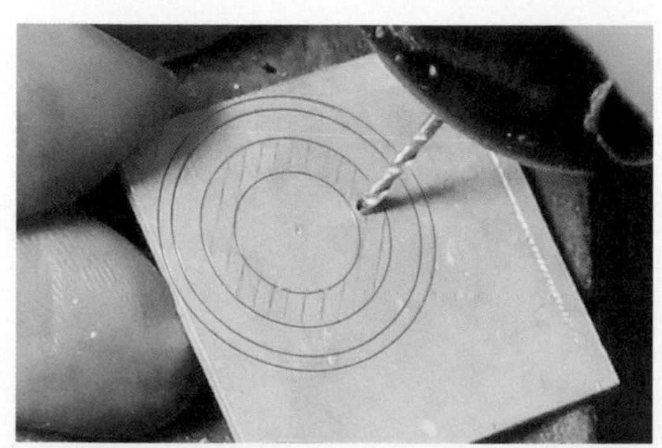

步驟 6. 鑽孔取材

1mm 版料先鋸除上蓋與內框材料，較利於抓握材料與修磨。

※上蓋可另外繪製於材料它處。

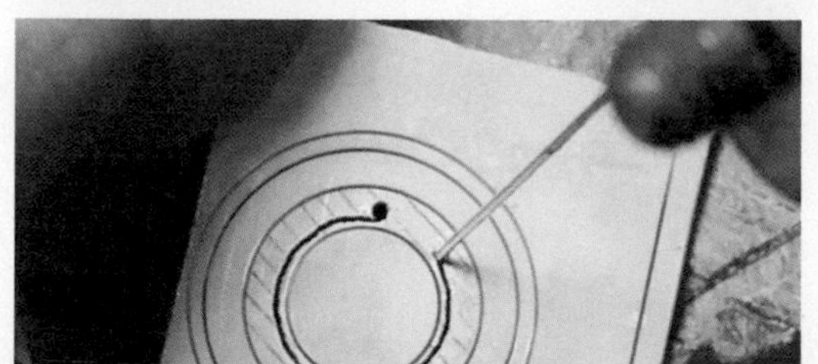

步驟 7. 備料取材

上蓋鋸切軌跡需保留輪廓線，以利參考銼磨。

紅色線段：預留空間。
黑色線段：16mm 圓形與內框。
藍色線段：上蓋、支架。

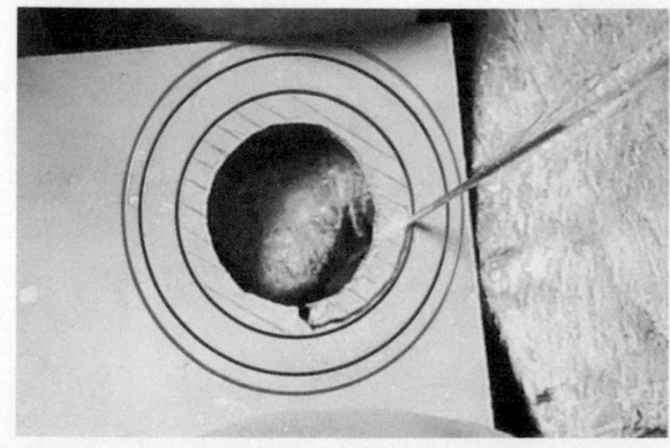

步驟 8. 備料取材

底框鋸切軌跡需保留輪廓線，以利參考銼磨。

紅色線段：預留空間。
黑色線段：16mm 圓形與內框。

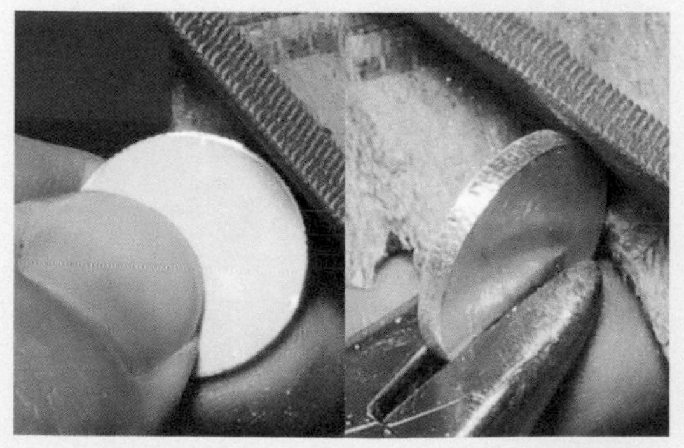

步驟 9. 備料取材

銼修外型之餘並須隨時測量尺寸，直至銼磨修整到題型要求尺寸。
右圖為示範以平鉗輔助夾握材料銼磨。

步驟 10. 備料取材

2mm 面版落樣尺寸、鋸切、銼磨至題型要求尺寸。

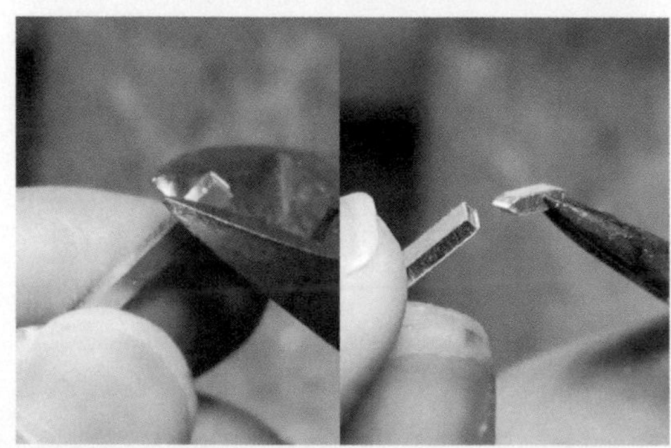

步驟 11. 備料取材

支架為 1mm 材料鋸切寬 1.2~1.5mm 的長條做為隔層支架，共 6 處。

支架以斜口鉗剪斷的方式，剪鉗以壓迫分割原理，切口呈現一平一尖的狀態。

※ 注意剪鉗規格不同，適用的版厚不一。

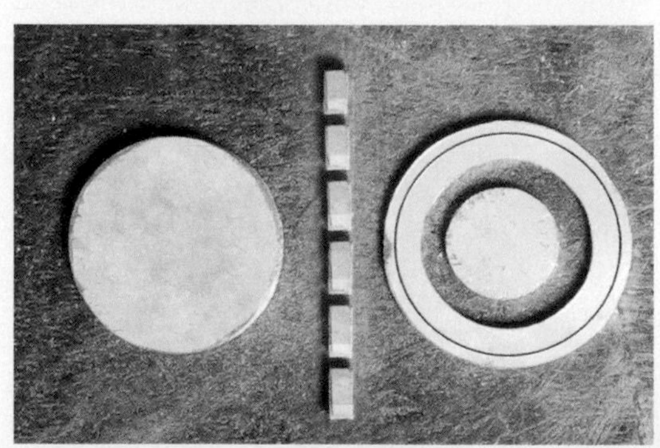

步驟 12. 備料範例

由左至右，依序為 2mm 面版、1mm 支架 6 段、1mm 底框與上蓋。

操作時間：27~35 分

組合焊接前，備好的材料檢查尺寸

2mm 圓形面版落樣尺寸、鋸切、銼磨至題型要求尺寸，需以游標卡尺檢測尺寸！

1mm 底框落樣尺寸精準、鋸切是否預留等距空間；1mm 上蓋備至題型要求尺寸；

1.2 ~ 1.5mm 寬的長條做為支架備用。

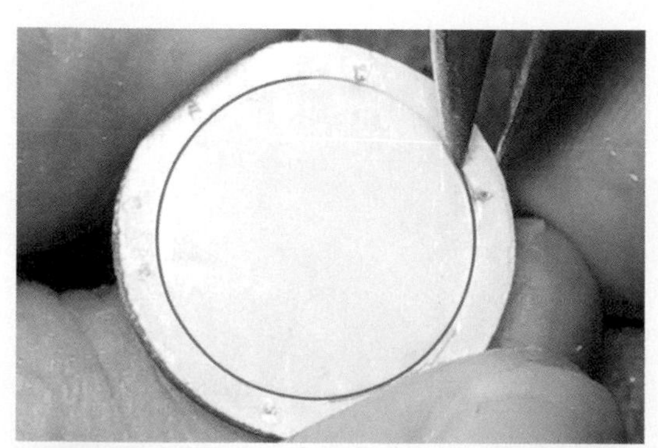

步驟 13. 組合焊接

面版繪製參考線：

此題型示範支架焊接於面版上，故需繪製支架焊接範圍，避免底框組焊後支架超出內框範圍。

以矩車或分規繪製 1.8mm 框線，支架焊接位置以鑽針輕點記號。

步驟 14. 組合焊接

將焊藥附著在面版上：

面版沾覆助焊劑微火加溫後，助焊劑變色會產生一層薄膜，利用此薄膜黏性放置焊藥固定位置。

步驟 15. 組合焊接

面狀焊接法：

焊藥預先放置於面版上，持續加溫至焊藥熔解。

步驟 16. 組合焊接

支架沾覆助焊劑後，先加熱大面積的面版，再將支架擺放上去加熱。

※ 可運用小塊料輔助支架擺放焊接。

步驟 17. 組合焊接

注意支架焊接順序，可避免過度相近的支架加熱焊接時，已焊好的支架焊藥再度走水跑位。

※ 左圖黃字參考支架焊接順序。

步驟 18. 組合焊接

塗敷助焊劑暫時固定：

兩大組件擺放位置確認後，先以助焊劑加熱產生黏性後固定。

步驟 19. 組合焊接

焊接結合 1mm 底框：

焊接面沾覆助焊劑，可運用外凸的支架放置焊藥焊接。

步驟 20. 組合焊接

焊接結合 1mm 底框：

焊藥往高溫方向流動。須注意焊藥走水熔化時的動向，以調節變換火加熱的位置。

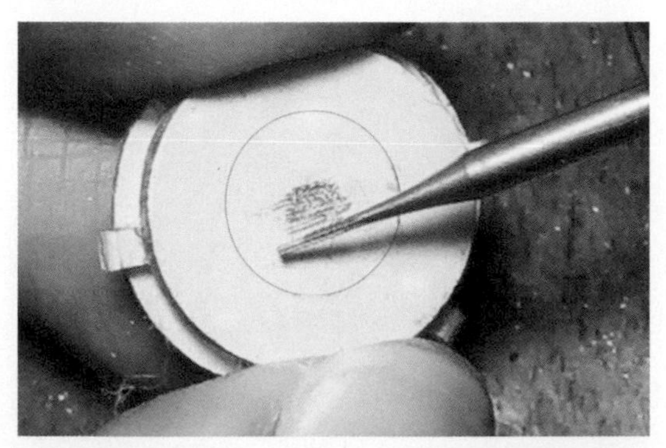

步驟 21. 組合焊接

上蓋焊接位置記號：

在欲貼覆上蓋的位置以狼牙棒刮磨，上蓋擺放焊藥熔化時防止走位。

步驟 22. 組合焊接

焊接結合 1mm 上蓋：

助焊劑與焊藥沾覆在欲焊接上蓋的位置，加熱至焊藥融化，並以焊夾輔助撥平推展。

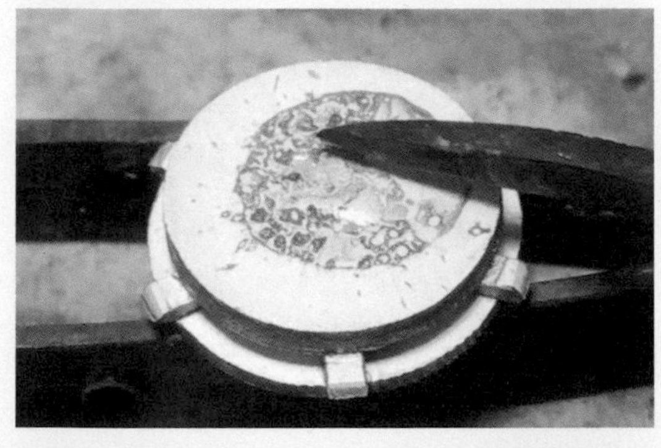

步驟 23. 組合焊接

焊接結合 1mm 上蓋。

步驟 24. 組合焊接

焊接結合 1mm 上蓋：

注意兩個欲組焊的工件溫度顏色變化，以隨時調節火槍加熱位置，控制焊藥流動方向。

步驟 25. 組合焊接

檢查焊接完整性：

明礬酸洗，焊點檢查可避免銼磨修整外型時，各個分件因焊接不牢固導致解體、崩落。

步驟 26. 組合焊接

檢查焊接完整性：

背面是否支架有凸出。倘若有凸出可使用狼牙棒車磨。

操作時間：40~70 分

銼磨修整前，確保焊接的完固狀態

明礬酸洗去除助焊劑、氧化層。

檢查焊接點、組件交接面是否焊藥足夠無缺口。

鋰磨過程若工件解體崩落，必須再次補焊，恐增加時間不足、無法完成的風險。

步驟 27. 銼磨修整

修剪多餘支架：

以斜口鉗緊貼側邊厚度再剪去多餘支架。

以手遮掩，避免剪斷的支架碎塊噴飛。

步驟 28. 銼磨修整

銼磨修整與尺寸測量：
銼刀將側面凸起支架修磨平整。銼修過程隨時以游標卡尺檢查尺寸！

※ 斜口剪剪裁時需注意貼平勿傾一側。

步驟 29. 銼磨修整

以木夾輔助固定工件。

步驟 30. 表面處理

以明礬酸洗去除助焊劑、氧化物；砂紙表面磨砂或磨光。

※ 考場要求尺寸精準度與完整性，表面亦可用明礬酸洗乾淨即可。

操作時間：40~70 分

題型四　六角形

材料：25 x 25 x 2　　　一片

　　　25 x 25 x 1　　　一片

焊料：20 x 10 x 0.3　　一線

單位：公釐 / mm

測驗時間：3.5 小時

術科題型模擬

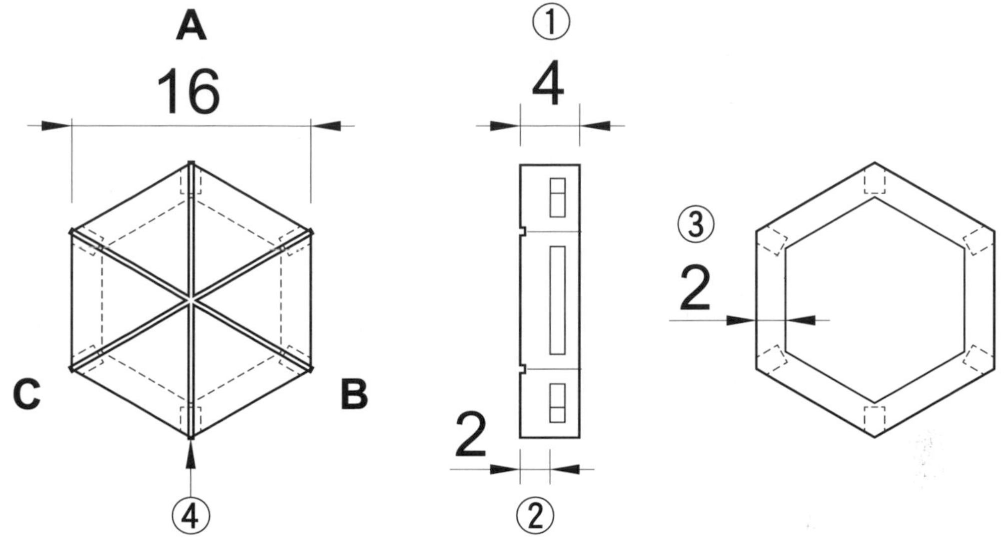

A、B、C　為主要尺寸。

①、②、③　為次要尺寸。

④【為線槽部分】請使用線鋸加工。

隔層支架共 6 處。

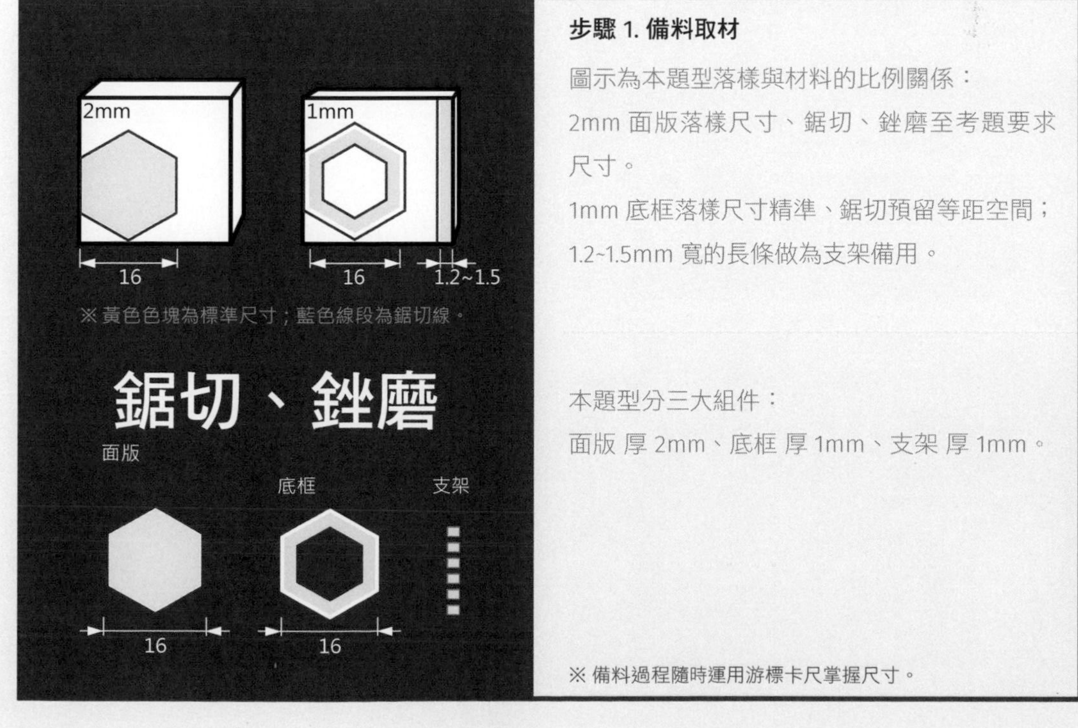

步驟 1. 備料取材

圖示為本題型落樣與材料的比例關係：

2mm 面版落樣尺寸、鋸切、銼磨至考題要求尺寸。

1mm 底框落樣尺寸精準、鋸切預留等距空間；1.2~1.5mm 寬的長條做為支架備用。

本題型分三大組件：

面版 厚 2mm、底框 厚 1mm、支架 厚 1mm。

※ 備料過程隨時運用游標卡尺掌握尺寸。

開始計時！！

步驟 2. 備料取材

按圖落樣前，預先檢查材料狀況：
擷取材料一邊，銼磨至平整後，靠齊落樣，節省一側鋸切備料的時間。

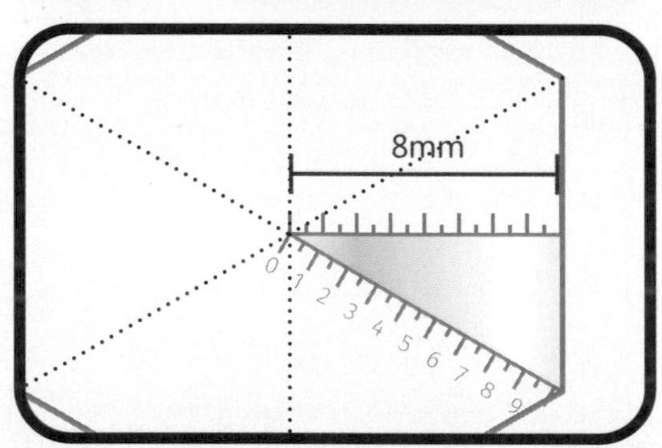

步驟 3. 備料取材

術科考題尺寸 8mm 為三角形的高，得知三角邊長約 9.2mm，以此為半徑畫圓落樣於術科材料。

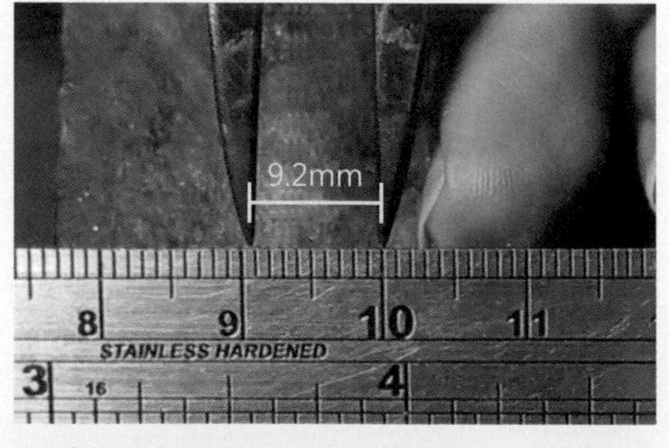

步驟 4. 備料取材

以 9.2mm 為半徑畫圓落樣於術科材料。

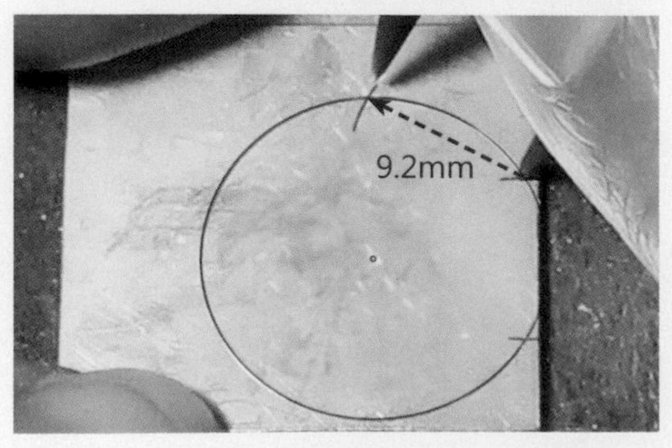

步驟 5. 備料取材

依術科考題尺寸，落樣於術科材料。繪製圓形以手固定圓心軸，轉動版料較利於落樣。
六角形為六個正三角型組成，繪製法比照三角形。先繪製一個圓，再以半徑距離六等均分圓周，連線即成六角形。

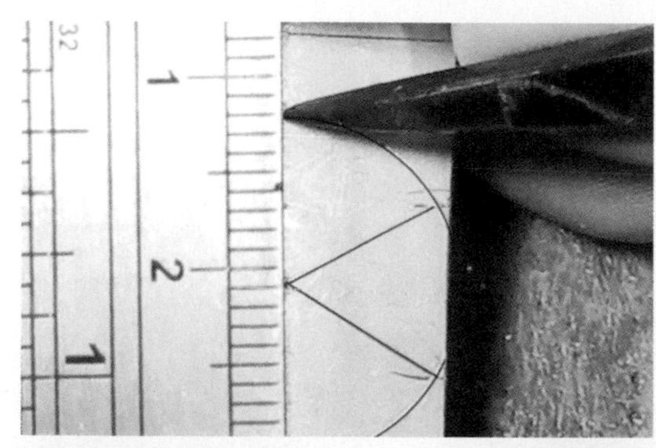

步驟 6. 備料取材

六角形為六個正三角型組成，繪製法比照三角形。先繪製一個圓，再以半徑距離六等均分圓周，連線即成六角形。

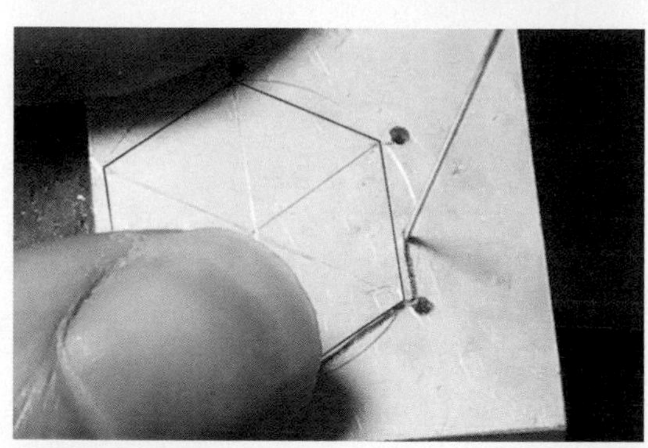

步驟 7. 備料取材

2mm 面版取材鋸切精準，以節省銼修時間。
於六角轉折處鑽孔，有利於鋸絲可快速轉折鋸切直線取料。

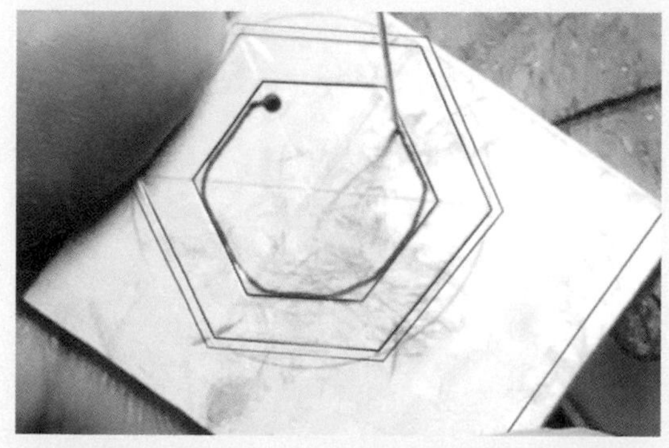

步驟 8. 備料取材

1mm 版料先鋸除內框材料，較利於抓握材料與修磨。

紅色線段：預留空間。
黑色線段：16mm 六角形與內框。
藍色線段：支架。

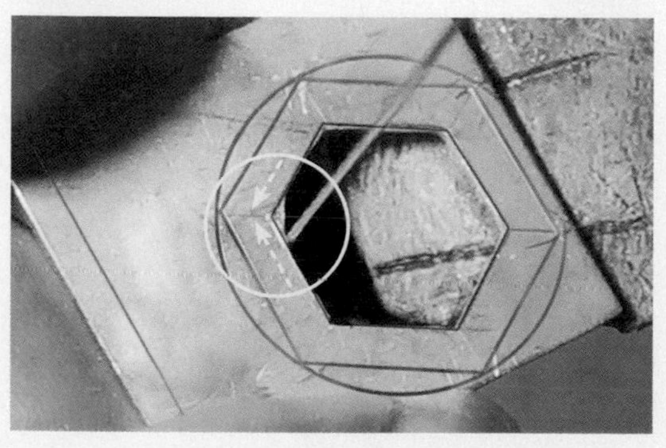

步驟 9. 備料取材

鋸切內框時，先鋸除較大面積材料並保留角落材料後，再次以雙攻鋸切角法修飾。

步驟 10. 備料取材

底框保持六邊預留空間大小一致，在 2mm 面版擺放焊接時，得以參照正確的位置。
以鉗夾輔助固定較小材料。

步驟 11. 備料取材

銼修外型與測量尺寸，確保銼磨修整到題型要求尺寸公差之內。

步驟 12. 備料取材

銼修外型與測量尺寸：
尺寸測量時，含括底框預留的空間。舉例：預留空間為 0.10mm，六邊所丈量的尺寸即 2.10mm。

步驟 13. 備料取材

1mm 材料鋸切寬 1.2~1.5mm 的長條做為隔層支架，共 6 處。
支架以斜口鉗剪斷的方式，剪鉗以壓迫分割原理，切口呈現一平一尖的狀態。

※ 注意剪鉗規格不同，適用的版厚不一。

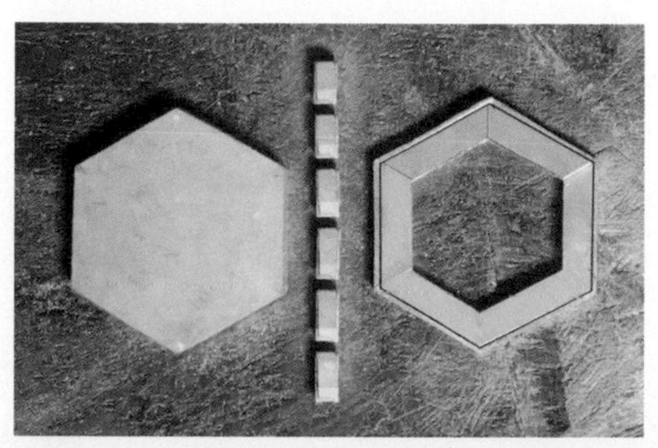

步驟 14. 備料範例

由左至右，依序為 2mm 面版、1mm 支架 6 段、1mm 底框。

操作時間：27~35 分

組合焊接前，備好的材料檢查尺寸

2mm 六角形面版落樣尺寸、鋸切、銼磨至題型要求尺寸，需以游標卡尺檢測尺寸！
1mm 底框落樣尺寸精準、鋸切是否預留等距空間；1.2 ~ 1.5mm 寬的長條做為支架備用。

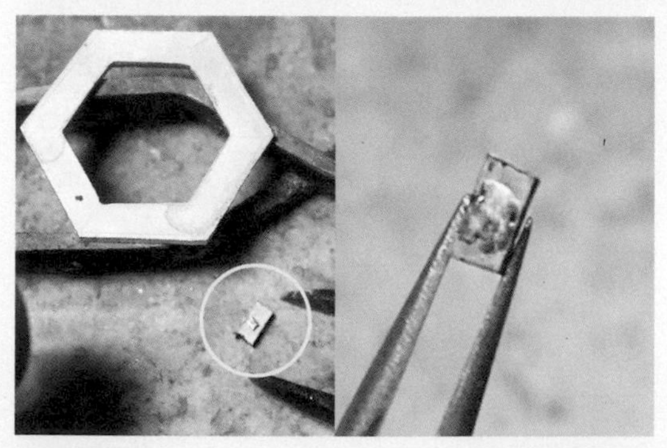

步驟 15. 組合焊接

支架沾覆焊藥：

焊藥預先放置於支架上，持續加溫至焊藥微微熔解。

步驟 16. 組合焊接

底框沾覆助焊劑加熱變色後，再將支架擺放上去加熱焊接。利用溫度引導支架上的焊藥流動至底框。

※ 避免直接將支架擺放在未預熱的底框上焊接。

步驟 17. 組合焊接

點狀焊接法：

將焊藥移往已預熱的焊接位置，持續加溫至焊藥熔解。

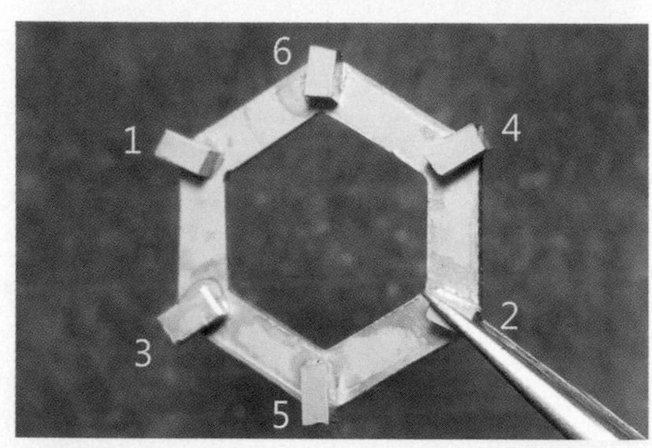

步驟 18. 組合焊接

檢查外型與焊接完整性：

支架可略向外凸出，避免最後修整外型後產生缺口。

※ 左圖黃字參考支架焊接順序。

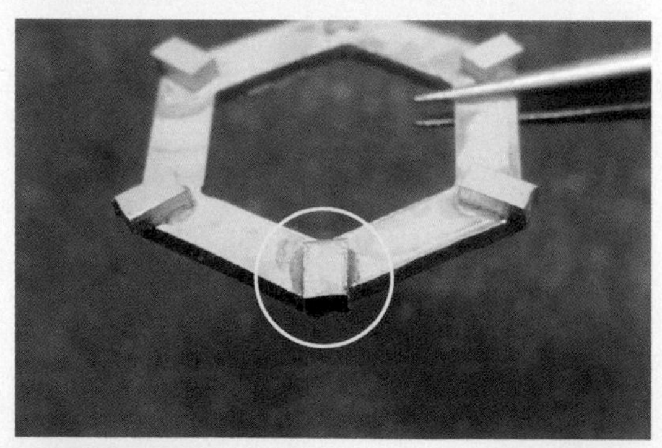

步驟 19. 組合焊接

明礬酸洗去除助焊劑，方便檢查焊接邊緣焊藥量，亦可避免助焊劑殘留，而導致再次加熱時，原焊接點再次熔融走位

20. 組合焊接

焊接結合 2mm 面版：

焊接面沾覆助焊劑，可運用外凸的支架放置焊藥焊接。

可先固定一點放置焊藥，再確認是否需要調節位置。

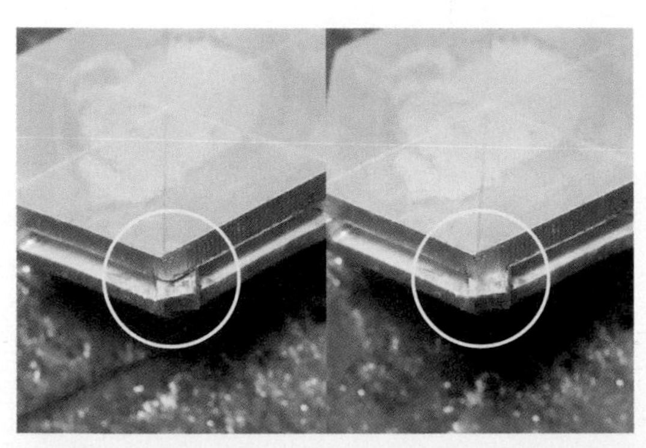

步驟 21. 組合焊接

明礬酸洗並焊點檢查可避免銼磨修整外型時，各個分件因焊接不牢固導致解體、崩落。
左圖是尚未焊接的交疊面產生的陰影。
右圖為焊接後銜接縫焊藥流動狀態。

操作時間：46~90 分

銼磨修整前，確保焊接的完固狀態

明礬酸洗去除助焊劑、氧化層。
檢查焊接點、組件交接面是否焊藥足夠無缺口。

銼磨過程若工件解體崩落，必須再次補焊，恐增加時間不足、無法完成的風險。

步驟 22. 銼磨修整

修剪多餘支架：
以斜口鉗緊貼側邊厚度再剪去多餘支架。

步驟 23. 銼磨修整

銼磨修整與尺寸測量：
銼刀將側面凸起支架修磨平整。銼修過程隨時以游標卡尺檢查尺寸！

步驟 24. 裝飾線槽

鋸絲輕靠拇指指甲於六個角微微拉鋸淺溝後，再稍做施力向下刮磨出線槽。

步驟 25. 裝飾線槽

鋸絲輕靠手指指甲稍做施力向下刮磨出線槽。

步驟 26. 表面處理

以明礬酸洗去除助焊劑、氧化物；砂紙表面磨砂或磨光。

※ 考場要求尺寸精準度與完整性，表面亦可用明礬酸洗乾淨即可。

操作時間：40~70 分

總操作時間
2.1~ 3.5hr

金工 MEMO

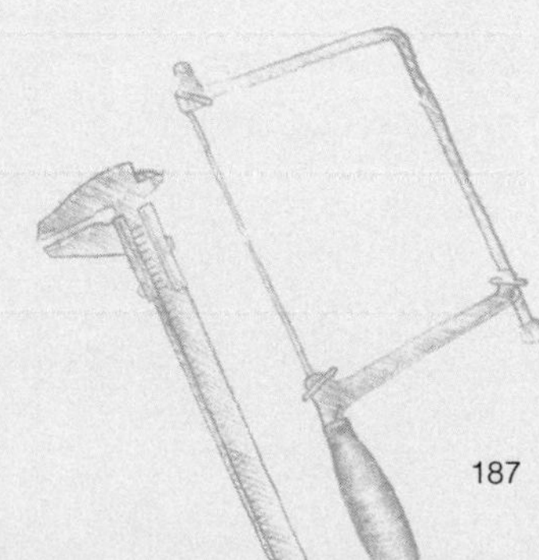

題型五　橢圓形

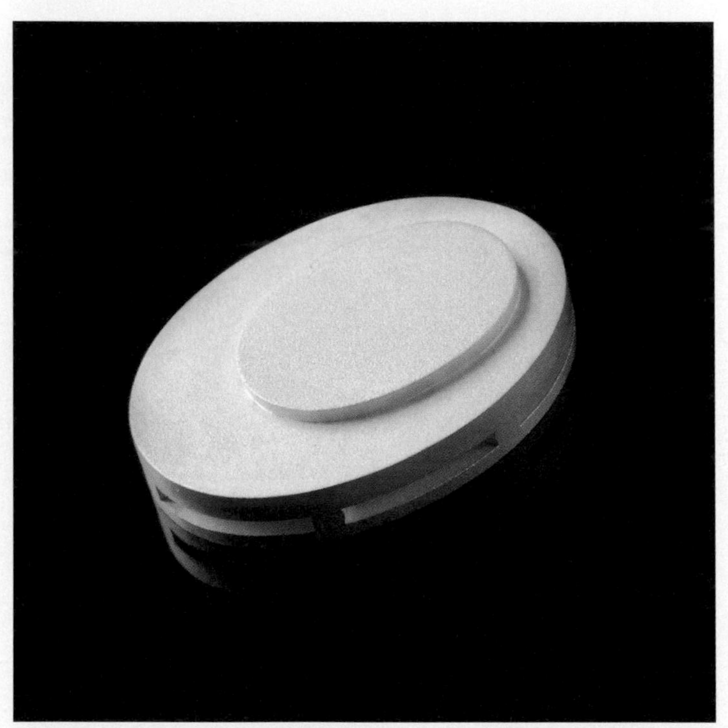

材料：25 x 25 x 2　　一片

25 x 25 x 1　　一片

焊料：20 x 10 x 0.3　　一線

單位：公釐 / mm

測驗時間：3.5 小時

術科題型模擬

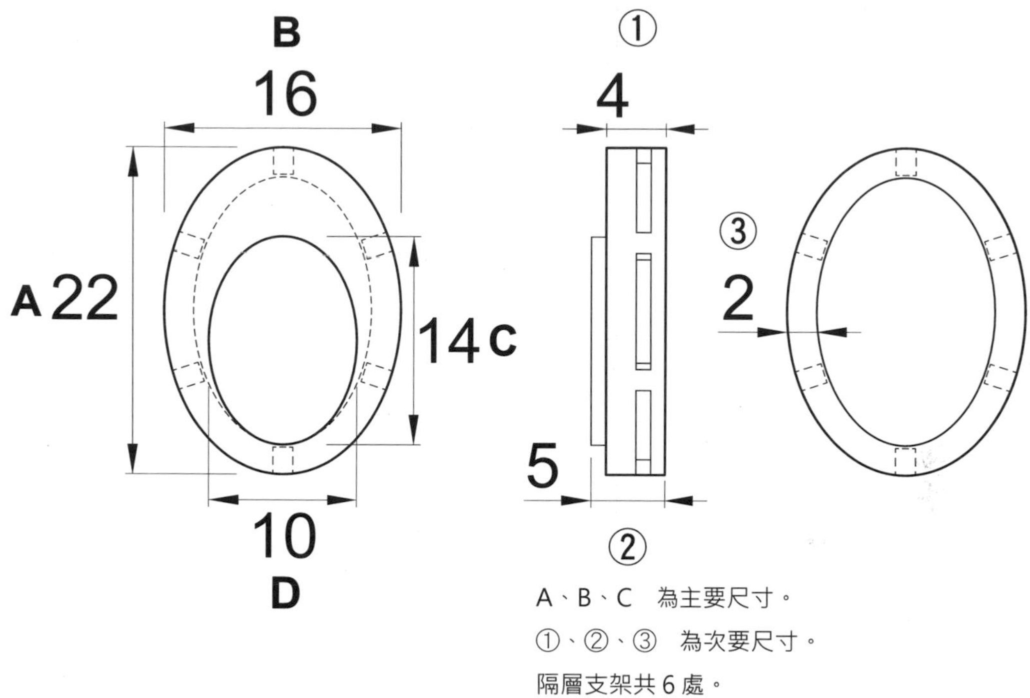

A、B、C　為主要尺寸。

①、②、③　為次要尺寸。

隔層支架共 6 處。

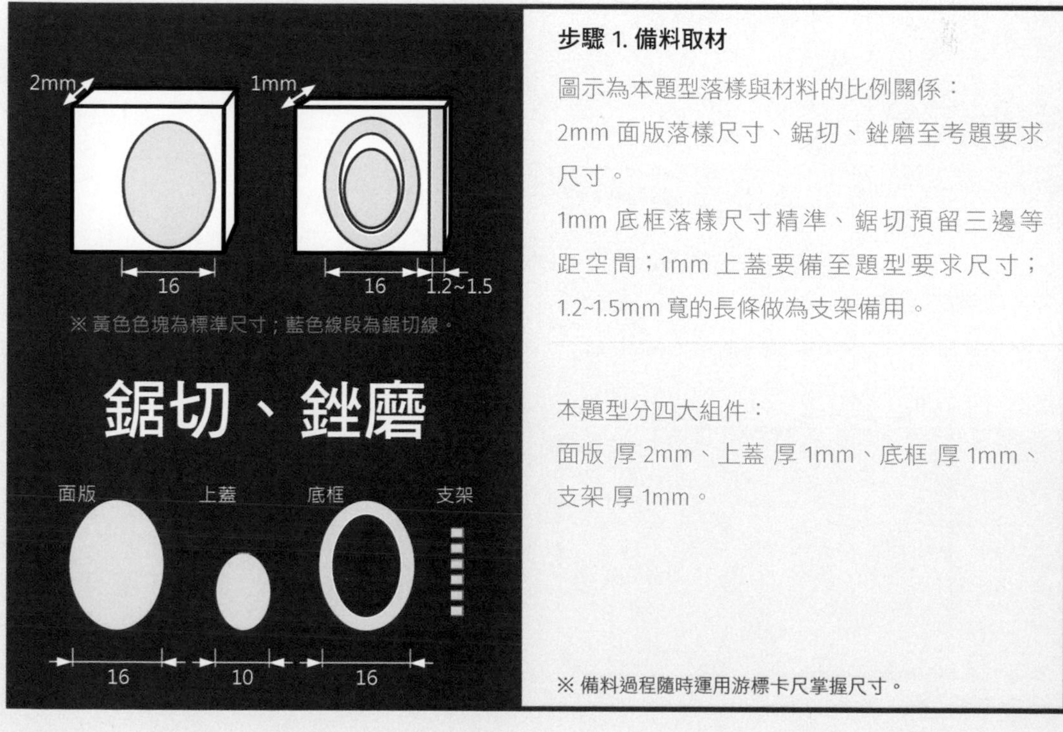

步驟 1. 備料取材

圖示為本題型落樣與材料的比例關係：

2mm 面版落樣尺寸、鋸切、銼磨至考題要求尺寸。

1mm 底框落樣尺寸精準、鋸切預留三邊等距空間；1mm 上蓋要備至題型要求尺寸；1.2~1.5mm 寬的長條做為支架備用。

本題型分四大組件：

面版 厚 2mm、上蓋 厚 1mm、底框 厚 1mm、支架 厚 1mm。

※ 備料過程隨時運用游標卡尺掌握尺寸。

開始計時！！

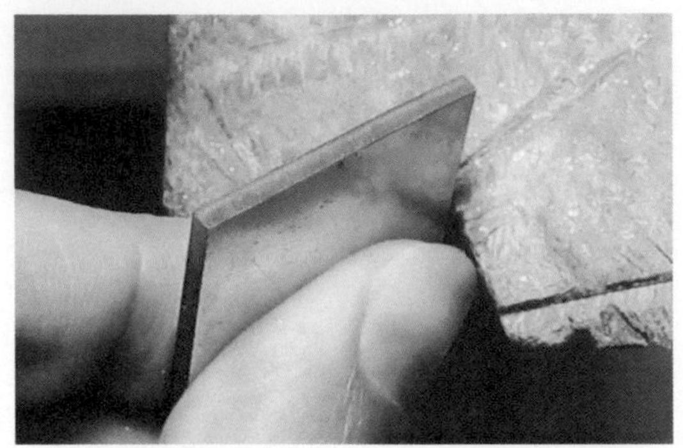

步驟 2. 備料取材

按圖落樣前，預先檢查材料狀況：
材料是否平整，側看無澎面、弧度。

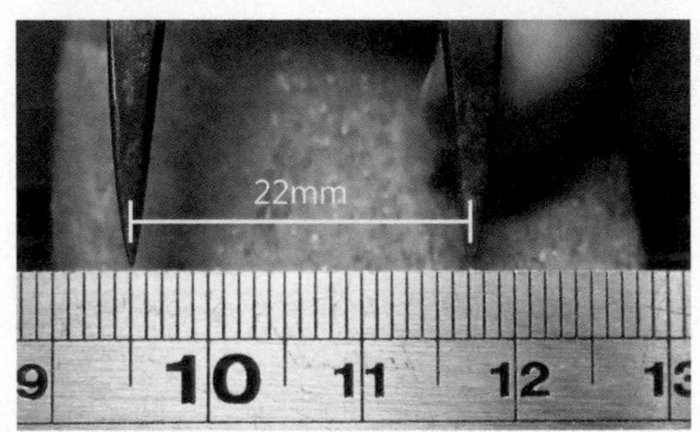

步驟 3. 備料取材

依術科考題尺寸，落樣於術科材料。

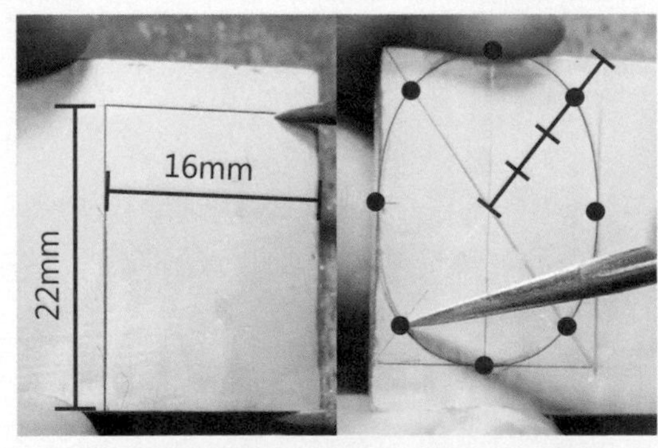

步驟 4. 備料取材

依術科考題尺寸，落樣於術科材料：
方法一、繪製米字型參考線後，畫弧線連結八個點。

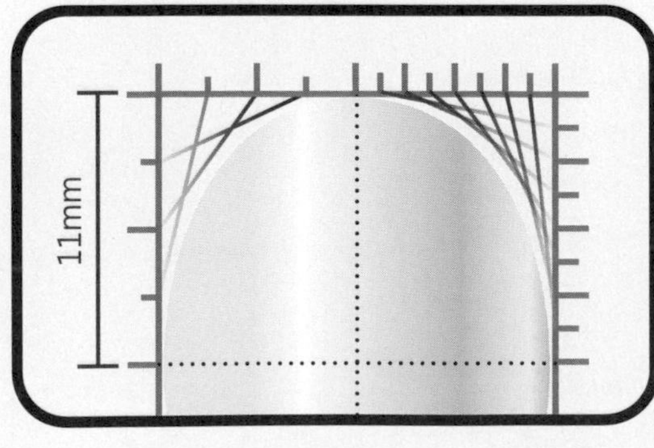

步驟 5. 備料取材

依術科考題尺寸，落樣於術科材料。
方法二、繪製兩側相同等份連線後，亦可繪出接近橢圓的形狀；等份劃分愈細形狀愈橢圓。

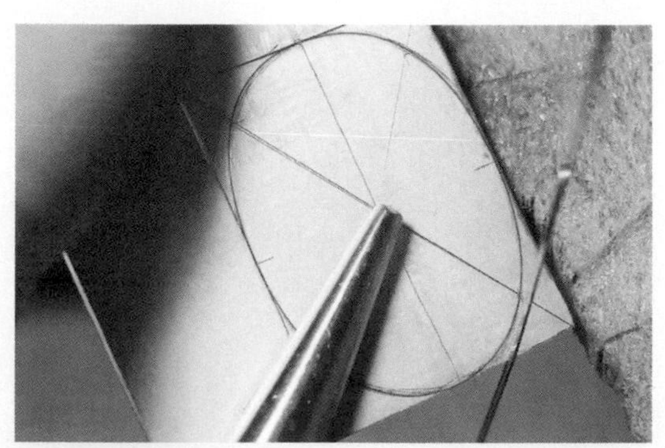

步驟 6. 備料取材

2mm 面版取材鋸切精準，以節省銼修時間。
以鉗夾輔助固定工件。

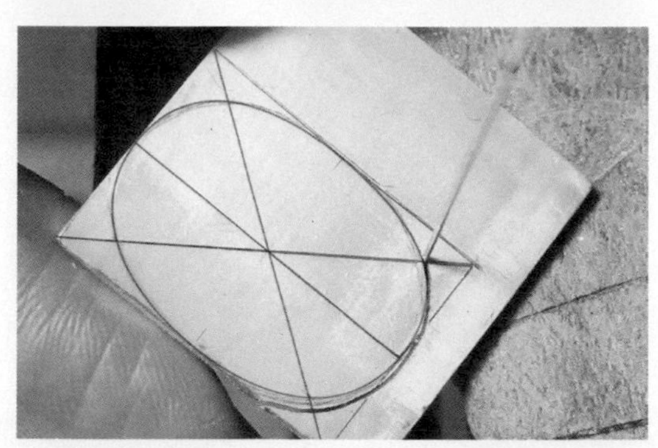

步驟 7. 備料取材

2mm 面版鋸切時保留繪製的輪廓線，再以此為依據銼磨修整多餘金屬，確保尺寸及圖樣的精準度。

※ 左圖鋸切路徑與輪廓線之間仍有修磨空間。

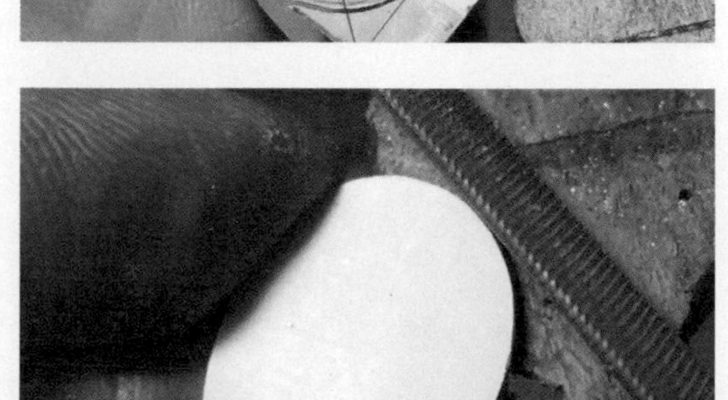

步驟 8. 備料取材

2mm 面版銼磨至輪廓線：
需要以 2mm 面版為模板繪製底框，以游標卡尺確認尺寸與圖樣對稱性。

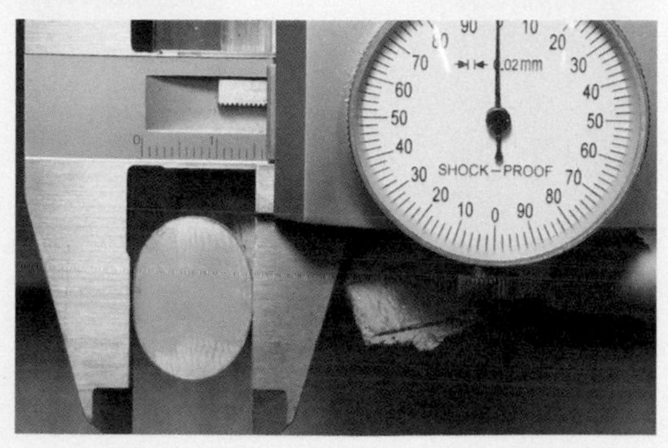

步驟 9. 備料取材

橢圓形繪製程序較為繁複，故以 2mm 面版作為標準模版，去複製底框的橢圓形。

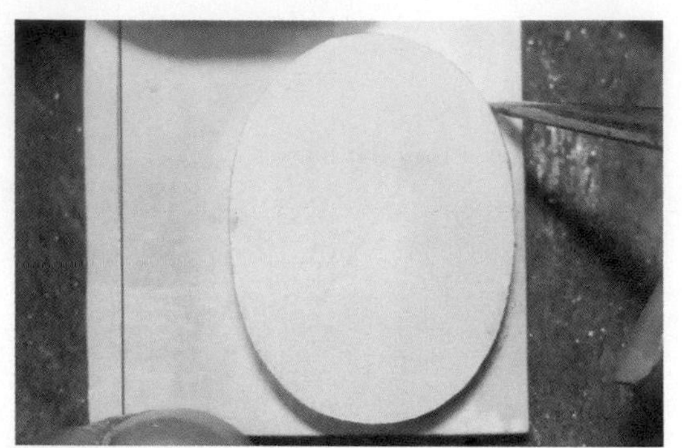

步驟 10. 備料取材

面版作為模版直接描繪在 1mm 版材上。

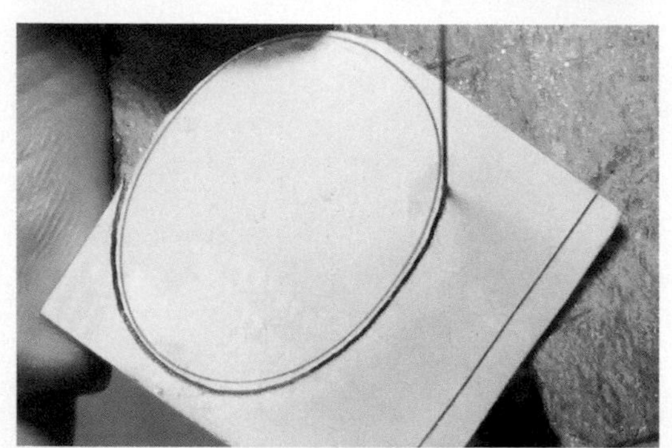

步驟 11. 備料取材

注意鋸切軌跡需保留輪廓線，以利參考銼磨。

黑色線段：橢圓形。

藍色線段：支架。

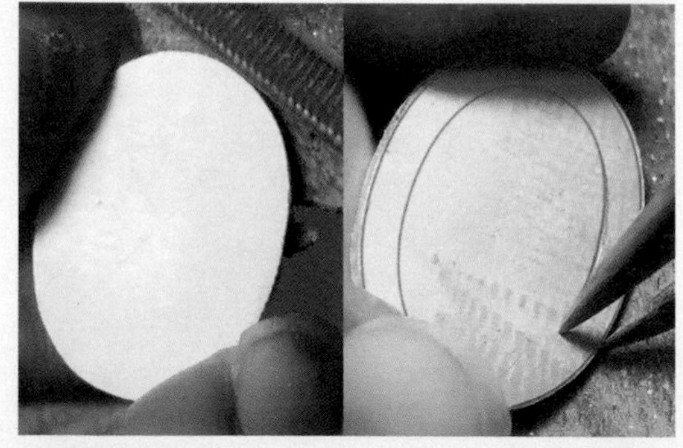

步驟 12. 備料取材

1mm 底框銼磨至輪廓線，以矩車或分規於 1mm 底框上繪製 2mm 內框線。

步驟 13. 備料取材

鋸除內框材料，再以內框材料製作上蓋。

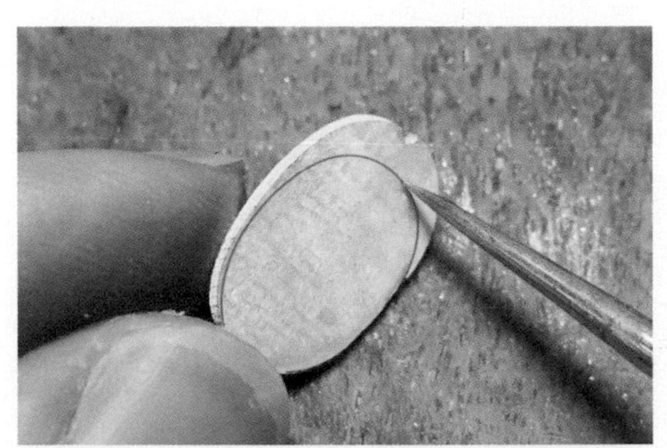

步驟 14. 備料取材

1mm 底框的內框材料繪製上蓋，以平鉗輔助夾握材料鋸切、銼磨。

步驟 15. 備料範例

由左至右，依序為 2mm 面版、1mm 支架 6 段、1mm 底框與上蓋。

操作時間：30~40 分

組合焊接前，備好的材料檢查尺寸

2mm 橢圓形面版落樣尺寸、鋸切、銼磨至題型要求尺寸，需以游標卡尺檢測尺寸！
1mm 底框落樣尺寸精準、鋸切是否預留等距空間；1mm 上蓋備至題型要求尺寸；1.2 ~ 1.5mm 寬的長條做為支架備用。

步驟 16. 組合焊接

將焊藥與支架交疊加熱焊接，此方式放置容易有空隙，故焊藥熔化過程需以鉗夾輕壓支架。

步驟 17. 組合焊接

焊藥直接夾放於焊接位置。此方式加熱至焊藥熔化時，支架容易走位，故仍需注意火溫與隨時鉗夾調整位置。

步驟 18. 組合焊接

注意火溫與鉗夾，隨時調整位置。

步驟 19. 組合焊接

點狀焊接法：

將焊藥移往已預熱的焊接位置，持續加溫至焊藥熔解。

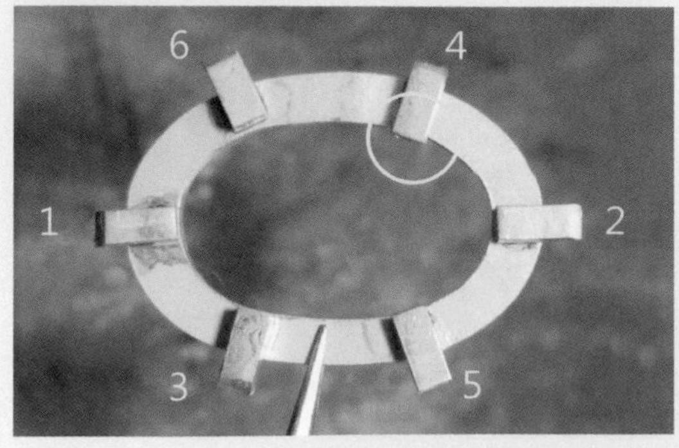

步驟 20. 組合焊接

檢查外型與焊接完整性：

支架可略向外凸出，避免最後修整外型後產生缺口：但倘若支架若超出內框（左圖黃圈），於此時預先銼磨去除。

※ 左圖黃字為支架焊接順序。

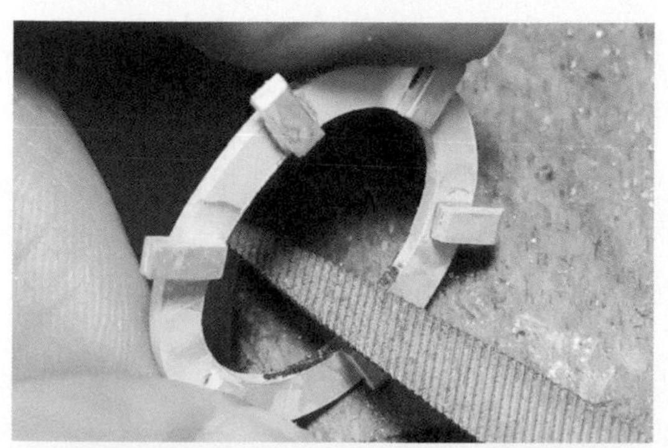

步驟 21. 組合焊接

支架若超出內框，於此時預先銼磨去除。

步驟 22. 組合焊接

焊接 2mm 面版：

焊接面沾覆助焊劑，可運用外凸的支架放置焊藥焊接。

步驟 23. 組合焊接

觀察欲組焊的兩個工件色溫變化來決定火加溫的位置。

步驟 24. 組合焊接

上蓋焊接位置記號：

在欲貼覆上蓋的位置以狼牙棒刮磨，上蓋擺放時不易走位。

步驟 25. 組合焊接

焊接結合 1mm 上蓋：

助焊劑與焊藥沾覆在欲焊接上蓋的位置，加熱至焊藥熔化，並以焊夾輔助撥平推展。

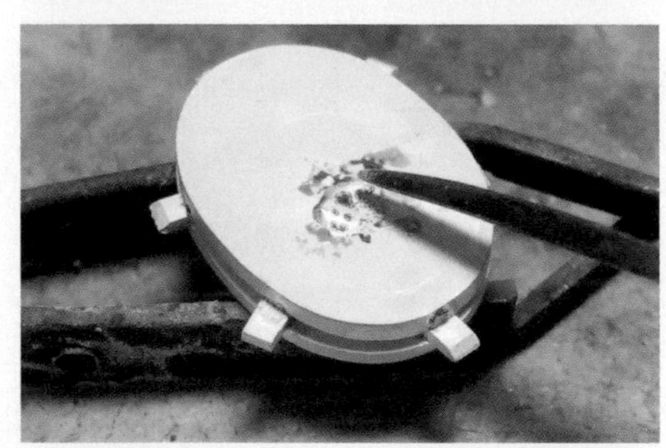

步驟 26. 組合焊接

焊藥融熔狀態時，以焊夾輔助撥平推展。

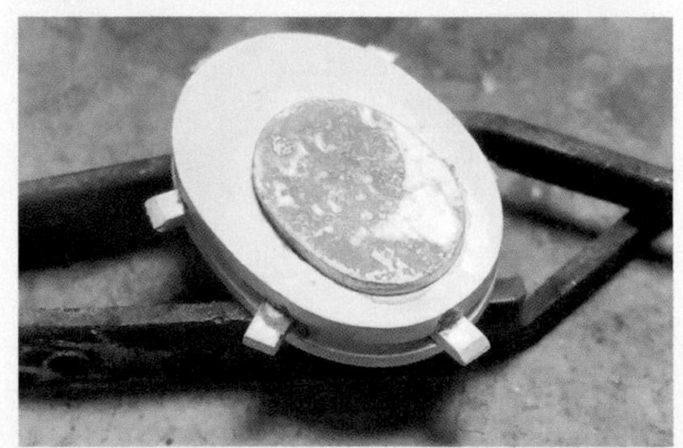

步驟 27. 組合焊接

焊接結合 1mm 上蓋：

注意兩個欲組焊的工件溫度顏色變化，以隨時調節火槍加熱位置，控制焊藥流動方向。

步驟 28. 組合焊接

檢查焊接完整性：

明礬酸洗，焊點檢查可避免銼磨修整外型時，各個分件因焊接不牢固導致解體、崩落。

步驟 29. 組合焊接

檢查焊接完整性。

※ 注意接縫處焊藥流量。

操作時間：40~70 分

銼磨修整前，確保焊接的完固狀態

明礬酸洗去除助焊劑、氧化層。
檢查焊接點、組件交接面是否焊藥足夠無缺口。

鉎磨過程若工件解體崩落，必須再次補焊，恐增加時間不足、無法完成的風險。

步驟 30. 鉎磨修整

修剪多餘支架：
以斜口鉗緊貼側邊厚度再剪去多餘支架。

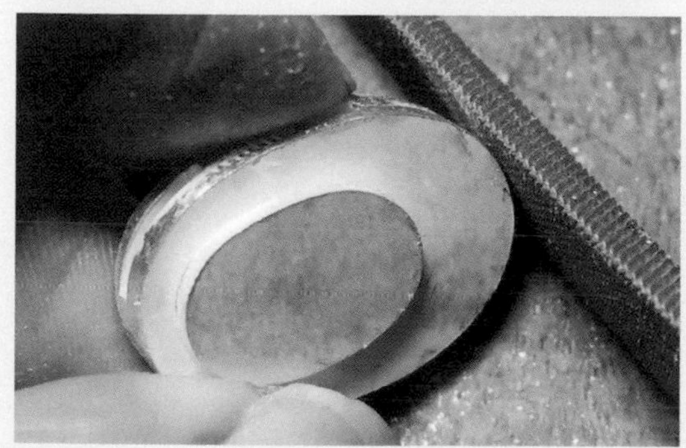

步驟 31. 鉎磨修整

鉎磨修整與尺寸測量：
鉎刀將側面凸起支架修磨平整。鉎修過程隨時以游標卡尺檢查尺寸！

步驟 32. 表面處理

以明礬酸洗去除助焊劑、氧化物；砂紙表面磨砂或磨光。

※ 考場要求尺寸精準度與完整性，表面亦可用明礬酸洗乾淨即可。

操作時間：40~70 分

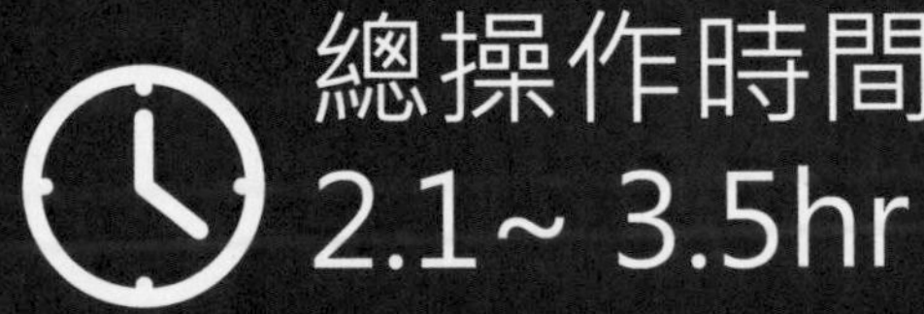

金工 MEMO

題型六　菱形

材料：25 x 25 x 2　　一片

　　　25 x 25 x 1　　一片

焊料：20 x 10 x 0.3　　一線

單位：公釐 / mm

測驗時間：3.5 小時

術科題型模擬

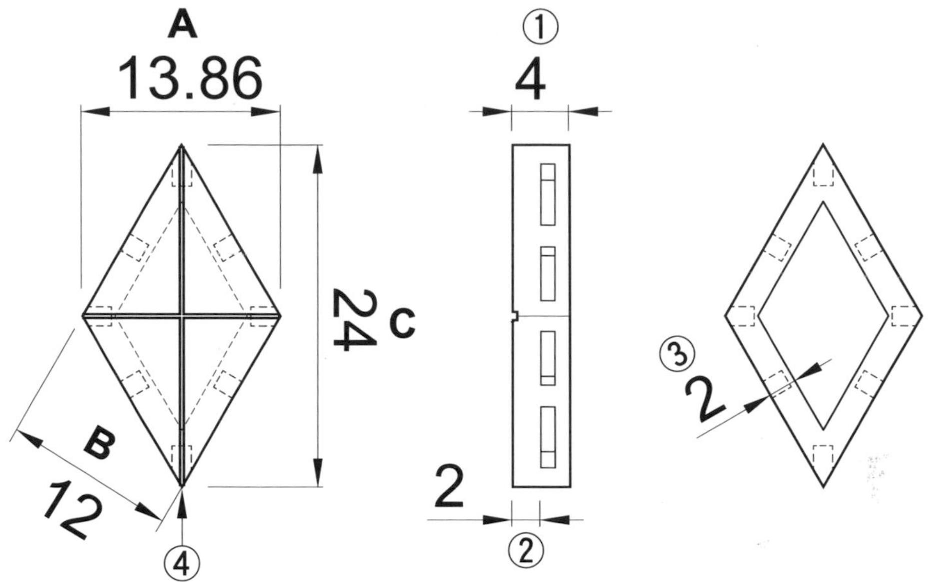

A、B、C　為主要尺寸。

①、②、③　為次要尺寸。

④【為線槽部分】請使用線鋸加工。

隔層支架共 8 處。

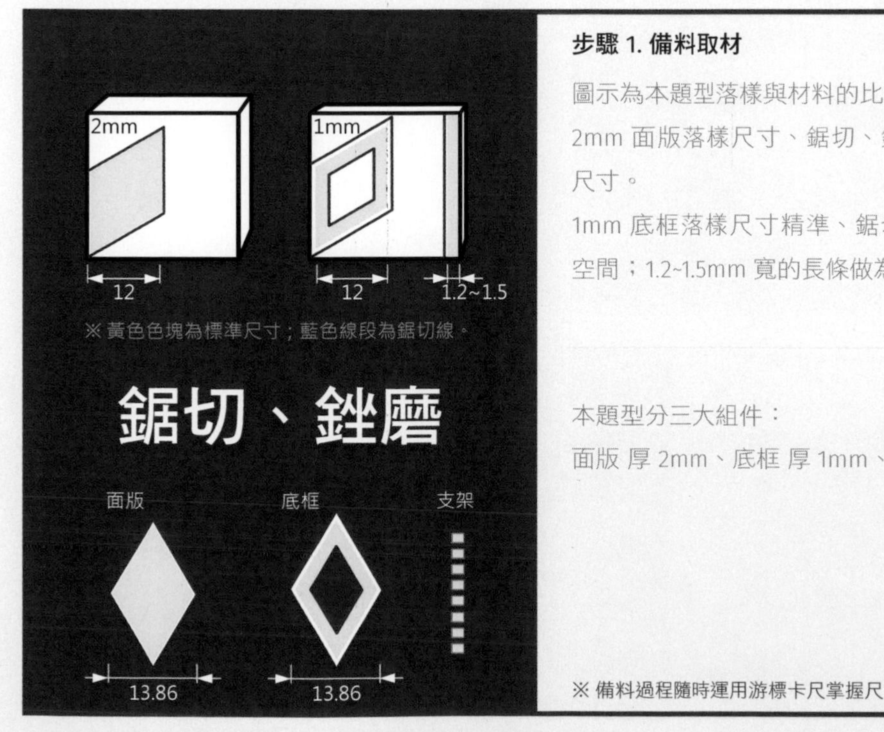

步驟 1. 備料取材

圖示為本題型落樣與材料的比例關係：

2mm 面版落樣尺寸、鋸切、銼磨至考題要求尺寸。

1mm 底框落樣尺寸精準、鋸切預留三邊等距空間；1.2~1.5mm 寬的長條做為支架備用。

本題型分三大組件：

面版 厚 2mm、底框 厚 1mm、支架 厚 1mm。

※ 備料過程隨時運用游標卡尺掌握尺寸。

開始計時！！

步驟 2. 備料取材

按圖落樣前，預先檢查材料狀況：

擷取材料一邊，銼磨至平整後，靠齊落樣，節省一側鋸切備料的時間。

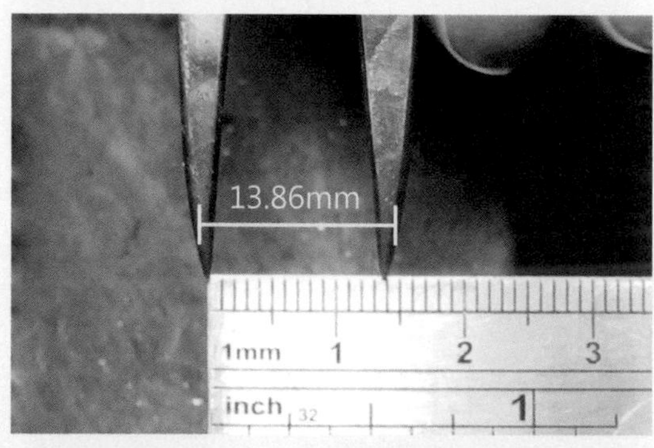

步驟 3. 備料取材

依術科考題尺寸，落樣於術科材料。

菱形為兩個正三角形組成。亦可繪製成下圖。

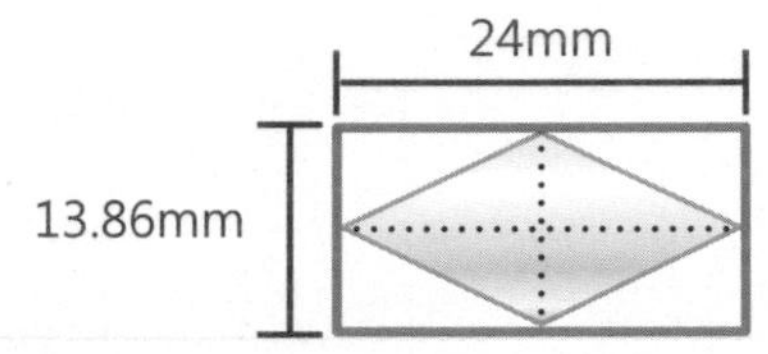

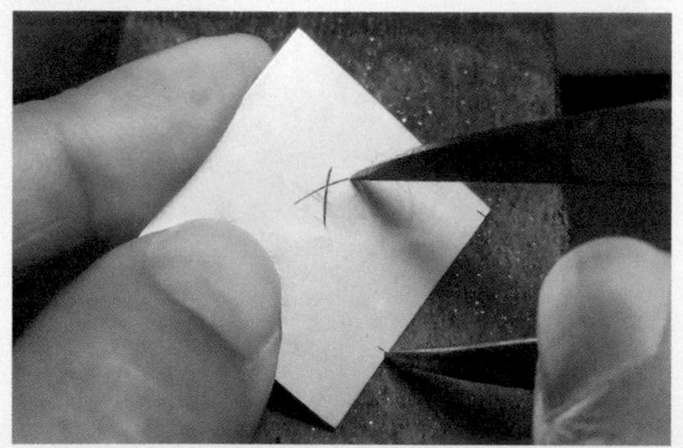

步驟 4. 備料取材

尺規製圖法繪製兩個正三角形，即構成菱形。

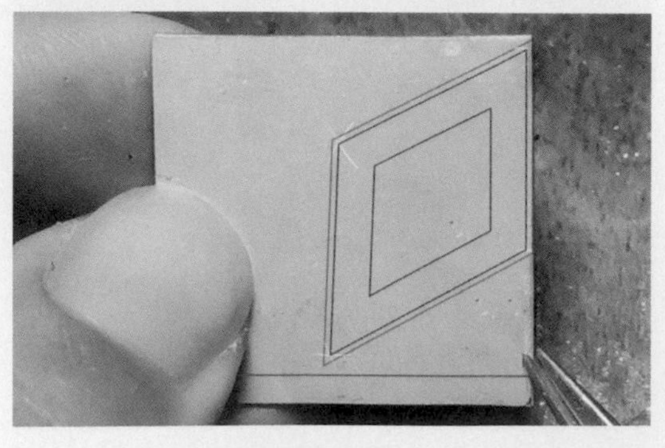

步驟 5. 備料取材

1mm 底框落樣尺寸精準，但多預留四邊等距空間；1.2~1.5mm 寬的長條做為支架備用。

紅色線段：預留空間。

黑色線段：16mm 正三角形。

藍色線段：支架。

步驟 6. 備料取材

2mm 面版鋸切時保留繪製的輪廓線，再以此為依據銼磨修整多餘金屬，確保尺寸及圖樣的精準度。

※ 左圖鋸切路徑與輪廓線之間仍有修磨空間。

步驟 7. 備料取材

銼修外型之餘，2mm 面版需測量尺寸，直至銼磨修整到題型要求尺寸。

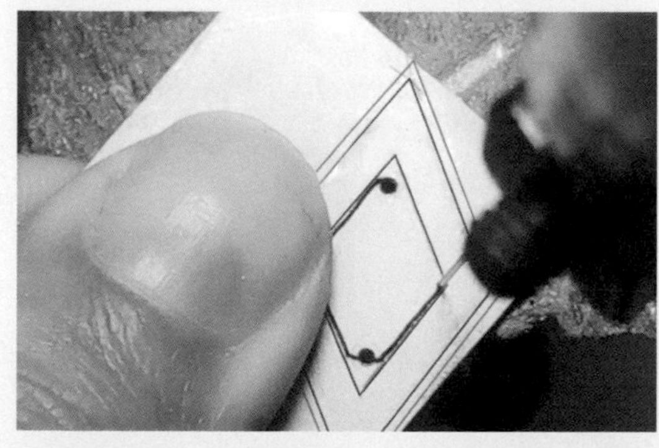

步驟 8. 備料取材

1mm 底框先鋸除內框材料，較利於抓握材料與修磨。

紅色線段：預留空間。

黑色線段：16mm 六角形與內框。

藍色線段：支架。

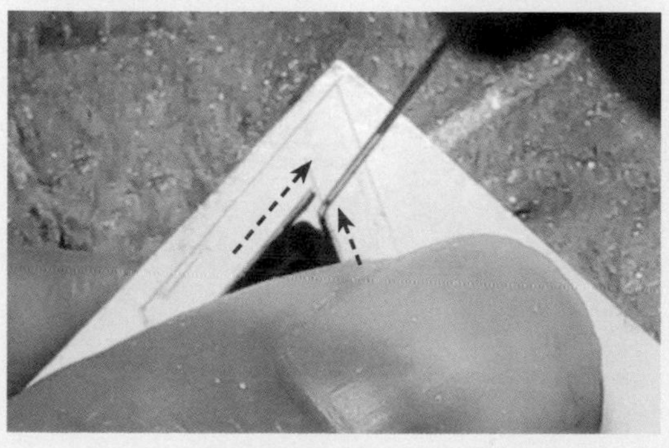

步驟 9. 備料取材

1mm 底框鋸切內角時，角落先保留部分材料，待較大材料鋸除時，再次以雙攻鋸切角法修飾。

步驟 10. 備料取材

銼修外型之餘，2mm 內框需測量尺寸。

※ 注意，需將欲留的空間含括在內測量。

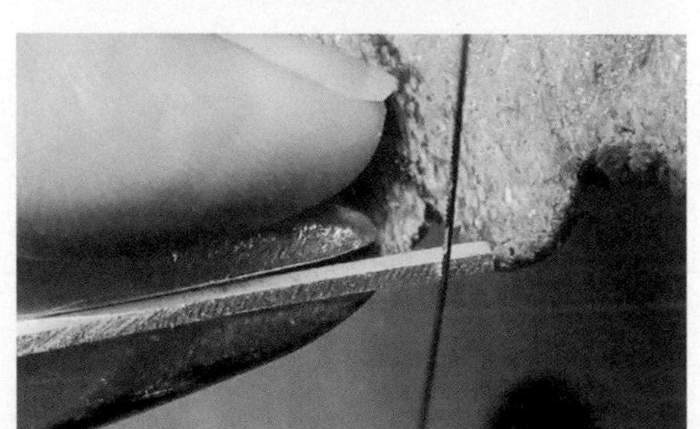

步驟 11. 備料取材

隔層支架共 8 處。支架數量較多時，由鋸弓鋸切，切口較平直亦可節省材料。

步驟 12. 備料範例

由左至右，依序為 2mm 面版、1mm 支架 8 段、1mm 底框。

操作時間：30~40 分

組合焊接前，備好的材料檢查尺寸

2mm 菱形面版落樣尺寸、鋸切、銼磨至題型要求尺寸，需以游標卡尺檢測尺寸！
1mm 底框落樣尺寸精準、鋸切是否預留等距空間；1.2 ~ 1.5mm 寬的長條做為支架備用。

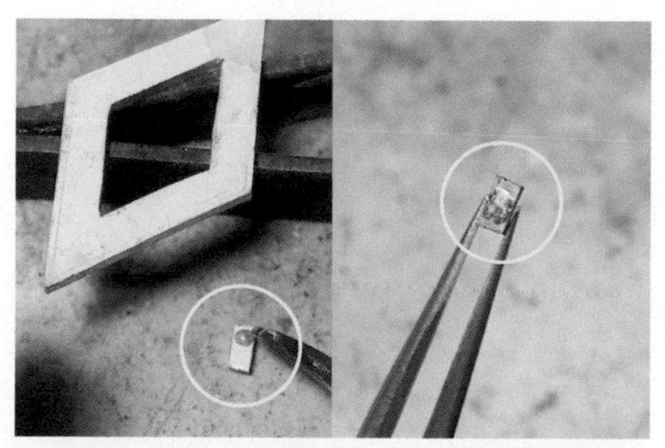

步驟 13. 組合焊接

焊藥預先放置於支架上，持續加溫至焊藥微微熔解。

步驟 14. 組合焊接

底框沾覆助焊劑加熱變色後，再將支架擺放上去加熱焊接。利用溫度引導支架上的焊藥流動至底框。

※ 避免直接將支架擺放在未預熱的底框上焊接。

步驟 15. 組合焊接

檢查外型與焊接完整性：

明礬酸洗去除助焊劑，方便檢查焊接邊緣焊藥量，亦可避免助焊劑殘留，而導致再次加熱時，原焊接點再次熔融走位。

步驟 16. 組合焊接

面狀焊接工法：

焊藥均布支架上方，2mm 面版平放蓋上。

步驟 17. 組合焊接

焊接面沾覆助焊劑；未焊接處可運用外凸的支架放置焊藥補焊。

※ 觀察焊藥熔化過程的走向，來決定加溫位置。

步驟 18. 組合焊接

倘若無法將面版與底框對齊，亦可先固定一點放置焊藥，再確認是否需要調節位置。
明礬酸洗後，檢查焊接完整性。

操作時間：40~70 分

銼磨修整前，確保焊接的完固狀態

明礬酸洗去除助焊劑、氧化層。
檢查焊接點、組件交接面是否焊藥足夠無缺口。

鎈磨過程若工件解體崩落，必須再次補焊，恐增加時間不足、無法完成的風險。

步驟 19. 銼磨修整

修剪多餘支架：
以斜口鉗緊貼側邊厚度再剪去多餘支架。

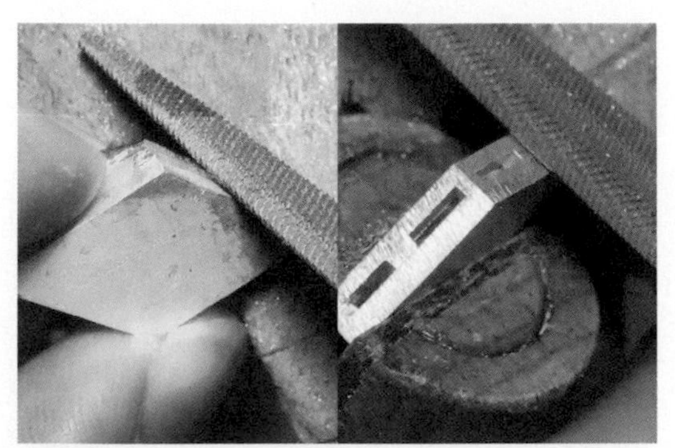

步驟 20. 銼磨修整

銼磨過程因摩擦生熱導致不易徒手抓握工件，故可以木夾輔助固定工件。

銼修外型與測量尺寸，確保銼磨修整到題型要求尺寸公差之內。

步驟 21. 銼磨修整

粗銼（#00）修整後產生毛邊，可以細銼（#04）整理銼痕或毛邊。

銼步驟 22. 磨修整

細銼（#04）整理毛邊。

步驟 23. 裝飾線槽

鋸絲輕靠拇指指甲微微拉鋸淺溝後，再稍做施力向下刮磨出線槽。

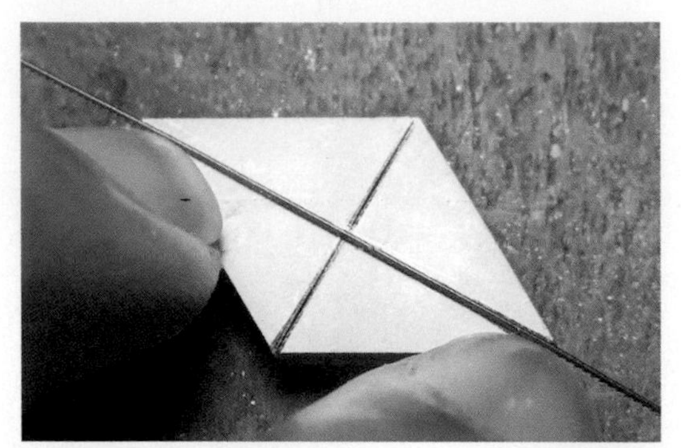

步驟 24. 裝飾線槽

鋸絲輕靠拇指指甲微微拉鋸淺溝後，再稍做施力向下刮磨出線槽。

步驟 25. 表面處理

以明礬酸洗去除助焊劑、氧化物；砂紙表面磨砂或磨光。

※ 考場要求尺寸精準度與完整性，表面亦可用明礬酸洗乾淨即可。

操作時間：40~70 分

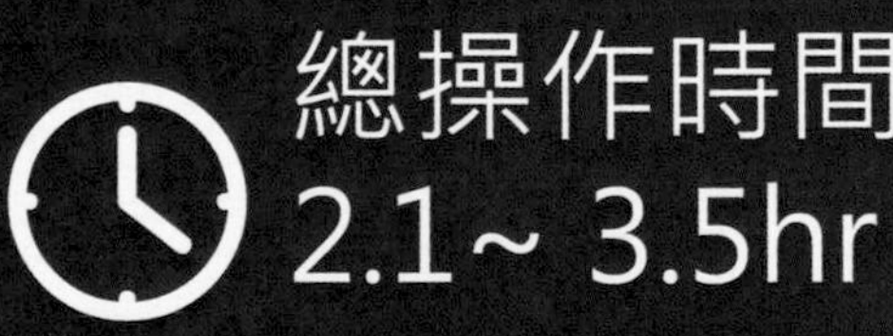

金工 MEMO

Chapter 3

歷屆金銀珠寶飾品加工考題參考資料

本職類乙、丙級學科，另需研讀共同科目

「90006 職業安全衛生、

90008 環境保護、

90009 節能減碳」

相關資訊可至「全國技能檢定題庫」資訊系統下載。

V 金銀珠寶飾品加工 乙級學科考古題大全

乙級　工作項目 01：製圖規範

一、單選題

1. （ 3 ）　中國國家標準簡稱為 ① CSN ② DIN ③ CNS ④ ISO。
2. （1）　用以表示設計者構想之圖面為 ①設計圖 ②工作圖 ③構想圖 ④說明圖。
3. （ 2 ）　表示物體的大小與位置的是 ①尺寸 ②工作圖 ③形狀 ④公差。
4. （ 1 ）　為使製圖規範全國統一化與標準化，應用於製圖上之各種規定及法則，稱為 ①製圖標準 ②製圖規格 ③藍圖 ④草圖。
5. （ 2 ）　飾金工作圖之展開圖面比例，一般為 ① 1：2 ② 1：1 ③ 2：1 ④ 3：1。
6. （ 1 ）　繪圖基本要素是指 ①線條與字法 ②線條與尺寸 ③線條比例 ④線條與註解。
7. （ 4 ）　製圖的要求首重 ①清晰 ②整潔 ③迅速 ④正確。
8. （ 4 ）　尺寸標示為清楚顯示物體的外表，應標示 ①輪廓 ②大小 ③位置 ④應有大小及位置尺寸。
9. （ 1 ）　為清楚表示物體的整體面，輪廓線應比中心線 ①粗 ②細 ③不用粗細 ④依物體的大小而定。
10. （ 1 ）　若工作圖面有難以標示之尺寸時，應該 ①加註解 ②現場說明 ③虛線標示 ④不標註。
11. （ 3 ）　工程圖上的字體書寫方向為 ①由上至下 ②由右至左 ③由左向右 ④左右不拘。
12. （ 2 ）　下列何種尺寸線為折角 ①半徑 ②角度 ③直徑 ④長度。
13. （ 4 ）　尺寸應記入於最能顯示其 ①長度 ②形狀 ③大小 ④位置。
14. （ 1 ）　尺度數字標註需寫在水平尺度線的哪一方 ①上方 ②下方 ③中間 ④左方。
15. （ 4 ）　尺度數字標註需寫在直立尺度線的哪一方 ①上方 ②下方 ③中間 ④左方。
16. （ 4 ）　尺寸上加註公差之目的是在 ①方便包裝 ②無需技術 ③控制表面粗度 ④控制精度。
17. （ 1 ）　設計尺寸時於一個方向（正向或負向）賦予公差，稱為 ①單向公差 ②雙向公差 ③通用公差 ④位置公差 之視圖上。
18. （ 2 ）　凡不能用視圖或尺寸表示之資料，可用文字說明稱為 ①符號 ②註解 ③字法 ④記號。
19. （ 2 ）　工作圖上附有▽▽是表示 ①尺寸大小 ②加工符號 ③銲接符號 ④距離或長度。
20. （ 3 ）　在工程及製造上，彼此溝通觀念，傳遞構想的媒介是 ①語言 ②文字 ③施工圖 ④英語。
21. （ 4 ）　圖面上，中文字法採用以印刷鉛字中之 ①仿宋體 ②隸書體 ③楷書體 ④等線體。
22. （ 3 ）　折斷線依 CNS 規定是 ①粗線 ②中線 ③細線 ④虛線。
23. （ 1 ）　凡與水平投影面平行之直線稱為 ①水平線 ②正垂線 ③前平線 ④側平線。
24. （ 3 ）　被剖切的面，在剖視圖中應加畫 ①割面線 ②細鏈線 ③剖面線 ④虛線。
25. （ 4 ）　圖面上若有標示線箭頭應避免標在 ①輪廓線 ②圓弧線 ③接縫線 ④虛線。
26. （ 4 ）　直圓柱需表示 ①長度與寬度 ②長度與深度 ③深度與高度 ④高度與直徑。
27. （ 4 ）　球形需表示①長度與寬度 ②長度與深度 ③深度與高度 ④高度與直徑。
28. （ 4 ）　手繪製圖完成之後，通常必須擦拭乾淨的線是 ①說明指示線 ②尺寸標示線 ③計算數字線 ④過程輔助線。
29. （ 4 ）　前視圖無法將何種尺寸表達？ ①高度 ②寬度 ③長度 ④深度。
30. （ 1 ）　將物體之所有表面展平在一平面上，據此而繪製的圖稱為 ①展開圖 ②立體圖 ③前視圖 ④俯視圖。
31. （ 3 ）　將立體之表面展開於一平面上所得之圖形稱為 ①平面圖 ②立體圖 ③展開圖 ④透視圖。
32. （ 4 ）　正投影箱展開後，共可得到多少視圖 ① 3 個 ② 4 個 ③ 5 個 ④ 6 個。

33. (3) 正投影中，三個主要視圖是 ①前視圖、仰視圖、側視圖 ②後視圖、仰視圖、俯視圖 ③前視圖、俯視圖、側視圖 ④前視圖、後視圖、側視圖。
34. (2) 繪製正投影視圖，先選定最能表現物體特徵之 ①側視圖 ②前視圖 ③俯視圖 ④後視圖 開始繪之。
35. (2) 原則上物體之展開以 ①內面 ②外面 ③側面 ④底部 向上。
36. (3) 正投影中，若物體離投影面愈遠，則其物體尺寸 ①愈大 ②愈小 ③大小不變 ④成一點。
37. (1) 當面向物體之正面，由物體左邊至右邊距離，稱為 ①寬度 ②高度 ③深度 ④長度。
38. (3) 某物面的正投影為其實形，則此面必與投影面 ①垂直 ②相交 ③平行 ④垂直且相交。
39. (3) 下列物體中，何者僅需二視圖即可清楚表達 ①多角形體 ②不規則形體 ③圓柱體 ④圓球體。
40. (3) 圓柱體展開後為 ①扇形 ②錐形 ③長方形 ④圓形。
41. (3) 三視圖一般以 ①前視圖、左側視圖、仰視圖 ②左側視圖、前視圖、右側視圖 ③俯視圖、前視 圖、右側視圖 ④俯視圖、前視圖、仰視圖 為常見視圖。
42. (1) 第三角畫法中物體與投影面之關係為 ①視點→投影面→物體 ②物體→投影面→視點 ③投影面→物體→視點 ④視點→物體→投影面。
43. (3) 俯視圖在前視圖的上方者為 ①第一角法 ②第二角法 ③第三角法 ④第四角法。
44. (1) 加工圖展開有許多種方式，通常以何種展開為原則 ①容易施工為原則 ②前視圖為原則 ③方正為原則 ④側視圖為原則。
45. (4) 為清楚顯示複雜物體的斷面結構，應加畫 ①左側視圖 ②底視圖 ③輔助視圖 ④剖視圖。
46. (1) 同一物件需要一個以上之剖面時，每個剖面應 ①單獨剖切 ②連續剖切 ③互剖切 ④全剖切。
47. (1) 繪製剖視圖所根據投影原理是 ①正投影 ②斜投影 ③透視圖 ④輔助投影。
48. (2) 造型圖附有「剖面圖」通常用在下列何種意義上 ①投影的意義 ②說明的意義 ③展開的意義 ④美工的意義。
49. (4) 剖視圖中，將剖面在剖切處原地旋轉 ① 15° ② 30° ③ 45° ④ 90° 則為旋轉剖面。
50. (3) 畫「剖面圖」時，下列敘述何者正確 ① 35° 角斜線，密度愈密愈好 ② 40° 角斜線，密度適當就好 ③ 45° 角斜線，密度適當就好 ④ 50° 角斜線，密度愈密愈好。
51. (1) 手繪工作圖時，最好先使用 ①鉛筆 ②原子筆 ③鋼筆 ④針筆。
52. (2) 下列何種工具主要用於畫圓及圓弧 ①分規 ②圓規 ③曲線板 ④樑規。
53. (1) 使用三角板配合丁字尺畫垂直線時，通常皆 ①由下往上畫 ②由上往下畫 ③由左向右畫 ④任意。
54. (3) 下列各等級鉛筆，何者筆蕊最軟所繪線條最黑 ① 9H ② HB ③ 7B ④ B。
55. (3) 金飾加工作業中，為實測正確尺寸繪於圖面上，宜使用 ①鋼尺 ②捲尺 ③游標卡尺 ④三角板 較為正確。
56. (3) 繪製有圓角的施工圖，其標示下列敘述何者有誤 ①圓弧角大於直徑，可採直徑作為標示 ②圓弧角小於直徑，可採半徑作為標示 ③圓弧角小於直徑，可省略「R」標示 ④ R 標示用於半徑，用於半徑之標示。
57. (3) 有關施工圖標註的方法，下列何者不正確。①直徑符號以“Ø”表示 ②半徑符號以“r”表示 ③弧長符號以“→”表示 ④尺度在量標註於輪廓線之外側。
58. (4) 空心圓管的施工圖標示，下列那一項解釋有誤 ①「R」外圍半徑 ②「Ø」表示直徑 ③「h」管 的高度 ④「h」管的體積。
59. (2) 圖的尺寸單位通常未作標示的單位，即是 ①台寸 ② mm ③ cm ④ in。
60. (4) 施工圖中有面積符號說明：（S ＝ ab），請問它是下列那一種圖形？ ①圓形 ②馬眼形 ③三角形 ④長方形。

61. （4） 畫「圓弧形」有四個概念，何者不正確？①中心概念 ②弦概念 ③半徑概念 ④長寬高概念。

62. （1） 下列數之中同為矩形材料胚型，厚度一樣、邊長加邊寬等於 12mm，哪一塊材料比較重①長 7mm 寬 5mm ②長 8mm 寬 4mm ③長 9mm 寬 3mm ④重量相同。

63. （3） 下列數之中同為菱形材料胚型，厚度一樣、兩條對角線相加等於 20mm，哪一塊材料比較輕 ①短對角線＝ 8mm、長對角線＝ 12mm ②短對角線＝ 7mm、長對角線＝ 13mm ③短對角線＝ 6mm、長對角線＝ 14mm ④重量相同。

64. （3） 施工圖中有一個等腰三角形，底邊長 20mm、高度 10mm，請問要取的角度是① 30°、30°、120°角② 40°、40°、100°角③ 45°、45°、90°角④ 60°、60°、60°角。

65. （3） 在角度概念中，五角形內角相加會等於幾度① 440 度② 520 度③ 540 度④ 560 度。

66. （4） 在角度概念中，六角形內角相加會等於幾度？① 520 度② 620 度③ 680 度④ 720 度。

67. （2） 一組三角板中最小的角度為若干度① 15 度② 30 度③ 45 度④ 60 度。

68. （2） 比例 1：2 是指物件 10 ㎜長，而以① 2 ㎜② 5 ㎜③ 10 ㎜④ 20 ㎜畫之。

69. （4） 物體上為 5 ㎜，在圖面上以 10 ㎜來表示，則其比例為① 5：10② 10：5③ 1：2④ 2：1。

70. （1） 尺寸 18±0.2 公厘，其最小容許尺寸為① 17.8② 18. ②③ 17.08④ 18.02。

71. （1） A3 圖紙其規格尺寸為① 297×420 ㎜② 810×297 ㎜③ 420×594 ㎜④ 594×841 ㎜。

72. （2） 色彩學紅、黃、藍三色的說法，何者有錯？①第一次色 ②濁色 ③原色 ④純色。

二、複選題

73. （234） 有關正投影法的敘述，下列何者正確 ①在同一張圖中，第一角法與第三角法可以同時並用 ②第三角法又稱第三象限法，是以觀察者→投影面→物體三者順序排列的投影法 ③正投影的同方向之投影線互相平行，且投射線會與其所投射之投影面互為垂直 ④第一角法又稱第一象限法，是以觀察者→物體→投影面三者順序排列的投影法。

74. （123） 正投影共有六視圖，但在製圖時通常僅選擇其中幾個來繪製。下列有關繪圖原則的敘述，何者正確 ①應以最能表現物體特徵的面為正視圖 ②應儘量避開虛線眾多的面 ③在視圖中，若線條重疊時，最為優先的是輪廓線 ④能以愈多的視圖來表現愈好。

75. （234） 下列有關圖學的敘述何者錯誤 ①表現生產加工時所需之形狀、大小、尺度、公差等的圖面是工作圖 ②設計者用於表達構想與理念，作為繪製工作圖的基礎，又稱為計畫圖的是說明圖 ③用來說明產品的組合、安裝、動作原理、保養方法的是工作圖 ④表達各零件的裝配關係是零件圖。

76. （134） 下列有關工作圖觀念的敘述，何者正確 ①工作圖是設計者與生產者彼此溝通觀念及傳遞設計理念的媒介 ②工作圖的製作不必依比例繪製而成 ③繪製工作圖必須遵守製圖規則，才能使生產領域的人都能正確閱讀 ④雖然電腦輔助設計軟體功能強大，設計者與生產者仍然要學習製圖相關知識。

77. （12） 有關工作圖比例，下列敘述何者正確 ①比例為 1：5 為縮尺，實際長度為圖中 5 倍 ②物體長度為 20mm，在比例為 1：2 的圖面上應畫成 10mm ③比例為 1：5，圖中線長度為實際長度的 5 倍 ④比例為 1：2 的圖面上畫成 10mm 的物體，實際長度為 5mm。

78. （24） 有關製圖儀器的使用，下列何者正確 ① H 鉛筆的筆芯比 HB 鉛筆的筆芯軟 ②若工作圖面上的比例尺為 1：2，則圖中線長 2mm，其實際長度為 4mm ③利用三角板配合平行尺可繪出 10° 倍數的角度線 ④分規用來度量截取尺寸。

79. （234） 下列有關製圖儀器的作用，何者正確 ①比例尺可用來畫直線 ②點圓規適合用於描繪一個直徑 2mm 的小圓 ③分規用於等分線段、圓弧或量測長度的製圖用具 ④平行尺可調整角度繪製傾斜平行線。

80. （123）下列有關製圖用紙的敘述，何者正確 ① A0 面積為 $1m^2$ ② B0 面積為 $1.5m^2$ ③ A 類與 B 類紙長邊均為短邊的$\sqrt{2}$倍 ④ A1 規格圖紙的尺度為 841mm×1189mm。

81. （14）在製圖法則中有關線條優先順序的敘述，下列何者正確 ①若中心線與剖面線重疊，則視讀圖的便利性決定先後次序 ②若虛線與中心線重疊，須畫中心線 ③若虛線與實線重疊，須畫虛線 ④若實線與中心線重疊，須畫實線。

82. （14）下列何者可用細實線表現 ①因圓角消失之稜線 ②圓柱、圓錐中心部分表示 ③物件外形之輪廓 ④剖面線。

83. （134）下列對於指線之敘述何者正確 ①指線應使用細實線繪製 ②指示位置處帶箭頭，僅可與水平線成 30° ③註解書寫於水平線上方，且水平線長度與文字等長 ④應避免與尺度界線及尺度線、剖面線平行。

84. （234）下列有關指線的敘述，何者錯誤 ①尺度界線應超出尺度線約 2～3mm ②尺度線之間的間隔約為尺度數字高度的四倍 ③尺度線應以粗虛線繪製 ④水平方向之長度尺度數字的位置，應書寫在尺度線的下方。

85. （123）關於指線及註解的敘述何者正確 ①指線一般以 60° 較常使用 ②指線的水平線要和註解等長③特有註解是指對物件某單一部位做說明 ④指線若指向圓或圓弧，箭頭不須接觸圓或圓弧。

86. （134）下列何者曲線屬於圓錐曲線（Conic Section）①雙曲線 ②自由曲線 ③拋物線 ④橢圓形。

87. （234）關於剖視圖的敘述何者正確 ①剖面線與物體主要輪廓線或軸心線成 90° ②剖面線以細實線等距離平行繪製 ③局部剖視圖，其折斷線所在位置應在易於表示之處，避免在中心線或輪廓線上 ④半剖視圖的內外部形狀應以中心線為界，其隱藏線如無必要，多半不繪出，但圓孔的中心線仍須畫出。

88. （124）對於剖面線的畫法，下列敘述何者正確 ① 45° 的剖面線與物體主要輪廓線平行或垂直時，可採 30° 或 60° 的剖面方向 ②大型物件可以只畫物件邊緣的部份 ③厚物件繪製剖面線時，可以塗黑方式表示其剖面處 ④兩物體相鄰，可用不同方向的剖面線表示。

89. （12）有關尺度標註中的尺度安置原則，何者錯誤 ①同一尺度在二視圖之間，應分別標註清楚 ②剖面內須置入尺度線時，為保持其完整性，數字與剖面線應重疊 ③尺度應由小至大依序向視圖外排列 ④尺度儘量安置於視圖之外。

90. （12）下列關於符號、圖例與標註意義之搭配何者正確 ① t5 表示長度為 5 ②□表示方形體 ③（ ）表示弧長 ④ R25 表示球面半徑為 25。

91. （134）有關圓規、分規的敘述下列何者正確 ①圓規是繪製圓形工具 ②使用圓規時，應使圓規稍向畫線方向傾斜，並逆向旋轉畫出圓弧 ③分規是一種用以等分線條或轉量距離的主要工具 ④畫同心圓時，應由小到大、由內向外依次繪製圓形。

92. （23）三角板配合平行尺使用，可以繪製下列何者之角度 ① 10° ② 15° ③ 30° ④ 50° 。

93. （124）正多邊形，其每一內角之角度敘述下列何者正確 ①正三角形內角：60° ②正五邊形內角：108° ③正六邊形內角：115° ④正八邊形內角：135° 。

（以上資料為勞動部 14600 金銀珠寶飾品加工 歷屆乙級學科考古題彙整 2016 年 4 月版）

乙級　工作項目 02：材料性質

一、單選題

1. （1） 人體之假牙是以 ①脫蠟 ②保麗龍 ③橡皮模 ④蕭氏 鑄造法完成。
2. （1） 購買的蠟材有顏色差異，下列顏色何者最軟 ①紅色 ②綠色 ③青色 ④紫色。
3. （4） 蠟材有顏色差異，下列敘述何者錯誤？ ①紅色蠟質軟不易雕刻 ②綠色蠟軟硬適中 ③軟硬蠟材作品可組合使用 ④軟硬蠟材作品不能組合使用。
4. （2） 蒸汽脫蠟，其蒸汽溫度何者適當 ① 50~150℃ ② 150~250℃ ③ 250~350℃ ④視澆鑄金屬而定。
5. （1） 脫蠟鑄造用蠟與 925 銀之重量比約 ① 1：13 ② 1：20 ③ 1： 25 ④ 1：15。
6. （2） 蠟模與鑄出的鉑（純白金）成品的重量比約為 ① 1：15.5 ② 1：19.9 ③ 1：10 ④ 1：30。
7. （1） 可使金屬軋成薄片之性質稱為 ①展性 ②剛性 ③延性 ④脆性。
8. （3） 可使金屬抽成細絲之性質稱為 ①展性 ②剛性 ③延性 ④脆性。
9. （2） 下列金屬元素比重最高的是：①鐵②銀③鋁④銅。
10. （2） 下列金屬導電率最高的為 ①銅 ②銀 ③鉛 ④鋁。
11. （2） 下列金屬硬度最低的為 ①鐵 ②銀 ③銅 ④鋼。
12. （1） 下列金屬熔點最低的為 ①錫 ②鉛 ③鋁 ④鋅。
13. （1） 下列何種材料是特殊金屬 ①鈷 ②金 ③銀 ④鉑。
14. （3） 何種金屬對於導電性及導熱性為金屬之冠 ①銅 ②金 ③銀 ④鋁。
15. （4） 鉑、金、銀三種材料的熱導率，下列何者正確？ ①三者的熱導率是一樣的 ②銀＞鉑金＞金 ③金＞鉑金＞銀 ④銀＞金＞鉑金。
16. （2） 鉑、金、銀三種材料的硬度比較，下列何者正確？ ①鉑＞金＞銀 ②鉑＞銀＞金 ③銀＞鉑＞金 ④銀＞金＞鉑。
17. （1） 鉑、金、銀三種材料的熔點比較，下列何者正確？ ①鉑＞金＞銀 ②鉑＞銀＞金 ③銀＞鉑＞金 ④銀＞金＞鉑。
18. （1） 金屬的韌性，依序為 ①鉑＞銀＞黃金 ②黃金＞鋁＞鉑 ③鎳銀＞銅＞鉑 ④銀＞鉑＞銅。
19. （2） 一般金屬材料硬度越大者，其韌性比較 ①強 ②弱 ③相等 ④不一定。
20. （2） 膨脹係數是指金屬材料的 ①強度 ②物理性質 ③光學性質 ④硬度。
21. （2） 金屬材料凝固速度越慢，其晶粒 ①愈細微 ②愈粗大 ③一樣 ④不一定。
22. （1） 對同一金屬而言，調配成合金時強度通常比組成該合金的金屬 ①為高 ②為低 ③無影響 ④無影響但延性較佳。
23. （2） 凡組織柔軟之金屬 ①易結晶且晶體小 ②易結晶且晶體大 ③不結晶 ④不易結晶且晶體大。
24. （2） 打造與鑄造而成之飾品，其金屬密度 ①鑄造較高 ②鑄造較低 ③兩者一樣 ④打造較低。
25. （3） 自然界的元素中熔點最高（3427℃），可作燈絲及 X 光管之靶材，有①鈦 ②鉻 ③鎢 ④鉑。
26. （2） 純銅的顏色是 ①黃 ②紅 ③綠 ④藍。
27. （2） 銅鐘一般使用 ①磷青銅 ②高錫青銅 ③砲銅 ④黃銅材料。
28. （1） 銅錫合金，含錫量在 15% 以下，鑄造性良好，耐磨性佳之合金稱為 ①青銅 ②黃銅 ③鋁合金 ④鉻鋼。
29. （2） 銅鋅合金，含鋅量在 30%~40%，強度韌性大，耐蝕性好之合金稱之為 ①鋁合金 ②黃銅 ③青銅 ④鉻鋼。
30. （3） 下列銅金屬中，何者是單一金屬 ①青銅 ②黃銅 ③紅（紫）銅 ④白銅。

31. （2） 俗稱「德國銀」是①德國產的銀②德式配方（鎳+銅），色相如銀③德國製銀飾④德國的一種電鍍法。
32. （3） 手工製作飾品選擇"鈷"為副材只能微量添加，其主要因素是①材料太貴②材料太便宜③材料太硬④材料太軟。
33. （1） 合金材料中，對皮膚有不良影響，最不宜用來製作飾品的材料是①鋅合金②銀合金③銅合金④金合金。
34. （4） 材料「時效軟化」對純銀來說指的是①放久的銀比黃金軟②加工的時間越久越軟③壓光的時間越久越軟④經長時間之後的自然軟化。
35. （4） 銀之純度愈高，則愈①硬②韌③脆④易導熱。
36. （3） 理論上一克之純銀可抽成① 1600M ② 1700M ③ 1800M ④ 2000M 之絲。
37. （2） 金、銀、鉑、鈀四種材料加工後，均會有明亮現象，退火材成霧白色的是①金②銀③鉑④鈀。
38. （4） 何種金屬的顏色最白，可打磨得極光亮，其比重為十點五，此金屬為①銅②鐵③金④銀。
39. （2） 何種金屬不易與水、氧、稀酸起反應，卻容易與空氣中的硫起作用成黑色無光澤的物質？①金②銀③銅④鈀。
40. （1） 銀和鉛二種材料加工抽線之後外觀很像，簡易分辨是①輕重②質感③外觀④除了退火無法分辨。
41. （3） 銀飾品採用 925 銀，主要原因是①煉純不易②價格競爭③提升硬度④偷工減料的習慣。
42. （3） 純銀很軟，為適於更多的用途，常以含銅百分之七點五之銀合金所製造的飾品記號為① 875 ② 900 ③ 925 ④ 950 。
43. （1） 925 銀回收材料中，只要有混入何種材料再加工時，很容易脆裂①鉛②鎳③銅④銀銲材。
44. （4） 「銀」不溶於王水（鹽酸 + 硝酸），銀在王水中其狀況是①銀呈原樣完全不被腐蝕②銀僅表面被腐蝕③銀被溶解為塊狀④銀被溶解為粉狀。
45. （2） 一台兩黃金等於① 3.75 ② 37.5 ③ 35.7 ④ 3.57 公克。
46. （3） 18K 金是指含金量千分之① 585 ② 600 ③ 750 ④ 850。
47. （1） 14K 金是指含金量千分之① 585 ② 600 ③ 750 ④ 850。
48. （1） 750K 金使用下列何種金屬為副材，材料最硬？①鈷②紅銅③銀④黃銅。
49. （4） 下列何者不是黃金調配成 K 金的主要目的①要求較高的強度②優美的色澤③良好的加工性④永不變色。
50. （4） 三色 K 飾品以下說法何者不正確①使用三種色 K 金做成的②使用三種色 K 金併成三色③使用一種色 K 金鍍成三色④使用一種色 K 金併成三色。
51. （1） 金 75%、銀 21%、銅 4% 熔合的 18 黃 K 金，會呈現何種顏色①亮黃②玫瑰紅③橘紅④綠黃色。
52. （2） 金 75%、銀 8%、銅 17% 熔合的 18 黃 K 金，會呈現何種顏色？①亮黃②玫瑰紅③橘紅④綠黃 色。
53. （4） 金 75%、銀 17%、銅 8% 熔合的 18 黃 K 金，會呈現何種顏色？①亮黃②玫瑰紅③橘紅④綠黃色。
54. （3） 有合金 8.3 台錢要調配成 14K 金，調配後總重量應該是① 22 ② 16 ③ 20 ④ 18 台錢。
55. （1） 有合金 8.75 台錢要調配成 750K 金，應該要用多少黃金① 26.25 ② 27.25 ③ 28.25 ④ 29.25 台錢。
56. （2） 黃金 4.05 台兩要調配成 18K 金，調配後總重量應該是① 5.1 ② 5.4 ③ 5.7 ④ 6 台兩。
57. （4） 黃金 17.55 台錢要調配成 14K 金，應該要用多少合金① 12.15 ② 12.25 ③ 12.35 ④ 12.45 台錢。
58. （2） 黃金浸在王水中溶解時，王水的顏色變化由淡而濃，最終的顏色是①濁綠色及沉澱物②褐色及沉澱物③呈濃灰色及沉澱物④濃藍色及沉澱物。
59. （2） 調配黃 K 金時，會混合何種金屬來增加它的硬度或強度①鈀②銀或銅③鉑④鎳。
60. （2） 市面上所通稱的白金正確的學名是①鈀（Pd）②鉑（Pt）③銀（Ag）④鎳（Ni）

61. （2） 白金又稱鉑（Pt），其結晶核子為 ①體心立方格 ②面心立方格 ③六方密方格 ④雙品體。

62. （3） 鉑熔點可達 1773.5℃，其比重為 ① 19.3 ② 20.3 ③ 21.3 ④ 23.3。

63. （3） 鉑具有美麗光澤，在高溫下加熱 ①容易氧化 ②易腐蝕 ③不會氧化 ④易生銹。

64. （3） 下列何者不是鉑系族金屬 ①鉑 ②鈀 ③鉻 ④銠。

65. （4） 用含 90% 鉑金屬材料所作成的飾品應該敲什麼樣的戳記① P9 ② Pu900 ③ Au900 ④ Pt900 。

66. （1） 鉑合金中之主要合金有 Ir（銥）及 Rh（銠）二種，其中 Ir 合金含 ① 10 ～ 20% ② 20 ～ 30% ③ 30 ～ 40% ④ 40 ～ 50% 可增大硬度及耐酸度。

67. （1） 比較鉑金屬與白 K 金的不同，下列敘述何者正確 ①鉑比白 K 金比重大 ②白 K 金是鉑加入銅的合金 ②鉑不溶於王水，白 K 金溶於王水 ④鉑延展性差，白 K 金延展性佳。

68. （4） 關於鉑金的敘述，下列何者不正確？ ①很適用於手工製作的珠寶飾品上 ②比銀的熱導性低 ③可用於精巧、複雜的鑲工上 ④僅適用於大面積的焊接。

69. （4） 鉑金屬飾品製作，下列敘述何者不正確 ①亮麗色澤，抗腐蝕性佳 ②其熔點高 ③常與鑽石搭配是流行主流 ④比重比黃金小。

70. （4） 下列有關鉑金屬特性的敘述，何者錯誤①高可塑性②亮麗色澤③抗腐蝕性佳④不可使用合金增加硬度。

71. （2） 銲材的調配較不需考慮哪個因素？ ①組成的成分 ②欲焊接母材的硬度 ③欲焊接母材的種類 ④流動性及溫度。

72. （4） 銲材之使用，下列敘述何者正確？ ①黃金材質一定要用 K 金銲材 ②鉑金材質要用銀銲材 ③白 K 金材質用銀銲材，既便宜、又持久不變色 ④ 18K 金戒指，最好使用較高熔點 K 金銲材來焊接。

73. （3） 下列何種銲材熔點最高 ①銀銲劑 ②金銲劑 ③鉑金銲劑 ④銅銲劑。

74. （4） 銀銲材通常不使用何種金屬 ①銀 ②銅 ③鋅 ④鎳。

75. （1） 哪一種形狀的銀銲材，最常用於手工製作的珠寶飾品？ ①薄片狀的銀銲材 ②棒狀的銀銲材 ③塊狀的銀銲材 ④環狀的銀銲材。

76. （1） 下列配方，請選出熔點最低的銀焊材①銀 30% 黃銅 70% ②銀 40% 黃銅 60% ③銀 50% 黃銅 50% ④銀 60% 黃銅 40%。

77. （2） 黃銅、青銅都適用於銀銲的配材，銀銲選用青銅配材主要原因是 ①氧化較少 ②色相較白 ③硬度較軟 ④加工較易。

78. （1） 為改善金銀焊材的流動性，降低熔點，有時會加少量的 ①鋅 ②鎳 ③鋁 ④銅。

79. （3） 18K 銲材如加微量紅銅，其最大的意義是 ①焊溫考量 ②流動考量 ③色相考量 ④市場考量。

80. （1） 構成有色寶石價值的三個很重要的條件是 ①美麗、稀有和耐用性 ②稀有、攜帶方便和產地 ③美麗、攜帶方便和鑲工 ④需求、傳統和形成的晶態。

81. （3） 寶石抵抗磨擦刻蝕的能力稱為 ①溫度 ②熱度 ③硬度 ④韌度。

82. （2） 寶石材料抵抗外來刻劃、壓入或研磨等機械的能力是 ①韌度 ②硬度 ③強度 ④柔度。

83. （4） 不影響寶石耐用性的因素是 ①硬度 ②堅韌性 ③穩定性 ④價格。

84. （1） 摩氏硬度表上的數字（如硬度 10、9、8... 等）所指的是寶石的 ①相對比較而來的硬度能力 ②相等質量漸強的硬度度數 ③精確的韌度數 ④對抗刮傷的百分值。

85. （1） 寶石底尖刻面的作用是 ①減少寶石破損的機會 ②增加全面性的光彩 ③讓多餘的光穿過 ④減低晶體內的結晶紋。

86. （4） 天然形成的寶石結晶內不會含有那一樣內含物 ①柘榴石 ②鑽石 ③含液體或氣體的有角度空洞 ④圓形或拉長型（魚雷形）的氣泡。

87. （3） 會產生貓眼現象的寶石是因為它的結晶體有 ①特殊的發光體 ②強烈的螢光物 ③平行排列的絲狀或管狀的內含物 ④氧化鉛所形成。

88.（3） 切磨具有貓眼現象的蛋面寶石原石時，其絲狀內含物要與腰身及寶石縱向成 ① 90 度直角 ② 45 度角 ③平行 ④ 35 度角。

89.（3） 下列那一種寶石的硬度比較低？①藍寶石 ②祖母綠 ③綠松石（土耳其石）④尖晶石。

90.（2） 怕酸性侵蝕的寶石是 ①鋯石 ②孔雀石 ③電氣石 ④綠柱石。

91.（4） 堅韌度最佳的寶石為 ①金綠玉 ②硬玉 ③鑽石 ④軟玉。

92.（1） 寶石中硬度最高的為 ①鑽石 ②剛玉 ③硬玉 ④珍珠。

93.（4） 非有機物寶石是指 ①珍珠 ②珊瑚 ③琥珀 ④柘榴石。

94.（3） 以下幾種寶石那一種比重最輕 ①鑽石 ②紅寶石 ③玉石 ④黃寶石。

95.（4） 下列何者屬無機寶石 ①珍珠 ②珊瑚 ③琥珀 ④藍寶石。

96.（4） 合成寶石的定義是 ①玻璃等材料的人工複合物 ②也就是人工寶石仿造品 ③凡具有外觀類似天然寶石的人工產品 ④具有天然寶石大部份的化學和物理 特性的相對應物之人工產品。

97.（3） 市面上販售貼有【水晶玻璃】標籤的精美酒杯，它的材料應該是屬於 ①天然水晶 ②鉛水晶 ③玻璃 ④天然石英。

98.（3） 仿藍色寶石的玻璃，通常是加進何種微量的金屬氧化物 ①銅 ②鋅 ③鈷 ④鉻

99.（2） 下列何種礦床出產量多而質優的寶石級鑽石原胚？ ①原生礦床 ②沖積礦床 ③金雲火山岩礦床 ④金伯利岩管狀礦床。

100.（2） 鑽石的光彩強弱，其加工過程取決於 ①大小 ②切磨比率 ③成色 ④淨度。

101.（1） 判定鑽石淨度等級放大鏡的標準為 ① 10 倍 ② 15 倍 ③ 20 倍 ④ 30 倍。

102.（4） 鑽石的硬度在摩氏硬度表上列為 ① 3 ② 5 ③ 9 ④ 10。

103.（3） 0.01 克拉（一分）重的圓型鑽石腰圍直徑何者最接近① 0.8mm ② 1.0mm ③ 1.3mm ④ 1.6mm。

104.（2） 0.02 克拉（二分）重的圓型鑽石腰圍直徑何者最接近 ① 1.4mm ② 1.7mm ③ 2.0mm ④ 2.3mm。

105.（2） 0.03 克拉（三分）重的圓型鑽石腰圍直徑何者最接近 ① 1.6mm ② 1.9mm ③ 2.3mm ④ 2.6mm 。

106.（1） 腰圍直徑 3mm 的標準車工圓型鑽石，下列何者最接近其重量？① 0.1 克拉（ct）② 0.15 克拉（ct）③ 0.2 克拉（ct）④ 0.25 克拉（ct）

107.（3） 將鑽石切磨成花式形狀主要的原因是 ①工資便宜 ②工時考量 ③保留最大重量 ④無法切成圓形。

108.（4） GIA 鑽石報告書中，鑽石成色分級表上，最高等級為 ① A ② B ③ C ④ D。

109.（2） 標準圓形明亮型切工的鑽石有 ① 98 刻面 ② 58 刻面 ③ 48 刻面 ④ 60 刻面。

110.（4） 鑽石有 ① 1 個 ② 2 個 ③ 3 個 ④ 4 個 天然裂理方向。

111.（2） GIA 鑽石淨度最高等級為 ①完美 ②無瑕 ③全美 ④乾淨。

112.（4） 下列何者不是鑽石的 4C ？ ①切割 ②重量 ③淨度 ④價格。

113.（3） 鑽石和柘榴石的結晶體是屬於 ①六方 ②三方 ③正方 ④斜方

114.（3） 不同種類寶石與切割形式的關係，何者不正確？ ①藍寶石最常切割成橢圓形刻面 ②碧璽常切割成長方形或蛋面形狀 ③金綠貓眼石必須切割成橢圓形刻面才能表現貓眼現象 ④祖母綠常切割成祖母綠型式。

115.（2） 同樣品質與重量的鑽石，下列何種切割後成品價格會較高？ ①心型切割 ②圓型切割 ③公主型切割 ④橢圓型切割。

116.（2） 鑽石切割的形式、拋光的好壞及修飾的對稱性稱之 ①亮光 ②車工 ③成色 ④淨度。

117.（4） 在顏色較淺的紅、藍寶上覆蓋鈦、鐵和鉻，經長時間的加熱後把這些元素擴散進入寶石表層，形成很薄的紅色或藍色層，這就是所謂的 ①染色處理 ②雷射上色處理 ③輻射處理 ④擴散處理（二次燒處理）。

118.（3） 鑽石表面刻面之細膩程度及是否有留下磨痕，此是何種原因 ①淨度 ②亮光 ③拋光 ④成色 所形成。

119. (2) 下列何種礦床出產量多而質優的寶石級鑽石原胚？①原生礦床 ②沖積礦床 ③金雲火山岩礦床 ④金伯利岩管狀礦床。

120. (3) 描述 D 顏色等級的鑽石，下列何者最為正確？①最白色的鑽石 ②藍白鑽 ③透明無色的鑽石 ④白色透明的鑽石。

121. (1) 對鑽石光彩的好壞有極大影響的是 ①刻面拋光及切工比例 ②價格 ③寶石的重量 ④顏色等級。

122. (2) 蘊藏有鑽石的河床通常稱它為 ①原生礦床 ②沖積礦床 ③管狀礦床 ④變質礦床。

123. (3) 厚腰身鑽石的考量是 ①容易鑲嵌 ②火光更好 ③保留重量 ④理想切割。

124. (4) 天然彩色鑽石中最普通的是 ①紅色 ②藍色 ③綠色 ④黃色。

125. (2) 合成二氧化鋯石（CZ）俗稱 ①瑞士鑽 ②蘇聯鑽 ③美國鑽 ④德國鑽。

126. (2) 蘇聯鑽（人造立方鋯石 CZ）其實是一種 ①合成鑽石 ②仿造鑽石 ③天然鑽石 ④改造鑽石。

127. (2) 魔星鑽（合成碳化矽）的折射現象是 ①單折射 ②雙折射 ③三折射 ④多折射。

128. (4) 鑽石的硬度 10，魔星鑽（合成碳化矽）硬度 ① 7 ② 8 ③ 8.5 ④ 9.25。

129. (1) 一種新的鑽石仿品，經熱探針測試也會有鑽石反應稱為 ①合成碳化矽 ②蘇聯鑽 ③二氧化鋯石 ④綠柱石。

130. (3) 影響紅、藍寶價值最主要的條件是 ①產地 ②對稱 ③顏色 ④形狀。

131. (2) 天然剛玉族寶石（紅、藍、黃寶）的結晶內很容易看到 ①圓形的氣泡 ②色帶（color banding）和色區（color zoning）③不透明的白色物 ④片狀的金屬。

132. (3) 紅寶石中含致色元素 ①錫 ②碳 ③鉻 ④鉛 的致色元素愈多紅色愈鮮艷。

133. (3) 紅藍寶石的硬度在莫氏硬度表為 ① 5 ② 7 ③ 9 ④ 10。

134. (3) 藍寶石鑲男戒指，下列何種形式較能表現陽鋼的效果？①馬眼型 ②心型 ③方型 ④水滴型。

135. (4) 天然藍寶有生長紋和色帶的內含物特徵，它們是呈現 ①圓形 ②正方形 ③八方形 ④六方形 的條紋狀。

136. (3) 商場上最高級的藍寶石稱為 ①緬甸級 ②泰國級 ③克什米爾級 ④錫蘭級。

137. (2) 商場上最高級的紅寶石稱為 ①肯亞級 ②緬甸級 ③錫蘭級 ④泰國級。

138. (4) 除了緬甸、斯里蘭卡（錫蘭）、泰國以外，下列那一個地區也出產寶石級的紅、藍寶？①俄羅斯 ②阿根廷 ③馬來西亞 ④馬達加斯加。

139. (4) 祖母綠是屬於何種寶石家族 ①電氣石 ②剛玉家族 ③魔星石 ④綠柱石 來區分。

140. (3) 一般認為哥倫比亞祖母綠需含有 ①一相結晶 ②兩相結晶 ③三相結晶 ④四相結晶。

141. (4) 和海藍寶石（aquamarine）都同屬於綠柱石族（beryl group）的寶石是 ①風信子石 ②翡翠 ③藍寶石 ④祖母綠。

142. (4) 在鑑定哥倫比亞祖母綠時我們常聽到“三相內含物”的特徵，三相是指 ①空晶內含三角形的結晶 ②含有三種化學成份 ③有三斜晶體 ④空晶體內含有固體、液體和氣體。

143. (3) 以下那一個國家是有名的祖母綠產地 ①緬甸 ②泰國 ③哥倫比亞 ④斯里蘭卡。

144. (1) 商場上最高級的祖母綠稱為 ①哥倫比亞級 ②巴西級 ③泰國級 ④肯亞級。

145. (3) 有關祖母綠寶石的敘述，下列何者正確？①是剛玉中身價最高的寶石 ②其寶石色彩如花園般的單一種綠色 ③被稱為「寶石花園」，是因為內含物明顯而多量 ④含鐵元素而致綠色的色彩。

146. (3) 我們常說這塊玉「水頭好」是指 ①含有較多的水分 ②年份較老 ③綠色濃艷、色調均勻、透明 度好 ④在地底下結晶越久越好。

147. (4) 按照地質學觀點看，所稱老坑翡翠是指 ①開採自地底下的原生礦床 ②地底下形成的先後時間 ③指人們開採的先後時間 ④原生礦床上的礦物沖刷至河床沉積，而形成的次生礦物。

148. （3） 最高檔的翡翠是 ①全透明無瑕的單結晶質 ②全透明的聚晶質 ③半透明的聚晶質 ④不透明的單結晶質。

149. （3） 翡翠玉的比重是 ① 1.36~1.55 ② 2.65~2.71 ③ 3.24~3.43 ④ 2.21~2.37。

150. （2） 翡翠的「翡」是代表什麼顏色 ①綠色 ②紅色 ③紫色 ④黃色。

151. （4） 我們所謂的血玉（紅、黃、褐色），它的顏色來源是因為硬玉內含有 ①鉻和鋁 ②動物的血 ③水銀沁入 ④氧化鐵的滲入 而致色。

152. （3） 下列那一種寶石在同一高溫之下比較不容易碎裂 ①綠松石（土耳其石）②橄欖石 ③翡翠（硬玉）④祖母綠。

153. （3） 下列四顆寶石重量一樣都是5克拉，你認為那一顆的體積會最大 ①鑽石 ②藍寶 ③翡翠 ④拓榴石。

154. （3） 寶石級的翡翠產自 ①新疆和闐 ②雲南騰衝 ③緬甸 ④泰國。

155. （3） 礦物學中所稱之軟玉，是指 ①比重比翡翠高 ②折射率比翡翠高 ③呈油脂光澤、無翡翠特性 ④屬於石英岩的一種。

156. （1） 軟玉的韌度是比硬玉來得 ①高 ②低 ③一樣 ④不穩定。

157. （1） 一般常見寶石中軟玉的韌度 ①較高 ②較低 ③中低 ④無法測出。

158. （2） 臺灣東部生產的玉石是屬於 ①硬玉 ②軟玉 ③羊脂玉 ④翡翠。

159. （2） 臺灣的花東地區產有寶石級的 ①藍寶石 ②藍玉髓 ③海水藍寶 ④藍晶石。

160. （2） 一個圓形玉佩，有一半是深綠顏色另一半是淡綠色，要做墜子配帶之用，依色彩心理學的說法其深綠色的部份應朝向哪一個方向①上②下③左④右。

161. （2） 黃石英的硬度莫氏硬度表為 ① 3-4 ② 7-8 ③ 9 ④ 10。

162. （2） 虎眼石是屬於 ①剛玉族 ②石英類 ③金綠玉族 ④長石類。

163. （2） 瑪瑙和水晶是同屬於 ①長石族 ②石英族 ③剛玉族 ④柘榴石族。

164. （4） 紫水晶常見到的內含物是 ①網狀結晶 ②圓形氣泡 ③百合花狀的結晶 ④色帶。

165. （3） 一般所謂的臺灣藍寶它正確的名稱應該是 ①海水藍寶 ②氧化鋁藍寶 ③藍玉髓（矽孔雀石 chrysocolloa）④青金石。

166. （2） 市面上所稱澳洲玉是指①翡翠玉的一種 ②綠色的玉髓 ③石英岩的一種 ④折射率比翡翠高。

167. （4） 沒有理解存在，韌性又夠也 有相當程度耐熱性，所以非常適合雕刻各種花鳥草蟲的寶石是 ①剛玉 ②磷灰石 ③拓拔石（黃玉）④玉髓。

168. （4） 有貓眼現象的寶石中，下列何種最為珍貴 ①石英貓眼石 ②碧璽貓眼石 ③月光貓眼石 ④金綠貓眼石。

169. （1） 那一種顏色的金綠貓眼石在市場上價格較高 ①金黃帶微綠有蜂蜜色 ②金黃帶褐色 ③褐色綠色 ④每種顏色都很值錢。

170. （2） 有眼綠寶石之王是指 ①虎眼石 ②金綠玉貓眼石 ③鷹眼石 ④青金石。

171. （2） 亞歷山大石和金綠貓眼石都同屬於 ①綠柱石（beryl）②金綠寶石 （chrysoberyl）③橄欖石（peridot）④方柱石 （scapolite）。

172. （4） 下列哪一種寶石會產生明顯的變色現象？ ①翡翠 ②青金石 ③綠松石（土耳其石）④亞歷山大石。

173. （3） 最早發現亞歷山大石的國家是？ ①美國 ②泰國 ③俄羅斯 ④中國大陸。

174. （2） 蛋白石的化學成份除了二氧化矽（SiO_2）外，還含有3%到10%的 ①鋁 ②水份 ③鈹 ④鉻 ，所以容易出現裂縫。

175. （4） 一種透明到半透明的黃橘紅或帶褐色的蛋白石叫做 ①紅蛋白石 ②黑蛋白石 ③黃蛋白石 ④火蛋白石。

176. (2) 蛋白石所表現出來的顏色現象稱做 ①貓眼現象 ②變彩現象 ③變色現象 ④星彩現象。

177. (3) 當移開照在蛋白石上的外在能量後，蛋白石仍能有發光效應，稱為 ①星光反應 ②螢光反應 ③磷光反應 ④聚光反應。

178. (2) 火蛋白石的最主要產地是在 ①澳洲 ②墨西哥 ③阿富汗 ④緬甸。

179. (2) 近年來澳洲出產的有名寶石有 ①紅寶、南洋珠、祖母綠和藍寶 ②蛋白石、彩鑽、南洋珠和綠玉髓 ③碧璽、硬玉、青金石和藍寶 ④紅寶、橄欖石、藍寶和尖晶石。

180. (3) 碧璽的學名叫做電氣石（tourmaline），它的晶體具有 ①最佳的導熱性 ②延展性 ③熱電性和壓電性 ④強烈螢光和磷光性。

181. (2) 碧璽（電氣石）的結晶最常見到典型的內含物是呈①網狀母岩②針或線狀的液體和氣體結晶③帶暈狀的鋯石結晶④纖維狀的有機體。

182. (1) 珍珠是由產珠的軟體動物，因分泌作用包裹異物所形成，它分泌的主要成份是 ①碳酸鈣礦物 ②矽酸鹽礦物 ③碳酸鉀礦物 ④磷酸鹽礦物。

183. (4) 珍珠的硬度為 ①六 ②七 ③五 ④三。

184. (1) 珍珠的硬度約為莫氏硬度 ① 2.5 ～ 4.5 ② 5 ～ 7 ③ 7 ～ 9 ④ 9 以上。

185. (1) 最受歡迎的珍珠是 ①圓形 ②梨形 ③水滴形 ④蛋形。

186. (2) 珍珠容易被弱酸溶解，這是因為它含有 ①氧化鐵 ②碳酸鈣 ③水份 ④膠質。

187. (2) 珍珠的主要晶體結構為 ①正方晶體 ②斜方晶體 ③非結晶體 ④等軸晶體。

188. (3) 海水養殖珍珠是一種 ①無核養殖 ②同性養殖 ③有核養殖 ④雌雄交配養殖 的珍珠。

189. (2) 中國大陸的淡水養殖珍珠是採用什麼當核心 ①貝殼圓珠核 ②外套膜的細胞小片 ③塑膠圓珠 ④什麼都沒有。

190. (1) 養殖珍珠的大小最直接取決於 ①植核的大小 ②養殖的季節長短 ③養殖場的規模 ④養料的多寡。

191. (3) 珍珠或養珠主要的成分為 ①貝殼珠 ②雲母 ③碳酸鈣 ④二氧化鈦。

192. (2) 南洋珠是屬於 ①天然珍珠 ②養珠 ③仿珠 ④第三代珠。

193. (2) 半邊珠是一種。 ①天然珍珠 ②填充組合的珠 ③塑膠珠 ④人工塗層珍珠。

194. (4) 淡水養殖珍珠最主要來源是 ①南太平洋群島 ②大溪地 ③日本 ④中國大陸。

195. (3) 黑色南洋養珠的主要產地是 ①日本 ②澳大利亞 ③波利尼西亞的大溪地 ④馬達加斯加。

196. (2) 珊瑚是有機寶石的一種，它的主要化學成份是 ①金紅石結晶 ②碳酸鈣結晶 ③三氧化二鋁結晶 ④樹脂。

197. (1) 琥珀是下列何種天然石化的材料所形成？ ①植物樹脂 ②植物根莖 ③植物種子 ④動物的脂肪。

198. (1) 琥珀放在飽和的鹽水中會 ①漂浮 ②下沉 ③爆裂 ④凝固。

199. (1) 綠色豔麗的隨我來石（沙弗來石 tsavorite）是什麼族的變種？ ①柘榴石類 ②剛玉族 ③長石類 ④石英類。

200. (2) 幾年市場上流行一種顏色美麗類似上等黃寶石的柘榴石是 ①鐵鋁榴石 ②錳鋁榴石 ③鎂鋁榴石 ④鈣鋁榴石。

201. (3) 有很多種顏色的鋯石（zircon）在市場上又常稱它為 ①孔雀石 ②太陽石 ③風信子石 ④菊花石。

202. (2) 丹泉石（Tanzanite）很可能跟下列那一種寶石混淆？ ①海水藍寶 ②藍寶石 ③拓拔石（Topaz）④青金石。

203. (4) 在市場上那一種顏色的尖晶石（spinel）價值最高？ ①藍色 ②粉紅色 ③紫色 ④紅色。

204. (1) 綠松石（土耳其石）具有 ①多孔性 ②摩氏硬度 5 ③比重過重 ④貝殼狀的斷口 的特質，所以鑲嵌時必須避開酸性的液體，以免褪色或破裂。

205. (2) 青金石在寶石的分類上是屬於 ①結晶寶石 ②岩石 ③聚晶寶石 ④有機寶石。

206. (3) 橄欖石是一種易碎、易被侵蝕的寶石，所以必須遠離 ①燈光的照射 ②黏土 ③焊槍或酸鹼液體 ④紫外線。

207. (2) 1 公斤的重量等於幾臺錢 ① 26.666 錢 ② 266.66 錢 ③ 26.066 錢 ④ 2660.6 錢 。

208. (2) 一盎司等於幾克 ① 3.11 ② 31.1 ③ 311.0 ④ 11.3 公克。

209. (2) 一盎斯等於幾台錢 ① 8.20 ② 8.29 ③ 8.92 ④ 8.90 台錢。

210. (2) 一台錢等於幾公克 ① 2.75 ② 3.75 ③ 4.75 ④ 5.75 公克。

211. (4) 一克拉相等於幾公克 ① 0.5 ② 0.1 ③ 1 ④ 0.2 公克。

212. (3) 一克拉等於幾分 ① 10 ② 50 ③ 100 ④ 1000 分。

213. (2) 寶石的重量計算至克拉以下小數點 ①一位 ②兩位 ③三位 ④四位。

二、複選題

214. (24) 下列何者是等於一台錢 ① 3.5 公克 ② 3.75 公克 ③ 0.5 盎司 ④ 0.12056 盎司。

215. (14) 相等於重量二克拉的其它重量單位是 ① 0.40 公克 ② 0.20 公克 ③ 0.04 公克 ④ 200 分。

216. (12) 請指出以下哪些金屬的熔點介於 1100℃至 2000℃ ①鐵 ②鉑 ③黃金 ④銅。

217. (24) 以下金屬何者熔點低於 1000℃ ①金 ②銀 ③銅 ④ 925 銀。

218. (234) 請找出以下關於黃金的相關資訊 ①密度 12.5 ②熔點為 1063℃ ③密度 19.34 ④化學符號 Au。

219. (124) 以下哪些是屬於鉑族金屬 ①銠 ②鉑 ③ K 白金 ④鈀。

220. (234) 請找出以下關於銀的相關資訊 ①熔點為 1080℃ ②熔點為 960℃ ③密度 10.5 ④化學符號 Ag。

221. (124) 對銅的敘述，下列何者正確 ①是一種堅韌、柔軟、富有延展性的紫紅色而有光澤的金屬，又被稱為紅銅 ②導電性和導熱性很高，僅次於銀，但銅比銀要便宜得多 ③不易氧化 ④顏色很像金，但偏紅，水合銅離子的顏色為藍色。

222. (23) 黃銅類合金主要是由哪兩種金屬所配成的合金 ①鋁 ②紅銅 ③鋅 ④錫。

223. (24) 青銅類合金主要是由哪兩種金屬所配成的合金 ①鋁 ②紅銅 ③鋅 ④錫。

224. (13) 比重大於 4 的金屬有哪些 ①銀 ②鋁 ③銅 ④鎂。

225. (14) 以下敘述何者正確 ①金屬在液態時呈現非結晶狀態 ②金屬結晶狀態與熔點有直接關係 ③合金比純金屬熔點更高、更具延展性 ④金屬具有塑性變形的特性。

226. (23) 以下敘述 何者正確 ①合金比純金屬熔點更高、更具延展性 ②金屬在液態時呈現非結晶狀態 ③金屬具有塑性變形的特性 ④金屬結晶狀態與熔點有直接關係。

227. (23) 以下敘述何者錯誤 ①金屬分為鐵類金屬與非鐵類金屬 ②黃金比重大於鉑金屬 ③ 14K 金熔點高於 18K 金 ④銅常作為貴金屬的合金成分使用。

228. (234) 寶石內的三相內含物是 ①樹脂體 ②固體 ③液體 ④氣體。

229. (124) 彩色鑽石和有色寶石顏色的判斷，是根據 ①色彩（hue）②色度（saturation）③色心（color center）④色調（tone）。

230. (34) 下面哪兩項是成為寶石最基本的條件 ①便宜 ②普遍 ③堅固 ④美麗。

231. (124) 下列哪些寶石、金屬或礦石成份屬於單一自然元素 ①銀 ②金 ③剛玉 ④鑽石。

232. (14) 下列哪些寶石硬度為 7 ①紫水晶 ②葡萄石 ③紅寶 ④瑪瑙。

233. (234) 下列何種寶石含有水份，在製作過程中要特別注意溫度，以免傷及寶石 ①水晶 ②蛋白石 ③綠松石 ④孔雀石。

234. (234) 下列何種寶石都以蛋面的形式切割 ①鑽石 ②翡翠 ③珊瑚 ④蛋白石。

235. (24) 下列哪些是隱晶質的寶石 ①綠柱石 ②綠松石（土耳其石）③尖晶石 ④玉髓。

236. (124) 下列哪些寶石屬於立方晶系 ①尖晶石 ②鑽石 ③紅寶石 ④石榴石。

237. (124) 珠寶材料中的 ①海象牙 ②黑檀木 ③葡萄石 ④玳瑁 是屬於有機珍寶。

238. (14) 藉由寶石切割，可以 ①取捨寶石的重量 ②改變寶石的體色 ③增加寶石的折射率 ④避開瑕疵改善淨度。

239. (234) 有色寶石採用祖母綠形的切割，主要是為了 ①取得最美麗的形狀 ②保持重量 ③展現顏色 ④配合原石晶體形狀。

240. (234) 下列何者是影響寶石光澤的自然因素 ①價格 ②硬度 ③透明度 ④折射率的高低。

241. (234) 鉻是寶石的重要致色元素，因為含鉻而呈現出美麗顏色的寶石有 ①水晶 ②翡翠 ③祖母綠 ④紅寶石。

242. (23) 在不同的光源（白光和黃光）下，會出現多色性的寶石有 ①鑽石 ②紅寶 ③碧璽 ④尖晶石。

243. (234) 除了緬甸、泰國和錫蘭外，紅寶石新的知名產地有 ①俄羅斯 ②尚比亞 ③馬達加斯加 ④莫三鼻克給。

244. (34) 鑽石的物理特性包括 ①雙折射 ②親水性 ③硬度十 ④高導熱性。

245. (14) 無法改變鑽石顏色的處理方法 ①雷射處理 ②輻射處理 ③塗層處理 ④強酸漂白處理。

246. (12) 辨識天然鑽石與摩星鑽石（合成碳化矽）的重要根據是 ①桌面看到重影現象 ②雙折射 ③切割的形狀 ④利用鑽石導熱篩選器。

247. (24) 製造合成鑽石的方法有 ①水熱法 ②高壓高溫法 ③火熔拉拔法 ④化學氣相沉積法。

248. (124) 下列何者不是合成鑽石？ ①南非金伯利礦鑽石 ②摩星鑽石（合成碳化矽）③高壓高溫合成鑽石 ④蘇聯鑽（人造立方鋯石）。

249. (234) 藍寶石內的色帶和生長紋不會出現 ① 60° ② 70° ③ 80° ④ 90° 角的交錯結構。

250. (13) 變色金綠寶石（亞歷山大石）的光學特性是 ①日光燈下呈金綠色調 ②硬度 9，顏色光鮮亮麗 ③白熾燈光（黃燭光）下呈褐紅色 ④任何燈光下皆保持金綠色。

251. (134) 可能產生貓眼特殊光學現象的寶石有 ①祖母綠 ②鑽石 ③金綠寶石 ④電氣石（碧璽）。

252. (23) 有貓眼特殊光學現象的寶石；如臺灣閃玉貓眼石，碧璽貓眼石，當它們被取材切割時，要特別注意 ①刻面越細貓眼現象越明顯 ②弧形蛋面切割 ③弧形蛋面必需與管狀或針狀內含物成 90° 角 ④弧形蛋面必需平行於管狀或針狀內含物。

253. (23) 翡翠的特性是 ①韌度不高但硬度非常好 ②鏈狀結構的矽酸鹽類 ③多晶質 ④最上等的翡翠有如冰和玻璃一樣的完全透明。

254. (123) 翡翠的定義是以硬玉為主的多晶集合體，內含 ①輝石 ②鈉長石 ③鉻鐵礦等次要礦物 ④方納石。

255. (12) 淺綠、翠綠色的翡翠其特徵與下列幾種成份有關 ①含鉻硬玉 ②含綠輝石成份 ③含鈣鋁榴石 ④綠玉髓。

256. (24) 黃翡是翡翠中的變化色之一，表面有褐色是 ①在地層裡有血水滲入 ②氧化鐵或氧化錳附著 ③經過鉻鹽染色 ④屬自然的風化現象。

257. (12) 翠玉市場中俗稱的 A 貨是指 ①原石開採後直接切磨 ②經過拋光打蠟處理 ③經化學處理去除雜質 ④玻璃塗層處理。

258. (24) 翠玉市場中俗稱的 C 貨是指 ①原石直接拋光打蠟 ②翠玉直接浸泡染劑中 ③較高等級的翠玉 ④染劑滲入玉石裂縫達到改色效果。

259. (123) 仿翡翠玻璃飾品其特徵為 ①顏色往往比較均勻 ②如有色帶常呈流紋狀 ③內部常見氣泡 ④重量比翡翠玉重。

260.（ 12 ） 市場上所稱的軟玉（和闐玉）其結構成份為 ①透閃石為主的多晶體 ②纖維狀微晶組成 ③含鉻成份 ④含方納石成份。

261.（ 23 ） 市場上俗稱的臺灣藍寶石，應該是 ①剛玉 ②主要成份為二氧化矽 ③藍玉髓 ④軟玉。

262.（ 23 ） 珍珠忌熱怕酸，最主要是因為 ①硬度低容易溶解 ②是一種有機的珍寶 ③含有碳酸鈣的成份 ④價格便宜。

263.（ 34 ） 海水藍寶為 ①藍寶石的一種 ②剛玉家族 ③綠柱石的家族 ④硬度 7.5。

264.（ 12 ） 海水藍寶的結晶特性為 ①具有二向色性 ②為六方晶柱 ③其折射率為 2.15~2.32 ④顏色暗黑。

265.（ 13 ） 染綠色充膠的石英岩飾品其結構 ①紫外螢光有反應 ②相對密度比翡翠高 ③硬度為 7.0 左右 ④折光率比翡翠高。

266.（ 34 ） 石英族群不包括 ①西藏天珠 ②臺灣藍寶 ③青金石 ④蛇紋石。

267.（ 23 ） 綠柱石的家族成員中有 ①金綠寶石 ②摩根石 ③海水藍寶 ④綠泥石。

268.（ 13 ） 含碳酸鹽（鈣）的寶石（礦物）如 ①方解石 ②綠柱石 ③青金石（岩）④尖晶石 在酸性液體（鹽酸）下會有溶蝕的現象。

269.（ 134 ） 蛋白石正確的特性和認知是 ①含有不定的水份（nH_2O）②單晶質 ③有變彩（遊彩）的特殊光學效應 ④化學成份是二氧化矽（SiO_2）。

270.（ 134 ） 無機晶體寶石的特性要有 ①無機的化學元素組合 ②流體的結合物 ③特定的晶體結構 ④一定的物理特性。

271.（ 134 ） 下列何者加熱處理後不會變成黃水晶？ ①粉晶 ②紫水晶 ③賽黃晶 ④鈦水晶。

272.（ 34 ） 用游標卡尺來檢視一顆理想圓形鑽石是否為一克拉，下列尺寸何者為正確 ①直徑 6.0mm 高度 3.9mm ②直徑 6.2mm 高度 3.8mm ③直徑 6.4mm 高度 4.1mm ④直徑 6.5mm 高度 3.9mm。

273.（ 34 ） 用游標卡尺來檢視一顆理想圓形鑽石是否為 50 分，下列尺寸何者為正確 ①直徑 6.0mm 高度 3.1.0mm ②直徑 6.0mm 高度 3.2mm ③直徑 5.1mm 高度 3.2mm ④直徑 5.2mm 高度 3.1mm。

274.（ 34 ） 用游標卡尺來檢視一顆理想圓形鑽石是否為 30 分，下列尺寸何者為正確 ①直徑 4.0mm 高度 2.7mm ②直徑 4.2mm 高度 2.7mm ③直徑 4.4mm 高度 2.8mm ④直徑 4.5mm 高度 2.7mm。

275.（ 34 ） 用游標卡尺來檢視一顆理想圓形鑽石是否為 10 分，下列尺寸何者為正確 ①直徑 3.0mm 高度 2.8mm ②直徑 3.3mm 高度 2.9mm ③直徑 3.0mm 高度 1.8mm ④直徑 2.95mm 高度 1.9mm。

276.（ 12 ） 下列何者是等於一台錢 ① 3.75 公克 ② 0.12056 盎司 ③ 3.5 公克 ④ 0.5 盎司。

277.（ 23 ） 下列何者是等於 1 盎司 ① 8.2324 台錢 ② 8.2944 台錢 ③ 31.106 公克 ④ 13 公克。

278.（ 13 ） 下列何者是等於 1 公克 ① 0.26666 台錢 ② 1.266 台錢 ③ 0.032148 盎司 ④ 1.266 盎司。

（以上資料為勞動部 14600 金銀珠寶飾品加工 歷屆乙級學科考古題彙整 2016 年 4 月版）

乙級　工作項目 03：作業須知

一、單選題

1. （3）　下列何者不適合珠寶飾品的加工量產 ①利用脫蠟鑄造法精密鑄造 ②利用放電加工製造模子 ③利用去漬油筒與腳踏風球、火嘴焊接金屬 ④利用自動編鏈機製造鏈條。
2. （4）　使用氧氣、瓦斯焊具，氧氣與瓦斯的混合比，在低壓表上的壓力比數是 ① 5：1 ② 1：5 ③ 1：10 ④ 10：1。
3. （1）　下列何者不是硼砂的作用？ ①降低金屬的熔點 ②使金屬表面清淨化 ③防止氧的入侵 ④包覆熔解的金屬面。
4. （4）　鋸絲容易斷的位置是 ①齒間前段 ②齒間中段 ③齒間後段 ④齒與齒之間都是。
5. （4）　一般不套木柄的銼刀是 ①平銼刀 ②方銼刀 ③圓銼刀 ④什錦銼刀。
6. （2）　銼削圓孔宜選用的銼刀是 ①方銼刀 ②半圓銼刀 ③三角銼刀 ④平銼刀。
7. （3）　銼削軟金屬使用何種銼刀最適當？①單切齒 ②雙切齒 ③曲線切齒 ④線銼刀。
8. （3）　退火銀材 2mm 厚，材片邊緣裁切時較能保留平整的是 ①刀切法 ②剪法 ③鋸法 ④裁切法。
9. （4）　打磨刻花用雕刻刀時，下列何者不是必要的工具 ①細磨時使用的油石 ②粗磨時使用的粗石 ③磨光時使用的極細砂紙 ④磨光時使用的小羊皮。
10. （1）　磨利刻花用雕刻刀，下列何者不是必要條件？ ①刀口呈 50 度角 ②刀片要細光 ③刀鋒銳利 ④刀角尖銳。
11. （3）　刻花刀經淬火後，強度大硬度高但很脆不實用，必須再加溫冷卻調節脆性，而得到適度的強韌性稱為 ①淬火 ②退火 ③回火 ④表面硬化 的一種。
12. （3）　製作鏨刀使用於雕花紋或刻文字，使用前先 ①回火 ②退火 ③淬火再回火 ④過火 後磨利使用。
13. （1）　有些飾品使用「鑽砂」霧面處理是鑽石針的 ①針刺法 ②針刮法 ③槍噴法 ④砂磨法。
14. （4）　霧面處理最均勻的方法是 ①針刺法 ②砂磨法 ③針刮法 ④槍噴法。
15. （3）　金飾品造形上，低層使用噴砂處理技巧，使上層亮面表現凸顯，其技巧上稱之為 ①對稱性 ②重疊性 ③對比性 ④比例性。
16. （2）　以不同形狀刀頭在金屬面刻畫出圖案紋路，讓冷硬的金屬呈現生動的裝飾效果稱為 ①敲花 ②雕花 ③拉花 ④壓花。
17. （2）　以各種不同形狀刀頭的刻刀，在金屬面刻畫出圖案或紋飾的技法稱為 ①敲花 ②雕花 ③拉花 ④滾邊。
18. （1）　用各種工具打造出高低起伏的層次，猶如浮雕的半立體效果稱為 ①敲花 ②雕花 ③壓花 ④拉花。
19. （3）　在金屬面上製作雕花圖案，下列敘述何者不正確？ ①需要固定金屬材，以方便作業 ②通常使用瀝青固定 ③刀具經磨好使用，可一次雕花至整件作品完成不需再磨 ④刻花面的亮度與刀具有關。
20. （3）　將細線或金屬邊銼出如尖角狀的稜線，再以工具沿突起的稜線輾壓，留下如小珠般的紋飾效果稱之為 ①雕花 ②敲花 ③滾珠邊 ④拉花。
21. （1）　許多飾品表面處理選用電動機刻花，最主要的意義是 ①刻面亮度考量 ②速度慢考量 ③深淺度控制考量 ④圖案無法一致考量。
22. （1）　四方型線材鋸成小段（節），用連接圈串組製作成項鍊，每二段（節）之間最少需要幾個連接圈 ① 2 個 ② 5 個 ③ 4 個 ④ 3 個。
23. （2）　四方型線材鋸成小段（節）用連接圈串組製作成項鍊表面刻花之後，下列敘述何者不正確 ①電動機刻花刻面亮度良好 ②電動機刻花觸感平滑順暢 ③電動機刻花深淺度容易控制 ④電動機刻花每段（節）花型一致。

24. （4） 四方型線材鋸成小段（節）用連接圈串組製作成項鍊表面刻花之後，下列何種選項難以完成 ①僅刻正反兩面、兩側作亮面處理 ②僅刻三面、另一面作霧面對比處理 ③四面全刻、每一面用不同刀法 ④平均刻成五面、每一面統一刻米字花型。

25. （2） 雕刻金屬曲線條時，下列何者有錯 ①線條的刻面不宜有波浪痕 ②兩隻手指頭輕握雕刻刀 ③起刀的終點要到位 ④下刀的起點要準確。

26. （3） 雕刻金鎖片、銀鎖片時，下列何者有錯 ①刻面不宜有波浪刀痕 ②不分寬窄的線條一律淺刻 ③手持刀面傾斜 45 度角，不分寬窄的線條一律淺刻 ④寬處淺刻重鎚，窄處淺刻輕鎚。

27. （4） 國際手圍圈的號碼與長度對照，下列何者有誤？ ①九號 /1.7 台吋 ②十三號 /1.9 台吋 ③十七號 / 2.1 台吋 ④二十號 /2.4 台吋。

28. （3） 手持 10 倍放大鏡，它與物件的對焦距離是幾英吋① 10 ② 5 ③ 1 ④ 2 英吋。

29. （3） 分度器的刻度通常是 ① 0 度～ 45 度 ② 0 度～ 90 度 ③ 0 度～ 180 度 ④ 0 度～ 360 度。

30. （3） 一般游標卡尺的測量精度有 ① 1/10 及 1/100 ② 1/20 及 1/40 ③ 1/20 及 1/50 ④ 1/50 及 1/100 公厘兩種。

31. （2） 公厘卡的精度一般使用的為 ① 0.1 ② 0.01 ③ 0.001 ④ 0.0001 公厘。

32. （2） 鋸切雕蠟用之蠟材其鋸齒應選擇 ①跳齒鋸片 ②螺旋齒鋸線 ③平齒 ④高低齒。

33. （2） 微波脫蠟的優點下列何者為誤 ①回收蠟不變質 ②溶化蠟的溫度高 ③能源效能高 ④可連續操作。

34. （3） 脫蠟鑄造法中直接影響鑄件表面品質的是 ①蠟強度 ②蠟熔點 ③蠟灰份 ④蠟顏色。

35. （2） 在脫蠟鑄造法，鑄件之表面與光滑度取決於①殼模之淋砂粒度②蠟模表面之光滑度③脫蠟溫度④澆鑄速度。

36. （2） 組蠟樹澆口系統過大會造成 ①收縮 ②提高成本 ③易折斷 ④節省成本。

37. （4） 蠟模的表面要拋光嗎 ①鑄造之後再拋光 ②不用考慮 ③隨性 ④鑄造之前要處理光滑，以免轉印到鑄造面之不平滑。

38. （4） 蠟雕工作時，使用酒精燈要比蠟燭火焰適當，主要是 ①火焰較強所以好用 ②火焰較弱所以好用 ③火焰較大所以好用 ④火焰無黑煙所以好用。

39. （4） 射蠟機射製蠟型時不須注意 ①蠟溫度 ②射蠟壓力 ③射蠟時間 ④溼度。

40. （3） 射蠟模具製作時，尺寸須考慮蠟和金屬凝固收縮率，以及 ①脫蠟速度 ②殼模之膨脹率 ③澆鑄溫度 ④殼模燒結溫度。

41. （1） 應用橡皮模具射蠟時，下列何者非影響品質的重要因素 ①橡皮模具的溫度 ②射蠟機內蠟的溫度 ③射蠟機的壓力 ④橡皮模具的開模技術。

42. （4） 應用橡皮模具量產製作珠寶飾品，考慮蠟模型收縮完工後的尺寸較原件尺寸縮小 ① 25% ② 20% ③ 15% ④ 10% 以下。

43. （2） 蠟型與流路系統之組合俗稱 ①組屋 ②組樹 ③組織 ④組立。

44. （3） 使用鑄造法時容易產生氣孔，可在機器內加入 ①氧氣 ②二氧化碳 ③氮氣 ④氫氣 後能隔離空氣改善品質。

45. （3） 鑄造成品的砂孔應該如何處理最好？①以低溫銲片焊補 ②翻至背面繼續工作程序 ③將孔隙徹底清潔，以相同合金焊補 ④焊上薄片金屬遮蓋。

46. （3） 離心鑄造法是應用 ①巴斯喀 ②柏努利 ③牛頓 ④安培 定律。

47. （1） 銀飾作品在加工的過程中，經常使用稀釋硫酸酸洗，其硫酸的比率是 ①約 10% ②約 30% ③約 50% ④約 70%。

48. （1） 酸洗金屬的溶液視金屬種類不同，下列敘述何者正確？ ①稀鹽酸常用來酸洗黃金 ②鹽酸用來酸洗銀，比硫酸效果好 ③浸泡鹽酸時間越長越好 ④浸泡後不需水洗中和。

49. （2） 14K 金飾品在加工的過程中酸洗，經常使用何種酸液 ①濃鹽酸 ②稀釋硫酸 ③濃硝酸 ④草酸。

50. （4） 14K 金手工項鍊完工之後，多次使用熱濃硫酸酸洗有很好的效果，14K 金的顏色會呈現 ①亮白色 ②霧白色 ③亮黃色 ④霧黃色。

51. （4） 熔解金、銀金屬倒槽時，下列何者正確 ①通常用不銹鋼製造倒槽 ②不需加熱倒槽 ③鑄錠的形狀最好成樹枝狀 ④倒模預熱後塗佈少許機械用油。

52. （2） 將金屬加熱後讓其徐徐冷卻，使其內部組織軟化以便加工稱之為 ①淬火 ②退火 ③回火 ④表面硬化。

53. （4） 製作飾品開關的過程中，哪一個步驟會破壞金屬的彈性①敲打金屬②鋸切金屬③拉線拔管④退火或焊接。

54. （3） 要改善 18K 金的加工劣化性，可實施高溫 ①退火 ②回火 ③淬火 ④保溫。

55. （2） 鉑和 18K 金加工焊接時，加熱的位置集中在 ① K 金主體上以其熱力去熔化銲材 ②鉑主體上以其熱力去熔化銲材 ③不用考慮 ④視個人喜愛。

56. （3） 平面胚材經焊接整修拋光後，容易呈現焊痕的原因①平面材放平不易所以焊接困難自然會留下痕跡②平面材不易磨平所以會有焊接痕跡③銲材與材料性質有差異容易凸顯痕跡④兩材同時升溫不易所以會有銲材痕跡。

57. （1） 焊接時，兩塊材料大小差別很大應該 ①先加熱大塊材料 ②先加熱小塊材料 ③同時加熱 ④沒有差別。

58. （4） 熔化貴金屬 K 合金，加入硼砂的目的 ①增加硬度 ②增加重量 ③增加美觀 ④消除氣泡淨化作用。

59. （4） 用熔化面（走水面）檢查黃金的成色方法，下列何者不正確 ①從熔化面檢查亮度 ②從熔化現象檢查質感 ③從熔化面檢查色澤 ④從熔化亮白現象推測軟硬度。

60. （3） 用熔化面（走水面）檢查黃金成色，下列何者純度較高？ ①熔化面亮度好、質細、色澤亮白 ②熔化面亮度好、質粗、色澤紅黃 ③熔化面亮度好、質細、色澤黃 ④熔化面亮度好、質細、色澤白黃。

61. （4） 純黃金熔成液體自然冷卻後，其表面呈現何種狀況最好？ ①粗面 ②細紋狀 ③青銅色 ④光鏡凹面。

62. （2） 常見學習抽線者練習抽線時，線材整條都有脫落薄片（脫皮）現象，主要的原因是 ①抽線夾之夾痕影響所致 ②輾壓四角線槽時轉太緊產生薄邊摺疊 ③材料熔合時不均是主要的原因 ④材料熔合時雜質太多影響。

63. （3） 抽線作業，以下四項可省略的是 ①線頭打尖 ②由大至小順序 ③每抽一洞退火 ④注意安全。

64. （2） 以手工抽管工作，下列何者不正確 ①線頭打尖一次抽出 ②太長的時候中段換夾點再拉 ③可沾潤滑油 ④原則上不可跳洞抽管。

65. （1） 銀材管線 4mm 直徑，再抽管至 3mm 直徑，下列何者正確？ ①管材變厚、長度延長、內徑縮小 ②管材厚度變薄、長度延長、內徑一樣 ③管材厚度一樣、長度延長、內徑一樣 ④管材厚度變薄、長度延長、內徑縮小。

66. （2） 有二條 2mm 直徑、30cm 長的銀線材，一起轉動絞成密集二股，下列描述何者正確？ ①長度縮短，二股直徑相加大於 4mm、表面質感粗 ②長度縮短，二股直徑相加小於 4mm、表面質感粗 ③長度一樣，二股直徑相加大於 4mm、表面質感細 ④長度一樣，二股直徑相加小於 4mm、表面質感細。

67. （1） 雙鱔（雙鱔魚骨型）項鍊長度與線材長度的比率，下列何者不正確？ ①不管鍊圈型是鬆或緊、圓或橢圓與線材是固定比率 ②鍊圈鬆或鍊圈緊密與線材長度比率不一樣 ③鍊圈圓或鍊圈橢圓與線材長度比率不一樣 ④焊好之鍊型可拉長調整但是圈會變成橢圓型。

68. （4） 使用銀材料製作飾品，下列敘述何者不正確？①使用鑄造降低成本②鍍銠以加強表面硬度③包鑲貴重寶石，以降低金屬台座的成本④不需標示成份。

69. （4） 銀飾品完工之後的處理，何者會使表面較硬①砂紙磨細處理②拋光處理③壓光處理④鍍銠處理。

70. （3） 擦拭無電鍍已發黑的銀飾，下列何者的效果最差①牙膏擦拭②香蕉水＋紅土研磨劑擦拭③中性清潔劑擦拭④酒精＋青土研磨劑擦拭。

71. （3） 製作貴金屬中空電鑄飾品，下列敘述何者正確？①只能做 24K 金首飾②使用強鹼性電鑄液③利用電腦自動控制黃金成色和含金量可降低用金量④電鑄期間要達數天之久。

72. （4） 18K 金的墜飾要鍍成淺黃、黃、紅黃等三色階表現是①鍍三色階是時間差的關係鍍得三色，與鍍液無關②使用一種鍍液一次鍍得三色③使用一種鍍液二次鍍得三色④使用三種鍍液三次鍍得三色。

73. （3） 有關 24K 黃金中空電鑄，下列敘述何者錯誤①可以取得噴沙的效果②可以取得半光亮的效果③使用強酸性的電鑄液④中空電鑄層起碼厚度在 400 微米。

74. （1） 做高純度黃金圓球體，凹凸成型之後的製作方法是①兩半圓須各二分之一半圓體熔接（俗稱走水熔接）②兩半圓須各二分之一半圓體用鏵材接合③兩半圓可一大一小熔接（俗稱走水熔接）④兩半圓可一深一淺用鏵材接合。

75. （3） 手工凹凸成型製作半圓球體，以下描述何者有錯？①凹面圓的邊緣材厚比原素材微厚些②凸面最高的中心點材厚比原素材微薄些③圓的邊緣和圓的中心材厚與原素材厚一樣④用太小號的圓珠衝工具凹凸面都會不平整。

76. （4） 高溫鏵材和低溫鏵材，剪成不同形狀的原因是①用量不同②燒焊法不同③夾法不同④避免錯用。

77. （3） 有關金屬焊接作業方式，何者不正確？①銀鏵材不只用於銀或銀合金的焊接②銀鏵材可以廣泛使用於鐵、鋼、非鐵材料的焊接③銀鏵材在低於金屬熔點熔接，欲焊接的金屬過熱時，也不會損及銀鏵材④焊接多處時，應先用高熔點鏵材，其次用低熔點鏵材。

78. （4） 鏵材之使用，下列敘述何者正確？①鉑材質要用銀鏵材②黃金材質一定要用 K 金鏵材③白 K 金材質用銀鏵材，既便宜、又持久不變色④ 18K 金戒指，最好使用較高熔點 K 金鏵材來焊接。

79. （3） K 金之平面材料若有焊接處，最優先要處理的程序是①噴成霧面②打亮成光面③慎選鏵材④曲線焊接。

80. （3） 舊銀飾維修時發現，焊接處輕搖即斷落，下列何者有錯①鏵材配製不當②鏵材風化或腐蝕③明礬清洗不潔導致④過度酸洗導致。

81. （3） 首飾加工之退火處理，其目的是①保持重量②增加重量③使金屬展延性增加好施工④美化顏色。

82. （2） 製作大量同尺寸的小銀珠，最有效率的製作方法是①剪下一段段銀線，在耐火磚直接熔融成銀珠②以銀線圈繞金屬圓棒，鋸下小圈後熔融而成③在耐火磚上直接熔融後，以夾子撥開成銀珠④以目測判別銀粒之大小，再行挑出。

83. （4） 製作墜子的相關因素，下列何者為不正確①需考慮墜子與鏈、繩、圈的搭配效果②墜子頭的功能是固定式、活動式、或是隱藏式③生產方式是單件製作或是大量生產的考量④卑金屬或廉價寶石均不宜製作墜子。

84. （3） 十字鍊型（基本鍊型）要改製成以下四種鍊型，何種鍊型免用模壓可用銼刀修飾而成①扁薄型（如水波項鍊般扁薄）②三角型③四角型④圓型。

85. （3） 要製作一黃金空心項鍊時，其每一圈圈正確的處理方法①直接剪刀剪開②不用特別處理方法③用鋸線鋸切處理④用銼刀處理。

86. （2） 製作黃金項鍊的小圈圈時，下列敘述何者不正確？①使用剪刀剪開②使用低溫銲藥焊接小圈圈③以走水熔接④用鋸子鋸開。

87. （3） 剛好套在脖子上的短頸鍊（choker），會有加寬臉頰和加胖頸部的效果，所以下列何種身材不建議穿戴 ①矮小個子 ②高大苗條 ③脖粗臉圓 ④短髮打扮。

88. （4） 設計戒指底部挖空的主要意義是 ①無意義 ②商品習慣 ③底部表現 ④減輕重量。

89. （4） 戒指手圍的直徑與計算取用材料長度的關係是 ①內圍直徑 ×3.14 ②外圍直徑 ×3.14 ③〈外圍直徑＋材料厚度〉×3. 14 ④〈內圍直徑＋材料厚度〉×3.14。

90. （3） 耳針和耳飾的位置和 ①面積 ②形式 ③重心 ④長度 有關，若不均衡則容易翻轉不正。

91. （4） 製作黃金空心蔥管的耳環，下列敘述何者不正確 ①總重量 5 分 3 厘的材料可做 5 分重 ②打成如牙籤型，中段為空管模式兩端細小 ③總長度為 2 寸半 ~3 寸 ④捲成兩圈之後在中間剪開成一對。

92. （2） 雙插針的結構是由兩支 ①互成 90 度夾角 ②互相平行 ③互相重疊 ④互相交叉 的插針所組成。

93. （2） 「雙別針開關」具有那些優點 ①適用在幅面較小的別針上 ②配戴時較不易脫掉落 ③配戴時重心不易平衡 ④製作較不麻煩。

94. （1） 正三角形飾品，要配帶時 A 角朝上方，其插針的位置應焊於 ①最接近 A 角 ②最接近 B 角 ③最接近 C 角 ④最接近中心點 之位置。

95. （2） 別針開關製作時要考慮 ①插針的位置在重心下方較好 ②插針材料的結構硬度要佳 ③以成本為唯一考量 ④純金材料最佳。

96. （3） 領帶夾常利用哪種造型來製造夾片開關，以達到防止滑落的阻力 ①圓口型 ②鏤空型 ③波浪鱷口型 ④針狀。

97. （1） 利用貴金屬的良好彈性，使用擠壓力應用在手環、套鍊、于鍊、珠扣之配戴與拆卸結合之開關是 ①彈簧片之間關 ②活頁開關 ③公差開關 ④袖扣開關。

98. （2） 夾鑲法用的車溝邊銑頭（波羅頭）形狀是 ①水滴型銑頭 ②碟型（算盤子式）銑頭 ③圓珠型銑頭 ④狼牙棒型銑頭。

99. （4） 將寶石用金屬片包圍起來，用嶄刀敲打金屬片的邊緣，使之往內包住寶石的鑲法稱之為 ①爪鑲 ②夾鑲 ③釘鑲 ④包鑲。

100. （2） 下列何種形式寶石，較適合做三支爪子的寶石座 ①馬眼型 ②心型 ③橢圓型 ④方型。

101. （1） 下列何種形式寶石，較適合做兩支爪子的寶石座 ①馬眼型 ②心型 ③橢圓型 ④水滴型。

102. （2） 下列何種形式寶石，較適合做五支爪子的寶石座①馬眼型②圓型③橢圓型④方型。

103. （4） 橢圓形寶石的四支爪子位置最好在 ①四支爪位置平均距離 ②只要任意四點 ③方形直角內位點 ④長方形對角內位點。

104. （3） 鑲嵌方法，下列何者不正確 ①夾鑲法通常是平行邊 ②方形鑽石可以用夾鑲法 ③橢圓形鑽石不可以用夾鑲法 ④刻面圓形有色寶石也適用夾鑲法。

105. （4） 寶石與鑲口要很密合不容易，最不好密合鑲嵌的寶石與鑲口是①梨型三支爪子②馬眼型兩支爪子③橢圓型四支爪子④祖母綠型四支爪子。

106. （4） 修改鑲崁有寶石戒指手圍時，應如何施工較正確？ ①修改成較大戒圍時，直接以戒圍棒撐大戒圍 ②不考慮寶石的特性，直接修改焊接起來 ③焊接後直接投入冷水中冷卻 ④把戒指寶石埋入隔熱材質中再行焊接。

107. （3） 垂直邊四爪寶石座之鑲座外徑，一般選擇鑲一克拉（ct）重的標準車工圓型鑽石之鑲座尺寸為 ① 4.6mm ② 5.2mm ③ 6.5mm ④ 7.3mm

108. （2） 垂直邊四爪寶石座之鑲座外徑，一般選擇鑲 0.5 克拉（ct）重的標準車工圓型鑽石之鑲座尺寸為 ① 4.6mm ② 5.2mm ③ 6.5mm ④ 7.3mm。

109. （4） 不透明寶石之喇叭座，通常做法把主座鋸開分成上下兩層，其最大意義是 ①增加寶石透光率 ②

增加寶石折射率 ③增加寶石反射率 ④增加造型層次感。

110.（ 3 ） 梨型切割之鑽石的傳統鑲座，其主座造型是①心型②圓型③水滴型④橢圓型。

111.（ 2 ） 公主型切割之鑽石的傳統鑲座，其主座造型是 ①心型 ②方型 ③水滴型 ④橢圓型。

112.（ 3 ） 寶石隱藏式「不見金鑲法」的特色 ①省時、省力 ②常見於黃金飾品的鑲法 ③寶石以車溝槽方式鑲崁 ④寶石與寶石以金屬座與爪子連結。

113.（ 1 ） 大蛋面型用的寶石座，把主座鋸開分成上下兩層，其座稱為 ①雙層座 ②重疊座 ③兩式座 ④陰陽座。

114.（ 2 ） 鑲嵌冰種的翡翠時，通常都會根據它的顏色在底部利用鍍金或鍍“白”的套底，這是一種 ①防偽處理 ②優化處理 ③防撞處理 ④夾層處理。

115.（ 3 ） 小圓形寶石適合排成正三角形的顆數是 ①四顆 ②五顆 ③六顆 ④七顆。

116.（ 3 ） 一般在國內外鑽石市場所謂的小鑽（melee），是說 ① 5 分以下 ② 10 分以下 ③ 20 分以下 ④ 50 分 以下。

二、複選題

117.（ 12 ） 下列何種測量工具可測得金屬厚度至小數點以下第 2 位 ①厚度規 ②游標卡尺 ③分規 ④直尺。

118.（ 123 ） 硼砂有下列哪些用途 ①防止氧的入侵 ②使金屬表面清淨化 ③幫助金屬熔解 ④作為合金材料。

119.（ 12 ） 關於硼砂的特性，以下何者正確 ①易溶於水 ②金屬的助焊劑 ③可融入合金中 ④會揮發至空氣中。

120.（ 23 ） 焊接時，使用助熔劑（硼砂）的功能有以下哪些 ①降低銲料熔點 ②減少氧化物生成 ③降低銲料表面張力 ④充填焊接縫細。

121.（ 23 ） 關於明礬的特性，以下何者正確 ①常作為膨鬆劑 ②在 100℃時會溶化 ③易溶於水 ④酸洗後可直接焊接。

122.（ 124 ） 金工飾品製作時，因產生氧化物或油漬所需的處理，下列何者正確 ①用明礬水清洗 ②用稀釋鹽酸來清洗黃金 ③浸泡鹽酸時間越長越好看 ④用稀釋硫酸清洗銀或銅。

123.（ 23 ） 黃 18K 金飾品完工之後酸洗，其作用何者正確 ①明礬的清潔效果絕對好過酸處理 ②是舊方法現在仍然適用 ③可增加色相 ④濃度越高越好。

124.（ 14 ） 清洗黃金首飾的溶液，下列敘述何者正確？ ①加熱後用稀釋鹽酸清洗 ②用硫酸效果較好 ③浸泡鹽酸時間越長越好 ④浸泡後用水清洗。

125.（ 134 ） 金銀細工的氣焊常使用的燃氣有哪些 ①乙炔 ②乙烷 ③丙烷（桶裝瓦斯）④甲烷（天然瓦斯）。

126.（ 14 ） 使用金工銼刀的正確方法為何 ①同方向使用 ②來回使用 ③隨意使用 ④等速使用。

127.（ 23 ） 有關於鋸切技術，下列何者有誤 ①鋸弓把手可握於上方或下方，端看個人使用習慣 ② 2/0 號鋸絲細於 4/0 號鋸絲 ③鋸切時速度越快越有效率 ④以右手操作鋸切動作，右手呈現較放鬆狀態，左手則需緊握工件。

128.（ 14 ） 有關鑽孔技術之敘述，下列何者錯誤 ①鑽孔可使用鑽頭側邊將孔洞放大 ②可使用潤滑油 ③可使用蠟潤滑 ④鑽孔時轉速要快。

129.（ 123 ） 製作敲花鏨需要做下列哪些處理 ①硬化處理 ②退火處理 ③回火處理 ④放射處理。

130.（ 124 ） 金屬飾品製作雕花圖案過程中，應該 ①固定金屬材料方便作業 ②使用瀝青固定 ③刀具好壞與刻花面亮度無關 ④注意刀具的銳利度。

131.（ 13 ） 金屬飾品表面質感處理方法，下列敘述何者正確？ ①針刺法屬鑽砂處理 ②針刮法屬拋光處理 ③槍噴法屬霧面處理 ④砂磨法屬剔花處理。

132.（ 124 ） 金屬敲打成形，下方可以使用哪些材料支撐 ①瀝青 ②木頭 ③石膏 ④鉛塊。

133.（ 123 ） 輾平金屬的方式為何 ①先將片材退火 ②退火時將片材均勻受熱 ③循序輾壓至所需的尺寸 ④直接

壓至所需尺寸不需退火。

134. (234) 輾壓機調整上面旋轉齒輪之功能，無法控制受壓材料之 ①厚度 ②深度 ③彎度 ④角度。

135. (12) 輾壓機於每日收工時應 ①清理粉屑 ②上油保養 ③數日後再清理 ④一個月保養乙次。

136. (23) 噴砂機作霧面處理時應注意 ①必須戴上護目鏡 ②砂的粗細會影響質感 ③噴的時間較長，深度較深 ④使用細砂有光面的質感。

137. (14) 鍛造需注意何者事項 ①鍛造前需退火 ②直接敲打 ③只需退火一次 ④適時退火。

138. (123) 有關鍛造加工，下列敘述何者正確 ①鍛造屬於無屑加工法 ②純金屬的鍛造性比合金佳 ③延展性高者可鍛造性較佳 ④材料硬度愈高者愈適合鍛造。

139. (234) 下列關於金屬成形技術的敘述，下列何者正確 ①金屬彎折屬於彈性變形 ②金屬彎曲會產生加工硬化現象 ③金屬彎曲後，結晶格子不會變化，但是會有歪曲現象 ④塑性變形，在外力施加之後即產生永久性變形。

140. (123) 下列技巧何者是利用金屬延展特性成形 ①輾壓 ②鍛造 ③敲花 ④鋸切。

141. (123) 利用金屬延展性的加工方法包括 ①凹凸成形 ②彎曲 ③鍛敲 ④鑄造。

142. (124) 有關抽管、抽線的敘述，何者正確 ①抽線前先退火 ②由大至小的方式抽線 ③由小至大的方式抽線 ④多餘焊料先刮除再繼續抽拉。

143. (124) 使用抽線機時會用到下列何種工具材料 ①抽線板 ②抽線鉗 ③圓口鉗 ④潤滑劑。

144. (13) 可透過下列何種方式製造金屬線材 ①細條狀金屬經抽線板抽拉 ②鑄造成圓條狀 ③鍛造方式 ④鋸切。

145. (23) 貴金屬加工中之退火處理其目的為 ①改變色相 ②增加金屬延展性 ③利於施工 ④保持重量。

146. (34) 金銀飾品通常以甚麼為銲材 ①錫銲 ②銅銲 ③銀銲 ④ K 金銲。

147. (34) 銲料正確的調配方法 ① K 金用黃金銲料 ②考慮被焊接材料的硬度 ③黃金材質用黃金銲料 ④考慮被焊接材料的成份。

148. (13) 有關焊接工作的敘述，下列何者正確 ①為了使焊接部位組合正確，焊接後較不易變型，可先採取點焊的措施 ②焊接時不需考慮欲焊接母材的種類可任意選用銲材 ③銀銲料是銀與銅依比例調配成高、中、低溫的銲料 ④氧化焰呈藍色廣用於預熱工作。

149. (14) 有關焊接原理，下列何者正確 ①銲料無法熔解流動，主要是因為焊接處氧化物過多 ②焊接厚度差異大的兩片金屬，只要將火焰集中於焊接處即可 ③先使用低溫銲料再使用高溫銲料 ④使用硼砂降低氧化物生成。

150. (234) 若需同時焊接金屬的多個組件，則銲料的使用方式何者錯誤 ①先用高溫銲再用低溫銲 ②先用低溫銲再用高溫銲 ③高低溫銲一起使用 ④大件使用高溫銲、小件使用低溫銲。

151. (24) 製作平面十字架墜子 18K 片料檢查有瑕疵，下列處理描述何者為不正確 ①必須用橡皮擦擦拭乾淨無暇 ②必須用砂紙棒研磨乾淨無暇 ③必須用水洗刷乾淨無暇 ④必須用銲料補平無暇。

152. (34) 請問在不限制用料的情況下，製作 18k 平面十字架墜子較佳的方法是 ①條料垂直、焊接組合左右端成十字型 ②條料水平、焊接組合上下端成十字型 ③片料貼樣鋸十字型 ④片料劃樣鋸十字型。

153. (23) 鉑金及 18K 金結合成首飾，加熱方向及銲料應以何考慮為重 ① K 金主體為加熱方向 ②鉑金主體為加熱方向 ③以 K 金高銲料考量為主 ④不用考量。

154. (124) 關於齊平式鉚釘的接合方式，下列何者正確 ①在主體鑽出與線材同直徑大小的孔洞 ②將主體洞口用菠蘿頭磨出斜角 ③不須選用同直徑線材 ④將線材穿入孔洞敲打至填平孔洞。

155. (12) 在金屬上使用瑪瑙刮刀的效果 ①稱為壓光 ②金屬表面變硬 ③與砂紙拋磨效果相似 ④稱為刷光。

156. (12) 下列有關拋光技術的敘述，何者有誤 ①用粗、細拋光土使用同一個拋光輪拋光，可節省成本 ②拋光狀態與所使用拋光輪的材質無關 ③拋光輪材質與使用拋光土的粗細需要互相配合 ④拋光土會沾黏在拋光輪，須定期將之清除。

157.（14） 白 K 金鍍銠的效果是 ①增加物件表面的耐磨和耐刮度 ②增加 K 金物件的成色 ③ K 金鍍銠後可以取代鉑 ④改善物件外觀顏色的一致性。

158.（234）下列何種寶石不宜連同座台一起電鍍 ①鑽石 ②紅寶石 ③祖母綠 ④珊瑚。

159.（12） 已配戴過之活圍寶石黃金戒指，要焊接成固定戒圍時，須注意 ①最好不用銲料焊接 ②焊接時要將接觸面清理乾淨 ③不用考慮寶石 ④不用考慮美觀。

160.（23） 黃金空心圈圈項鍊，製作時之正確方法有 ①使用剪刀剪開 ②以走水熔接 ③用鋸子鋸圈圈 ④用銲料焊接。

161.（123）關於鉑材料的特性，何者正確 ①熔點高 ②抗腐蝕性佳 ③抗氧化 ④特性與銀相同。

162.（13） 鉑金屬熔解冷卻後檢驗成色，表面呈何種顯像其成色最佳？ ①表面光亮 ②有凹面 ③成銀白色 ④細紋狀。

163.（12） 鉑粗線材製作單鰭項鍊，接合較適合的方法是 ①直接熔接 ②補料熔接 ③高銲焊接 ④中銲焊接。

164.（134）目前市場交易常用的幾個 K 金比例為 ① 750/000 ② 535/000 ③ 585/000 ④ 333/000。

165.（14） 18K 玫瑰金的成份包括 ①金含量百分之 75 ②鎳含量百分之 20 ③銅含量百分之 5 ④依銅比率不同呈現色彩。

166.（134）將銅、銀金屬部份造型去除的方式有哪些 ①銼修 ②鍛造敲擊 ③腐蝕 ④鑽孔。

167.（123）有關夏商周時期的青銅器下列敘述何者正確 ①是銅錫合金 ②鑄造性良好 ③耐磨性佳 ④是純銅。

168.（123）回收銀熔化時應注意的要點為何 ①鑄倒模具預熱時先塗抹少量機油 ②先用磁鐵吸取銀料中的渣質 ③輔以硼砂加熱潔淨 ④不需加熱倒槽。

169.（23） 純銀擺飾飾品易氧化發黑，若將純銀加入三分之一的鈀金屬之後，擺在同樣的時間和環境下，下列正確的結果是 ①保持純銀本色不會發黑 ②有改善還是會氧化 ③還是會發黑 ④呈現鈀金屬顏色不會變黑。

170.（123）有一個純銀的戒指重量是 2.2 錢，其規格一樣換做成純黃金，估計大約的重量，下列何者為不正確？ ① 3.6 錢 ② 4.9 錢 ③ 3.4 錢 ④ 4.2 錢。

171.（12） 999 純銀粗線材製作單鰭項鍊，其接合較講究的方法是 ①直接熔接 ②補料熔接 ③中銲焊接 ④低銲焊接。

172.（23） 925 銀 2mm 以上粗線材製作單鰭項鍊，焊接較適合的方法是 ①直接熔接 ②補料熔接 ③高溫銲補充焊接 ④低銲焊接。

173.（34） 準備 925 銀線材（直徑 2mm 為例）製作一般的單鰭項鍊，需要下列何種直徑的圓捲棒 ① 3.5mm ② 3.8mm ③ 4.2mm ④ 4.4mm。

174.（12） 製作單鰭項鍊一尺半，有關抽線長度的計算方式，下列何者正確 ① 14.5 寸 ×4 ② 15 寸 ×4 ③ 16 寸 ×4.5 ④ 17 寸 ×4.5。

175.（13） 製作純金雙鰭空心線材的項鍊（重量一兩長度一尺半為例），最常用的管料厚度準備是 ①管料厚度盡量薄，可選用管料厚度 0.2~0.25mm 間 ②管料厚度盡量厚 ③管料厚度須選用 0.3mm 以下 ④管料厚度須選用 0.4mm 以上。

176.（34） 用純金空心管線材，製作雙鰭項鍊，其抽管之描述何者正確 ①抽空心管線材，中段換夾不會夾扁 ②抽空心管線材容易斷，因此只要退火就不會斷 ③抽空心線材太長，因此可以分段分次抽 ④抽空心線材線頭敲尖不易、夾端又易斷，因此抽管都必須多次整理線頭。

177.（14） 完全空心的立體薄料 K 金飾品，是用何種方法做成的 ①模壓兩片組合法 ②鑄造一體成型 ③翻砂鑄造法 ④鍛敲焊接成型法。

178.（124）實心 4mm 直徑粗條，製做實心手鐲內圍 56mm 直徑，其製做取胚料長度計算何者不是正確的 ① 56mm×3.14 ② 56mm×4×3.14 ③（56+4）mm×3.14 ④（56-4）mm×3.14。

179.（ 124 ） 實心 2mm 厚度，製做戒指內圍 16mm 直徑，其製做取胚料長度計算何者不是正確的 ① 16mm×3.14 ② 16mm×2×3.14 ③（16+2）mm×3.14 ④（16-2）mm×3.14。

180.（ 34 ） 寬度較寬的戒指，製作時應注意 ①修成斜度 ②修成砂面 ③內圍修成圓弧形 ④戒圍要加大。

181.（ 12 ） 下列關於戒指製作何者正確 ①美規的戒圍號碼為 1-15 號 ②臺灣戒圍規格為 3-24 號 ③製作戒指其金屬長度的取料不需考量金屬厚度 ④金屬長度的取料不須考慮戒指設計的寬度。

182.（ 23 ） 為避免胸針配戴外翻，其插針製作時要考量 ①採用純銀製作 ②插針材料硬度要佳 ③插針位於胸針重心上方 ④成本考量第一。

183.（ 23 ） 有關胸針扣合的設計，何者錯誤 ①針應靠緊主體 ②針的位置應該置於主體下方 ③胸針之別針都只有一支 ④主體的重心與扣合位置有直接相關。

184.（ 13 ） 下列關於硬式項鍊、手環開合設計的描述，何者為不正確 ①手環鉸鍊（開合摺葉處）可以上下、左右轉動 ②項鍊、手環的尺寸如果無法直接配戴，需製作可開合的設計 ③鉸鍊（開合摺葉處）的管子數量通常為雙數 ④項鍊的開合轉動處可位於肩膀位置。

185.（ 124 ）有一條金項鍊重量是一兩，其規格一樣換做成純銀料，估計大約的重量，下列何者為不正確？ ① 4.6 錢 ② 4.8 錢 ③ 5.2 錢 ④ 5.9 錢。

186.（ 13 ） 有關製作純金飾品過程的描述，下列何者正確？ ①使用乾淨的鉗、夾 ②可使用熔銀的坩堝 ③不能使用雜用的耐火磚 ④鍛敲製程工具不必要求純淨。

187.（ 13 ） 製作垂掛式耳環應考慮下列哪些要項 ①重量 ②耳針必須在物件中心 ③輕巧 ④盡量以銀為主。

188.（ 14 ） 拋光方式為下列何者 ①依砂紙號數序使用 ②直接選用最細砂紙 ③同細銼刀痕方向拋光 ④多方向拋光。

189.（ 13 ） 若將六片正方金屬片合為正方體，需下列何者步驟 ①正方形金屬片各邊磨出 45 度斜角之後組合 ②直接接合不須磨出 45 度斜角 ③接合時須注意各面是否垂直 90 度 ④不須注意各面是否垂直 90 度。

190.（ 134 ）單顆 1 克拉鑽戒適合下列何種鑲嵌方式 ①爪鑲 ②密釘鑲 ③夾鑲 ④包鑲。

191.（ 34 ） 鑲嵌一克拉圓形鑽石的單層焊爪鑲口之尺寸範圍為何 ①直徑 5.6mm ②直徑 5.8mm ③直徑 6.5mm ④直徑 6.48mm。

192.（ 12 ） 鑲嵌 50 分圓形鑽石的單層焊爪鑲口之尺寸範圍為何 ①斜鑲口上端直徑 5.1mm、下端 3mm ②直鑲口上下端直徑 5.2mm ③斜鑲口上端直徑 5.5mm、下端 3mm ④直鑲口上下直徑 5.5mm。

193.（ 23 ） 鑲嵌 30 分圓形鑽石的單層焊爪鑲口之尺寸範圍為何 ①斜鑲口上端直徑 5.0mm、下端 3mm ②直鑲口上下端直徑 4.5mm ③斜鑲口上端直徑 4.4mm、下端 3mm ④直鑲口上下直徑 3.8mm。

194.（ 12 ） 鑲嵌 10 分圓形鑽石的單層焊爪鑲口之尺寸範圍為何？ ①斜鑲口上端直徑 2.9mm、下端 2.5mm ②直鑲口上下端直徑 3.0mm ③斜鑲口上端直徑 3.3mm、下端 2.5mm ④直鑲口上下直徑 3.3mm。

195.（ 23 ） 適用於橢圓形 13×10 mm 蛋面寶石的雙層鑲口有哪些？ ①斜座上端直徑 13×12mm、下端 9×7mm 高度 4mm ②直座上下端直徑 13×10mm 高度 3mm ③斜座上端直徑 12.9×9.9mm、下端 9.7mm 高度 4mm ④直座上下直徑 13.3×10mm 高度 3mm。

196.（ 234 ） ，如左圖所示，製作主石鑲口，下列描述何者不正確 ①小主石座可用扇形取胚彎成鋸雙層 ②分層製作，雙層不要求對齊 ③層間隙不要求修飾細緻 ④座的左右邊斜度差異過大，可用爪子適度調整。

197.（ 14 ） ，如左圖所示，製作主石鑲口，下列描述何者正確 ①一般焊接四爪對稱 ②焊四支爪子沒有要求一致性 ③修飾爪子細尖 ④爪子長度適度。

198.（ 23 ） 下列關於計算脫蠟鑄造時，計算所需的金屬重量描述，何者為不正確 ①求得重量的方式主要有兩種，比重法與體積法 ②在蠟模灌石膏漿之後秤重，以求得金屬用量 ③蠟模秤重後，如要鑄造純銀，則可以將重量乘以 15，即可得知銀用量 ④體積法不需要秤重。

199.（ 24 ） 有關脫蠟鑄造法的敘述下列何者正確 ①石膏模法為連續鑄造法的一種 ②鑄件之表面與光滑度取決於蠟模表面之光滑度 ③蠟模型之間組合時保持 5mm 以下之距離 ④蠟型組樹時除考慮流路系統外，必須注意脫蠟時蠟能完全流出。

200.（ 14 ） 在脫蠟鑄造法中，對燒結的敘述何者正確 ①燒結的目的是燒進殘餘的蠟和將石膏內之水分完全去除 ②為求工作時效，昇溫速度愈快愈好 ③燒結溫度愈高愈好，可確保金屬液的流動性 ④純銀之熔點為 960℃，石膏模之燒結溫度仍不宜超過 850℃。

201.（ 134 ） 下列有關脫蠟鑄造流程，何者錯誤 ①雕完蠟再以蠟模來開橡膠膜複製 ②以橡膠模注出所需的蠟模件數後再來脫蠟鑄造 ③複製的金屬產品與打樣原件尺寸一樣 ④相同造型要鑄造銀或是 K 金需使用的金屬重量都一樣。

202.（ 13 ） 有關珠寶首飾脫蠟鑄造的方法有哪些 ①真空鑄造 ②翻砂鑄造 ③離心鑄造 ④殼模鑄造。

203.（ 12 ） 以下何種方式屬於首飾量產方式？ ①脫蠟鑄造 ②沖壓成形 ③輾壓 ④焊接。

204.（ 234 ） 關於飾品量產鑄造的敘述，何者正確 ①脫蠟鑄造時不須考慮收縮率 ②脫蠟鑄造時須考慮澆鑄溫度 ③蠟樹澆口系統太大造成成本提高 ④離心鑄造法是應用牛頓定律。

205.（ 134 ） 壓製橡皮模應注意 ①橡皮要超出模具 ②加溫越久越好 ③盡量將橡皮片填滿模具 ④填滿作品之間空隙。

206.（ 12 ） 橡皮模注臘前用油性隔離劑刷拭，其用意是 ①清潔臘屑 ②增加潤滑及脫蠟效果 ③擦拭遇熱的水蒸氣 ④擦拭金屬屑。

207.（ 12 ） 橡皮模具射蠟時，要注意下列哪些因素？ ①射蠟機內的蠟溫度 ②射蠟機的壓力 ③橡皮模的溫度 ④尺寸不會變化。

208.（ 23 ） 有關石膏模的敘述下列何者為正確？ ①石膏模的多孔性是以調整石膏來控制 ②石膏模最主要的優點是透氣性、保溫性，可鑄造極薄的鑄件 ③石膏模因其透氣性較佳，澆鑄時氣體容易逸出，故鑄件品質較佳 ④石膏模法鑄得之鑄件表面光滑其缺點為鑄件易生氣孔。

209.（ 123 ） 準備鑄造又大又複雜的戒指原版模型，焊接金屬棒作為澆道時，下列何者正確？ ①金屬棒應焊接在較易鑄、易剪修處 ②金屬棒焊接端可採用扁形，以增加順暢 ③複雜戒指可增加支棒 ④有規定必須是在戒圈最薄處。

210.（ 124 ） 準備鑄造小物件原版模型，焊接金屬棒作為澆道時，下列何者正確？ ①可單件焊接一支金屬棒 ②可多件排列組合一起焊接一支金屬棒 ③金屬棒愈多愈好 ④金屬棒愈少愈好。

211.（ 24 ） 金屬液在澆鑄時的溫度稱為澆鑄溫度，下列敘述何者正確？ ①溫度越高越好 ②溫度太高時容易造成石膏與鑄件燒結 ③溫度太低時鑄件內容易含氣泡 ④溫度太低時容易造成滯流。

212.（ 134 ） 熔解金屬時，會使用到下列哪些工具材料 ①倒金槽 ②明礬 ③夾具 ④硼砂。

213.（ 134 ） 使用新坩鍋熔金時，下列何種前處理動作錯誤 ①水洗坩鍋 ②加熱坩堝放置硼砂 ③以銅刷清潔 ④明礬水清潔。

214.（ 23 ） 製作耐高溫耐酸鹼之鉑金屬坩堝時，要特別注意 ①美觀性 ②不要使用銲料 ③使用高純度鉑金屬 ④表面光亮。

215.（ 13 ） 使用黃金材料製作飾品，下列敘述何者正確 ①可使用鑄造方法大量生產降低成本 ②鍍銠加強表面硬度 ③要正確標示成色 ④適合鑲嵌貴重寶石。

216.（ 34 ） 鑽石在切磨過程中或鑲嵌時，受熱留下燒灼痕跡如雲霧狀，下列何者敘述正確？ ①用藥水滾熱可清除痕跡 ②用火再加熱即可清除痕跡 ③輕微再拋光可清除雲霧狀痕跡 ④拋光後重量損失不會很大。

217.（ 12 ） 寶石切磨五步驟：設計造型、切割、研磨成型、砂紙細磨、拋光等，最密切且最重要的兩個步驟

是 ①設計造型 ②切割 ③研磨成型 ④砂紙細磨及拋光。

218. (34) 寶石由細磨至拋光所須準備的砂紙號數為 ① 60~600 目 ② 400~800 目 ③ 1200~2000 目 ④ 1500~2000 目。

219. (12) 寶石雕刻研磨必須用水的目的是 ①冷卻 ②除粉塵 ③防震 ④防滑。

220. (124) 不適合有機珍寶清潔的方法 ①用擦銀布拭除污垢 ②用稀釋硫酸清洗 ③用中性洗滌劑清洗 ④超音波高溫加熱沖洗。

（以上資料為勞動部 14600 金銀珠寶飾品加工 歷屆乙級學科考古題彙整 2016 年 4 月版）

乙級　工作項目 04：檢驗標準

一、單選題

1. （3）　空心黃金飾品要測知成色時 ①直接測試就可 ②剪斷後測試 ③熔成塊狀後測試 ④泡過比重液後 才能測得標準成色值。
2. （3）　市售的黃金成色，業者及消費者的要求以達到 ① 995 以上 ② 990 以上 ③ 999.5 以上 ④ 985 以上為成色標準。
3. （2）　要測出黃金正確的比重值，下列敘述何者不正確？ ①成色較低的黃金，比重值較低 ②空心的飾品，比重值可正確 ③滲有其他雜質，比重值較低 ④比重值愈高成色愈高。
4. （2）　要正確測知黃金成色的方法，是以實物之重量除以在 25℃的水溫中所得比重值 ①再除以 1824 ②再除以 1934 ③再除以 2100 ④直接所得 之數據就是黃金成色值。
5. （1）　要正確測知鉑成色的方法，是以實物之重量除以 ①在 25℃的水溫中所得比重值 ②再除以 1934 ③再除以 2100 直接所得 ④再除以 1824 之數據就是鉑成色值。
6. （4）　求材料之降伏點及抗壓強度之試驗稱之為 ①疲勞試驗 ②硬度試驗 ③抗拉試驗 ④抗壓試驗。
7. （3）　用水秤比重法測試寶石比重時，它的標準水溫是 ① 37℃ ② 0℃ ③ 4℃ ④ 8℃。
8. （3）　氧氣存在於自然界中，其濃度約為 ① 11% ② 16% ③ 21% ④ 26%。
9. （3）　折射液使用於折射儀，其中二碘甲烷 + 飽和硫溶液折射率為 ① 0.5 ② 0.8 ③ 1.8 ④ 2.5。
10. （3）　有變色現象的寶石通常在 ①白光（日光）下呈現出白色、在黃光（燈泡光）下呈現出黃色 ②白光（日光）下呈現出紅紫色、在黃光（燈泡光）下呈現出藍綠色 ③白光（日光）下呈現出藍綠色、在黃光（燈泡光） 下呈現出紅紫色 ④白光（日光）下呈現出橘黃色、在黃光（燈泡光）下呈現出淺褐色。
11. （4）　寶石光澤取決於折射率及拋光程度和表層構造，玉髓、綠松石是屬於 ①金剛光澤 ②半金剛光澤 ③玻璃光澤 ④蠟狀光澤。
12. （2）　寶石光澤取決於折射率及拋光程度和表層構造，鋯石是屬於 ①金鋼光澤 ②半金鋼光澤 ③玻璃光澤 ④蠟狀光澤。
13. （3）　寶石光澤取決於折射率及拋光程度和表層構造，剛玉是屬於 ①金鋼光澤 ②半金鋼光澤 ③玻璃光澤 ④蠟狀光澤。
14. （2）　寶石其刻面形狀與排列是否工整，腰圍上下刻面對齊與否稱之為 ①拋光 ②對稱性 ③車工 ④亮光。
15. （3）　螢光反應是寶石鑑定的重要輔助方法，這種測試的光源是來自①自然光源②紅外光源③紫外光源④晝光日光燈光源。
16. （3）　有一些寶石暴露在不可見的紫外線中會發放出可視光，這個特性稱 ①放光性 ②火彩性 ③螢光性④迷彩性。
17. （2）　有螢光反應的鑽石在紫外線光源最常出現的螢光顏色是 ①粉紅 ②藍色 ③綠色 ④褐色。
18. （1）　鑽石在傾斜看時，發現桌面內會出現白圈圈（魚眼）的現象，這是因為 ①亭部切割太淺 ②鑽石內部有白色結晶 ③底尖的反射 ④光線不足。
19. （3）　鑲嵌鑽石時，發現有些鑽石桌面內會出現黑色如釘頭的現象，這是因為 ①腰身反射 ②鑲口太小③亭部切割太深 ④桌面光線不足。
20. （4）　斜角進入寶石的光線會產生折射，但因為寶石結晶結構的不同，進入的光線會形成兩種不同的折射稱為 ①全折射和單折射 ②繞射和雙折射 ③全反射和全折射 ④單折射和雙折射。

21. （2） 區分單折射寶石與雙折射寶石是否具有多色性可使用 ①單色鏡 ②二色鏡 ③三色鏡 ④四色鏡。

22. （3） 有多色性的寶石，它是屬於 ①單折射光學特性的寶石 ②有機類寶石 ③雙折射光學特性的寶石 ④聚晶體的寶石。

23. （3） 鑑定夾層寶石時，基於每一夾層材料的折射率不同，所以可以用 ①燒烤的方法鑑定出來 ②雷射的方法探測出來 ③放進液體（水）裡可以觀察出來 ④用硬度筆測試出來。

24. （3） 鑑定或檢查珠寶，一定要採用三層鏡片的十倍放大鏡，以避免 ①影像模糊 ②倍數縮小 ③色像差和球面像差 ④物距和目距差。

25. （2） 寶石部份刻面有弧形凹陷現象，並且放在手中感覺輕浮，它可能是 ①合成剛玉寶石 ②塑膠注模寶石 ③合成尖晶石 ④合成鑽石。

26. （1） 目前市場上常用來製造合成寶石的方法是 ①火溶法、助溶法、水熱法 ②溶解法、壓解法、水解法 ③熱處理、二次燒、電解法 ④雷射處理、輻射處理、優化處理。

27. （3） 氣泡和弧形的生長紋經常出現在 ①助溶法的合成寶石 ②水熱法的合成寶石 ③火熔法的合成寶石 ④電鑄法合成寶石。

28. （1） 鑲嵌紅色寶石時，發現它的部份刻面有凹陷的弧度，同時稜線不很銳利，此時就要特別注意，這顆寶石可能是 ①模具灌注的玻璃仿造紅寶石 ②切割不好的紅寶石 ③紅色的尖晶石 ④夾層的紅寶石。

29. （2） 濾色鏡的功能設計適用於觀察下列何者用途：①觀察鑽石顏色等級②觀察玉是否有染色③觀察有色寶石類別④觀察分辨銀和鎳金屬特性。

30. （4） 寶石含有何種元素，透過濾色鏡會變成紅或赭色（紅棕色）①鐵、鐵 ②鎳、銀 ③鋁、鐵 ④鉻、鈷。

31. （4） 有些玉石染色成褐色、紅色或紫色，需用何種方法檢測 ①濾色鏡 ②偏光儀 ③後視鏡 ④觀察玉石紋路有染色不均衡分佈。

32. （2） 使用有機染料上色的翠玉在濾色鏡下會呈現 ①黑色 ②紅色 ③藍色 ④綠色。

33. （1） 使用鉻鹽染料上色的翠玉在濾色鏡下會呈現①紅色 ②綠色 ③藍色 ④黑色。

34. （1） 部分染綠色硬玉透過 ①濾色鏡 ②偏光儀 ③比重液 ④放大鏡 來觀察會有變色現象。

35. （3） 顏色較淺紅寶石常被用有色油染劑改變顏色，要如何分辨？ ①用光譜儀來鑑定 ②用二碘甲烷 ③用棉花棒沾酒精擦拭就可測試 ④用反射鏡測試就有反應。

36. （1） 玻璃和大部份寶石的斷口（破碎的地方）是呈現出 ①貝殼狀 ②鋸斷狀 ③平整狀 ④水滴狀。

37. （3） 許多黃水晶是來自於 ①無色水晶加熱染色 ②髮晶加熱去除內含物 ③紫水晶或煙晶加熱處理 ④紫水晶擴散處理。

38. （3） 當拿到一粒碧璽（電氣石）寶石時，經常發現在不同的方向它可能出現兩種或三種顏色，這種特性稱為 ①色差 ②變色性 ③多色性 ④遊彩。

39. （3） 天然藍色黃玉（拓拔石 Topaz）很少，市面上絕大部份藍色都是經由 ①無機染料染色處理 ②二度燒處理 ③輻射處理 ④高溫高壓處理 所產生。

40. （2） 下列何者不是選購貓眼寶石的評斷標準 ①直 ②寬 ③亮 ④中。

41. （3） 圓明亮形的鑽石，它理想切工的建議桌面比例是 ① 65% ~70% ② 63% ~68% ③ 53% ~58% ④ 60% ~65%。

42. （4） 下列何者不是鑽石切磨的主要因素 ①比例 ②修飾 ③對稱 ④螢光。

43. （3） 評斷鑽石成色等級，要用 ①反射儀 ②反光鏡 ③比色石 ④折光鏡 來鑑定。

44. （4） 鑑定裸鑽的顏色等級，主要是根據 ①冠部 ②風箏面 ③底尖 ④亭部 所見的顏色為準。

45. （4） 鑽石鑑定書的報告不包含下列那項？ ①克拉重 ②淨度分級 ③螢光反應 ④價位。

46. （4） 單車工的小鑽石（single cut diamond），應該有幾個刻面 ① 58 個 ② 57 個 ③ 18 個 ④ 17 個。
47. （2） 鑽石有一種特殊的物理性，在礦區利用這種特性，能讓黃油滾筒篩選出鑽石原石，這種特性是 ①親水性 ②親油性 ③黏性 ④排油性。
48. （3） 影響鑽石車工最嚴重的問題是 ①沒有八心八箭的對稱現象 ②鑽石桌面與直徑比約為 53%~58% ③鑽石底尖不在中心點 ④鑽石腰圍上有雷射刻字或品牌。
49. （3） 當鑽石有較大的裂縫時，常用如含鉛玻璃或其他折射率接近之物質填入，此稱之為 ①輻射鑽石 ②人造鑽石 ③裂隙充填鑽石 ④類似石。
50. （1） 裂縫填充鑽石以十倍放大鏡觀察，便能發現有 ①紫色、綠色、藍色的異色反應 ②無色反應 ③黑影反應 ④指紋狀反應。
51. （1） 為了改善鑽石內部淨度，移除黑色內含物的處理方法是 ①雷射鑽孔法 ②火熔法 ③二度燒法 ④表面熱擴散處理。
52. （3） 目前市面上測試鑽石真偽的簡易偵測儀器是利用鑽石那一種特性獲得答案 ①硬度 10 ②特殊切割 ③導熱性最好 ④含碳元素。
53. （4） 在改變鑽石顏色的處理中，那一種方法最常被使用 ①雷射處理 ②熱處理 ③塗層處理 ④輻射處理。
54. （1） 鑽石飾品在製作時，可能會產生以下四大缺陷，試問出現何種缺陷最難以善後？ ①鑽石缺陷 ②金屬缺陷 ③工藝缺陷 ④變型缺陷。
55. （1） 修改飾品時，使用焊接火嘴不小心延燒到鑽石，表面產生霧狀時 ①必須經過專業拋光才能除去霧狀 ②使用變性酒精和硼砂浸泡 ③用羊皮沾青土擦拭 ④冷卻後再加熱去除。
56. （3） 目前市場上的藍寶石，絕大部份都經過何種處理，來改善它的顏色？ ①輻射處理 ②雷射處理 ③熱處理 ④高壓處理。
57. （2） 剛玉的擴散處理，俗稱二度燒的處理方法，藍寶石是加入 ①鉻 ②鐵和鈦 ③碳酸鈣 ④鈉 等微量元素，再經過加熱處理。
58. （2） 擴散處理（二次燒處理）的紅藍寶石顏色 ①深入寶石內層，所以可以重新拋光 ②處理僅及表層，不可再拋光 ③碰到陽光過久會褪色 ④不宜使用超音波清洗機清洗。
59. （3） 夾層紅藍寶石，在黏合處和底層有 ①星光反射 ②閃光效應 ③彎曲條紋或氣泡特徵 ④球狀反應。
60. （2） 分辨合成和天然紅藍寶最直接、快速、簡便的方法之一是 ①採用拉曼光譜儀 ②放大鏡 ③ X 光繞射儀 ④折射儀。
61. （3） 紅寶石若有裂隙自表面延伸至內部，常用鉛玻璃充填，但如何分辨 ①會有星光反射 ②燐光反應 ③有閃光效應 ④有球狀反應。
62. （4） 絕大部分的人造（合成）紅寶，都會產生比天然紅寶更強烈的 ①磁性反應 ②壓電反應 ③導熱反應 ④螢光反應。
63. （3） 用火熔法製造的合成紅寶結晶內，會發現 ①呈現 90° 的色帶 ②空晶體和絲狀的內含物 ③氣泡和圓弧形生長紋 ④指紋狀的二相結晶。
64. （1） 祖母綠最常見並且是最簡易的優化處理方法是 ①浸泡在油裡 ②灌注玻璃 ③塗抹指甲油 ④泡在水裡。
65. （2） 玻璃仿造的祖母綠裡很容易看到 ①黑色的雲母 ②無數的很細小氣泡 ③二相結晶 ④碳點。
66. （1） 市場上販賣的 B 貨翡翠是一種 ①浸酸漂白灌膠處理的翡翠 ②染色處理的翡翠 ③雷射處理的翡翠 ④根本不是翡翠。
67. （3） 染色的翡翠用放大鏡檢驗時，最容易看到內部有 ①指紋狀的二相內含物 ②漿糊狀的白色內含物 ③殘存於裂隙的細粒狀沉澱物 ④煙霧狀的內含物。

68. （3） 把玉雕件和凸面寶石挖底，其目的是為了 ①表現雕琢藝術 ②減輕它的重量 ③減輕寶石太深的顏色 ④增加堅固性。

69. （3） 雙夾層蛋白石中採用黑色的黏著劑（cement），其最主要的因素是 ①告知購買者是夾層蛋白石 ②它是最佳的黏著劑 ③增進蛋白石的遊色（play of color）效果 ④可以隱藏原石的缺點。

70. （2） 櫥窗內的珍珠為了保有溼度，常在櫥窗內擺放下列何者最為理想？ ①肥皂水 ②清水 ③稀釋後中性活性劑 ④漂白水結晶體。

71. （2） 珠的保養首重 ①和一般鑽石同放在一起 ②配戴後收藏前用清水清洗 ③用漂白水清洗 ④用珠寶清潔液清洗。

72. （2） 珍珠、黃金、K 金珠寶首飾最佳清潔方法 ①用牙膏清洗 ②稀釋後中性活性洗滌劑 ③洗衣粉 ④清水。

73. （2） 一般商業用的珠寶飾品清潔劑都會含有 ①氯（chlorine）②阿摩尼亞（ammonia）③硫酸（sulfuricacid）④乙醇（ethylalcohol）。

74. （1） 清洗橄欖石最好的方法是 ①用軟性刷和肥皂水 ②用超音波洗淨機 ③用稀釋酸性液 ④用蒸氣洗淨機 清洗。

75. （2） 超音波清洗機很有效率，可以清潔寶石和飾品，但是下列何種寶石最不適用於此種清潔方法 ①鑽石 ②祖母綠 ③剛玉 ④玉石。

76. （4） 超音波清洗珠寶飾品，下列敘述那項最不適宜？ ①清潔效率極高，很短時間即可洗淨 ②造型複雜亦可洗淨 ③不需高超技術及長時間訓練 ④飾品鑲有貓眼石或珍珠亦可加入溶劑或清潔液洗淨。

二、複選題

77. （13） 下列哪些寶石是屬於多色性 ①祖母綠 ②尖晶石 ③海水藍寶 ④螢石。

78. （124） 寶石的淨度跟 ①寶石外觀和堅固性 ②寶石鑑定 ③寶石的晶系 ④寶石的稀有性和價值 有非常密切的關係。

79. （23） 翡翠酸洗充膠處理（俗稱 B 貨）其玉石結構 ①晶粒體較為粗大 ②較為鬆散 ③改善透明度 ④質地變硬。

80. （12） 翡翠酸洗處理的作用為何 ①去雜質 ②用強酸和強鹼使次生礦物被溶解 ③使硬度更強韌 ④表面更光亮。

81. （123） 翡翠 B 貨充膠處理後，有下列哪些特徵 ①表面有細微的開放性裂隙 ②密度鬆散 ③輕敲聲音變暗沉 ④價值更高。

82. （234） 紅、藍寶石優化處理的方法有 ①碳化處理 ②熱處理 ③擴散處理 ④晶格擴散處理。

83. （134） 塑膠或玻璃灌模的寶石其刻面較容易出現下列哪些現象 ①刻面凹陷 ②稜線、角尖銳 ③刻面有橘皮麻點 ④氣泡。

84. （12） 使用手持 10 倍放大鏡時，應該 ①雙眼同時睜開，避免眼睛疲憊 ②放大鏡儘量靠近眼睛，與寶石距離保持約 2.5 公分 ③用單隻眼睛觀察，可以專心看得清楚 ④放大鏡要與寶石保持 5 公分以上距離以免碰傷鏡面或寶石。

85. （123） 可能產生貓眼特殊光學現象的寶石有 ①祖母綠 ②電氣石（碧璽）③金綠寶石 ④鑽石。

86. （23） 水熱法生產的合成紅寶石，鑑定時常會發現 ①金紅石 ②扭曲煙霧狀的內含物 ③強烈的螢光反應 ④弧形的生長紋。

87. （14） 鑑別火熔法的合成紅寶石與天然紅寶石時，最重要的依據是 ①內含物 ②折射率 ③比重 ④生成過程所留下的痕跡。

88. （13） 評鑑寶石淨度等級時，所依據的是 ①表面特徵和內含物 ②寶石的大小和重量 ③僅限於已拋光的寶石 ④產地和價格。

89. （23） 強酸及充膠處理過的翡翠，鑑定時會發現 ①表面光滑 ②紫外線燈下有螢光反應 ③表面出現龜裂紋 ④聲音清脆。

90. （24） 用鉑金屬打造的珠寶，可以打上 ① Pd ② Pt ③ Pb ④ Pt950 的戳記。

91. （34） 黃金熔解冷卻後檢驗成色，表面呈何種顯像其成色最佳 ①細紋狀 ②青紅色 ③表面光亮 ④有微凹面。

92. （34） 要測試空心飾品成色的準確的方法為 ①在許可的情形下，剪斷後用目測法 ②直接用水秤法測量比重 ③在許可的情形下，熔成塊狀後測試 ④用金屬檢驗儀器測試。

93. （34） 利用超音波清洗珠寶飾品時，要注意之事項為 ①鑲有珍珠戒指可加溶劑清洗 ②珊瑚飾品一樣清洗 ③清洗前要檢查寶石是否完整 ④使用稀釋之中性活性劑。

（以上資料為勞動部 14600 金銀珠寶飾品加工 歷屆乙級學科考古題彙整 2016 年 4 月版）

乙級　工作項目 05：安全措施

一、單選題

1.　（1）　引起意外傷害的原因中最常見的是①人為疏忽因素②環境不佳③照明不足④吸煙。

2.　（2）　勞工安全衛生法系屬 ①憲法 ②法律 ③命令 ④解釋。

3.　（2）　勞工有接受雇主安排之安全衛生教育訓練的義務，違反時可處 ①罰金 ②罰緩 ③拘役 ④有期徒刑。

4.　（1）　新進人員施以一般安全衛生教育訓練之時數規定，不得少於幾小時 ① 3 ② 6 ③ 18 ④ 36 小時。

5.　（4）　安全門是緊急事故的出口，其寬度不得小於幾公尺① 1.6 ② 0.9 ③ 2.0 ④ 1.2 公尺。

6.　（3）　安全標示紅色是代表 ①放射性物質 ②急救設備 ③防火設備 ④有傷害危險。

7.　（4）　三角形（包括尖端向下及向上）在工業安全標示之意義為 ①警告 ②禁止 ③指示 ④一般說明及提示。

8.　（4）　急救箱要放在何處？ ①上鎖的櫃子 ②高高的地方 ③任意均可 ④固定且方便取用的地方。

9.　（1）　一般泡沫滅火器藥劑有效期限為 ①一年 ②二年 ③三年 ④四年。

10.　（3）　一般放置滅火器距工作地點不超過幾公尺① 10 ② 20 ③ 25 ④ 30 公尺。

11.　（1）　消防器中需要將瓶裝倒立才能使用者為 ①泡沫滅火器 ②乾粉滅火器 ③ CO2 滅火器 ④消防栓。

12.　（4）　電器設備或電線走火時，應使用 ①消防用水②泡沫滅火器③石綿覆蓋④二氧化碳滅火器 滅火。

13.　（3）　拋光作業容易產生粉塵污染，應如何防治？ ①以電扇噴散粉塵 ②移至戶外施工 ③加裝吸塵設備，並定期清洗 ④直接排放至空氣中。

14.　（1）　使用噴砂機作霧面處理時，下面說法何者有誤？ ①必須帶上深色護目鏡 ②砂的粗細會影響質感 ③噴的時間較長深度較深 ④噴的角度與花式作品面向有關。

15.　（2）　電器機具施行接地之目的是 ①防止漏電損失 ②預防觸電傷害 ③測定電流 ④使電壓穩定。

16.　（3）　人體電流效應，會引起肌肉痙攣的電流值約為 ① 0.1mA ② 1mA ③ 10mA ④ 30m A 。

17.　（4）　嗅聞任何液體或氣體之氣味時 ①可直接嗅聞 ②用木棒沾上嗅聞 ③倒出嗅聞 ④必須離開容器，用手揮引其氣味嗅之。

18.　（4）　將使用過的酸性溶劑倒掉之前，必須用 ①清水 ②碳酸鈣 ③活性碳 ④蘇打粉 中和後再倒掉， 以免造成二次公害。

19.　（2）　清洗 K 金之溶劑如有氰化物存在時應該 ①倒進水溝 ②交回收廠商 ③挖洞埋存 ④稀釋後再倒入水溝。

20.　（4）　珠寶從業人員所用的長管日光燈源，如何避免跳動閃爍影響工作 ①最好不要採用 ②單管最理想 ③與黃色鎢絲燈泡配合使用 ④要使用雙燈管來互補它們的閃動間隔。

21.　（4）　使用長短波紫外線儀器檢驗寶石時，我們要注意①打開窗戶避免有毒氣體傷害②用陶瓷缽盛裝寶石避免爆裂③用絕緣物把寶石和光源隔離④配帶有色眼鏡避免紫外線傷眼並且勿使皮膚在紫外線下曝露太久。

22.　（3）　工廠儲放貴重物品的保險箱應該設置在 ①方便收取的地方 ②順應風水的位置 ③安全隱蔽的地方 ④這都不重要，堅固最要緊。

23.　（3）　下班後，為了怕寶石丟掉，應該 ①將寶石帶回家保管 ②放在工作桌抽屜內 ③放進保險箱 ④隨身攜帶。

二、複選題

24. （134）有關工廠災害事故的敘述，下列何者正確 ①骨折的急救以不使繼續惡化為原則 ②扭傷在 24 小時之內不可用冷療法 ③第一度灼傷的症狀包括表皮受傷、皮膚發紅及刺痛 ④休克之症狀包括面部蒼白、皮膚溼而熱、呼吸急促而浮淺、脈搏細而快速。

25. （14）有關災害事故處理的敘述何者正確 ①急救的目的之一，在維護傷患之生命 ②傷患的呼吸已告停止時，即表示患者無法急救 ③不必紀錄傷患狀況的任何變化 ④視傷患受傷的嚴重程度，對最急迫的狀況，給予優先處理。

26. （234）有關防護設備使用安全敘述，何者正確 ①當利用油劑或溶劑洗滌物品時應戴上棉手套 ②安全眼鏡可防灰塵，撞擊或酸液的潑濺 ③護目鏡是用於防止有害光線，例如焊接等工作 ④鑽孔、車削等工作時，絕不可戴上手套。

27. （14）金屬飾品拋光時會產生粉塵，應如何處置 ①加裝吸塵設備 ②戶外施工 ③排放空氣中 ④定期清理並回收資源。

28. （23）在工作室裡準備酸洗液時，要注意哪些事項 ①用金屬容器盛裝 ②先倒水後加酸液 ③用玻璃容器盛裝 ④先倒酸液再加水。

29. （23）在工作時如果被酸性物質噴濺到而產生外傷時，可以用甚麼液體沖洗 ①油②水 ③肥皂水 ④雙氧水。

30. （12）化學燒傷的急救重點 ①用大量水沖洗 ②將傷者脫除衣服 ③於燒傷處塗油膏 ④將傷者頭部墊高。

31. （124）熱燒傷的急救重點 ①如皮膚未破裂，可浸入冷水或冰敷以止痛 ②勿碰觸或切開水泡 ③將傷者脫除衣服 ④嚴重的燒傷用乾淨的布料將傷處蓋住。

32. （234）施工安全管理敘述何者錯誤？ ①使用旋轉機械設備時護目鏡必要的防護用具 ②機具使用之接地線通常會以紅色導線作為區隔 ③發現電線或電路絕緣部分之損壞程度很輕，可不用檢修繼續使用 ④照明對施工安全沒有關係。

33. （124）對火災的分類與處理，下列敘述何者正確 ①發生於可燃性物體和木材、紙張、紡織品等的火災稱為甲類火災，可使用冷卻法滅火 ②由可燃性物體如汽油、溶劑、酒精、油脂類引發的火災屬於乙類火災，可使用窒息法滅火 ③由電器類引發的火災屬於丙類火災，可使用泡沫滅火器滅火 ④由可燃性金屬如鉀、鈉、鎂、鈦等引發的火災稱為丁類火災，須使用抑制法，係破壞燃燒中的游離子，達成滅火的目的。

34. （123）手工具和輕便電動工具造成的傷害，直接因素有 ①衝擊 ②撞擊 ③割切 ④壓傷。

35. （134）手工具使用安全包括 ①手工具須定期實施檢修與保養，發現缺點或損壞時，應該做適當的修理、調整 ②手工具為人員自我操作之工具，所以操作時不必使用防護器具 ③手錘回舉時，揮動不宜過猛，以免鐵鎚飛出傷人 ④使用手弓鋸可分推鋸和拉鋸，使用時應該分辨清楚。

36. （13）緊急事故處理時的正確方法 ①不可以用電線、繩索或其他狹窄的東西作止血帶 ②酸性藥品灼傷應以鹼性藥品中和之 ③雙氧水是消毒傷口用的 ④外傷的急救不管情況如何應先行消毒傷口周圍的皮膚。

37. （24）電線走火或電器設備走火時，應使用 ①消防用水 ②石綿覆蓋 ③泡沫滅火器 ④二氧化碳滅火器。

（以上資料為勞動部 14600 金銀珠寶飾品加工 歷屆乙級學科考古題彙整 2016 年 4 月版）

乙級　工作項目 06：職業素養

一、單選題

1. （2）　金銀珠寶飾品加工從業人員首重 ①技術 ②品德 ③人緣 ④相貌。
2. （1）　在臺灣金銀珠寶飾品加工從業人員轉換工作時，新的雇主大多會詢問「您師承哪位？」，為的是要知道 ①品德 ②派別 ③人緣 ④婚姻。
3. （3）　金銀珠寶飾品加工業容易招惹歹徒之原因 ①買賣無固定路線 ②師傅口風很緊 ③沒有危機意識 ④太過保守。
4. （1）　商業珠寶設計的原則首重 ①特性、實用、成本和製作的可行性 ②美觀、流行和華麗 ③貴重、個人品昧和技巧表現 ④不受任何因素影響設計者的創意。
5. （4）　客戶提供給工廠製作的圖樣和款式 ①製作人可以任意生產 ②專用權屬於工廠 ③對提供者與工廠都沒有約束力 ④提供圖樣和款式者保有專用權。
6. （1）　接受客戶委託加工的寶石，為了避免糾紛，我們必須在他（她）面前謹慎檢察寶石的 ①尺寸、重量、淨度和外觀 ②價值、顏色和來源 ③貨號、產地和外觀 ④寶石名稱、價值和顏色。
7. （3）　顧客來玉代工通常業者會用放大鏡檢查，並先前告知與紀錄，最主要的項目是①玉質好壞與價值②玉的內部特徵現象③外部特徵與表面現象④顏色飽和與紋理現象。
8. （4）　對客戶交付代工的寶石我們應該①給予正反兩面的評價和鑑定②不用理睬它的特徵和尺寸重量③強調該寶石品質的缺陷和價值④正確量尺寸和重量並標示特徵其餘不予置評。
9. （3）　客戶所交給的寶石 ①可以展示給其他人觀賞 ②拿給供應商估價 ③應替客戶保密 ④暫放在櫥窗展示。
10. （3）　顧客所交給的寶石，從業技術員在製作時如發生破損，應該 ①直接給予修補 ②直接換一個新的 ③向客戶說明尋求解決方法 ④當作不知道。
11. （1）　品質是 ①製造出來的 ②檢查出來的 ③裝出來的 ④自然達成的。

二、複選題

12. （123）有關金銀珠寶飾品加工行業之服務，下列敘述何者錯誤 ①當顧客委託加工之物件有損毀情形發生時，應掩蓋事實，當作不知道 ②顧客離去，若有遺留物品，應立即收起並佔為己有 ③以賺錢為唯一目標 ④顧客光臨時，要面帶微笑並向顧客問好。
13. （234）所謂適當優質的服務，應該涵蓋下列那些項目 ①以顧客穿著判斷服務進行的優先順序 ②不因為情緒低潮，影響對顧客服務態度 ③主動提供顧客較佳的產品建議之服務 ④「好的服務」是需隨時設身處地的為顧客著想。
14. （23）　一位好的金銀珠寶飾品加工從業人員 ①具備高傲的專業技術態度 ②可以單獨作業並能與同事密切合作 ③具備專精的專業技術與令人愉快的服務態度 ④要會討好主管並學會剝削式的高售價行銷技術。
15. （124）下列何者是金銀珠寶飾品加工從業人員應有的素養 ①優良的技術 ②高尚的品德 ③好酒量 ④專業鑑賞能力。
16. （123）優秀的金銀珠寶飾品加工從業人員應具備那些概念 ①良好的工作態度 ②專精的專業技能 ③重視廉潔和誠實 ④個人表現與待價而沽思維。
17. （23）　一位稱職的鑲工人員，接受寶石製作飾品時 ①以最低製作成本為唯一考量 ②先詳細檢查所交付寶石有無瑕疵 ③詳細記錄寶石尺寸、重量及特徵 ④不斷修改設計圖。

18. （34） 金銀珠寶飾品加工從業人員對於工作環境的維持需注意 ①順手就好，工作崗位不必清理 ②不要浪費時間回收材料，以免影響工作進度 ③不同材料要做分類，以保持成品純度 ④下班時將工具、材料與半成品收拾整理並妥善保管是必要的工作。

19. （34） 在金工製作或修改作品時，材料經常要加加減減，當材料不足時會主動給足，若材料有多時，不會主動要回去，雇主要測試的是員工的 ①員工的管理能力 ②員工的記憶力 ③員工的品德 ④員工的專業素養。

20. （34） 工作轉職時，新雇主面試詢問「你原職做什麼？任職多久？」的意義是 ①良好的人際關係 ②公司管理及組織關係 ③工作熱誠 ④專業技能。

21. （12） 有關離職之禮儀，下列何者正確 ①離職時切勿攜走公物或是公司機密 ②應在人事或業務單位見證下點交公物及交回鑰匙 ③把貴重的物品帶回家當紀念 ④對於遣散費有疑慮時，不必協商直接抗爭到滿意為止。

22. （14） 設計者繪圖時對飾品設計要考量 ①實用美觀創新 ②只顧自己的設計理念 ③好看就好 ④是否能施工。

23. （13） 工作中銼修之材料及粉末應如何回收利用 ①應以磁鐵去除鋸絲、鐵料 ②不用考慮回收問題 ③細心收集再利用 ④用油水清洗也可。

24. （23） 本業一直推行的貴金屬成色誠實標示，下列敘述何者正確 ①價格不二價 ②所製造成品成色，必須誠實標示 ③成品 14K 就標示 585 ④只要是 K 金就標示 18K。

（以上資料為勞動部 14600 金銀珠寶飾品加工 歷屆乙級學科考古題彙整 2016 年 4 月版）

VI 金銀珠寶飾品加工 丙級學科考古題大全

丙級 工作項目 01：施工圖

1. （4） 直圓柱需表示①長度與寬度 ②長度與深度 ③深度與高度 ④高度與直徑。
2. （1） 將物體之所有表面展平在一平面上，據此而繪製的圖稱為①展開圖②立體圖③前視圖④俯視圖。
3. （2） 原則上物體之展開以①內面 ②外面③側面④底部 向上。
4. （3） 圓柱體展開後為①扇形 ②錐形③長方形④圓形。
5. （2） 飾金工作圖之展開圖面比例，一般為① 1：2 ② 1：1 ③ 2：1 ④ 3：1。
6. （1） 為使製圖規範全國統一化與標準化，應用於製圖上之各種規定及法則，稱為①製圖標準②製圖規格③藍圖④草圖。
7. （1） 手繪工作圖時，最好先使用①鉛筆②原子筆③鋼筆④針筆。
8. （2） 繪製正投影視圖，先選定最能表現物體特徵之①側視圖②前視圖③俯視圖④後視圖 開始繪之。
9. （4） 一投影箱展開後，可得視圖個數為① 3 個② 4 個③ 5 個④ 6 個。
10. （1） 若工作圖面有難以標示之尺寸時，應該①加註解②現場說明③虛線標示④不標註。
11. （1） 尺寸 18±0.2 公厘，其最小容許尺寸為① 17.8 ② 18.2 ③ 17.08 ④ 18.02。
12. （3） 在工程及製造上，彼此溝通觀念，傳遞構想的媒介是①語言②文字③施工圖④英語。
13. （1） 用以表示設計者構想之圖面為①設計圖②工作圖③構想圖④說明圖。
14. （4） 製圖的要求首重①清晰②整潔③迅速④正確。
15. （3） 中國國家標準簡稱為① CSN ② DIN ③ CNS ④ ISO。
16. （1） A3 圖紙其規格尺寸為① 297×420 ㎜② 810×297 ㎜③ 420×594 ㎜④ 594×841 ㎜。
17. （2） 下列何種工具主要用於畫圓及圓弧①分規②圓規③曲線板④樑規。
18. （3） 下列各等級鉛筆，何者筆蕊最軟所繪線條最黑① 9H ② HB ③ 7B ④ B。
19. （1） 使用三角板配合丁字尺畫垂直線時，通常皆①由下往上畫②由上往下畫③由左向右畫④任意。
20. （2） 比例 1：2 是指物件 10 ㎜長，而以① 2 ㎜② 5 ㎜③ 10 ㎜④ 20 ㎜ 畫之。
21. （4） 物體上為 5 ㎜，在圖面上以 10 ㎜來表示，則其比例為① 5：10 ② 10：5 ③ 1：2 ④ 2：1。
22. （1） 繪圖基本要素是指①線條與字法②線條與尺寸③線條比例④線條與註解。
23. （3） 折斷線依 CNS 規定是①粗線②中線③細線④虛線。
24. （3） 工程圖上的字體書寫方向為①由上至下②由右至左③由左向右④左右不拘。
25. （4） 圖面上，中文字法採用以印刷鉛字中之①仿宋體②隸書體③楷書體④等線體。
26. （3） 正投影中，若物體離投影面愈遠，則其物體尺寸①愈大②愈小③大小不變④成一點。
27. （1） 當面向物體之正面，由物體左邊至右邊距離，稱為①寬度②高度③深度④長度。
28. （3） 正投影中，三個主要視圖是①前視圖、仰視圖、側視圖②後視圖、仰視圖、俯視圖③前視圖、俯視圖、側視圖 ④前視圖、後視圖、側視圖。
29. （1） 凡與水平投影面平行之直線稱為①水平線②正垂線③前平線④側平線。
30. （3） 某物面的正投影為其實形，則此面必與投影面①垂直②相交③平行④垂直且相交。
31. （4） 為清楚顯示複雜物體的斷面結構，應加畫①左側視圖②底視圖③輔助視圖④剖視圖。
32. （1） 繪製剖視圖所根據投影原理是①正投影②斜投影③透視圖④輔助投影。
33. （3） 被剖切的面，在剖視圖中應加畫①割面線②細鏈線③剖面線④虛線。
34. （1） 同一物件需要一個以上之剖面時，每個剖面應①單獨剖切②連續剖切③互剖切④全剖切。
35. （3） 下列物體中，何者僅需二視圖即可清楚表達①多角形體②不規則形體③圓柱體④圓球體。

36. （4） 剖視圖中，將剖面在剖切處原地旋轉① 15° ② 30° ③ 45° ④ 90° 則為旋轉剖面。

37. （3） 金飾加工作業中，為實測正確尺寸繪於圖面上，宜使用①鋼尺②捲尺③游標卡尺④三角板 較為正確。

38. （4） 為清楚顯示物體的外表，在尺寸標示時，應標示①輪廓②大小③位置④應有大小及位置 尺寸。

39. （1） 為清楚表示物體的整體面，輪廓線應比中心線①粗②細③不用粗細④依物體的大小而定。

40. （4） 圖面上若有標示線箭頭應避免標在①輪廓線②圓弧線③接縫線④虛線。

41. （2） 下列何種尺寸線為折角①半徑②角度③直徑④長度。

42. （2） 一組三角板中最小的角度為若干度① 15 度② 30 度③ 45 度④ 60 度。

43. （4） 球形需表示①長度與寬度②長度與深度③深度與高度④高度與直徑。

44. （4） 尺寸上加註公差之目的是在①方便包裝②無需技術③控制表面粗度④控制精度。

45. （2） 凡不能用視圖或尺寸表示之資料，可用文字說明稱為①符號②註解③字法④記號。

46. （2） 表示物體的大小與位置的是①尺寸②工作圖③形狀④公差。

47. （4） 尺寸應記入於最能顯示其①長度②形狀③大小④位置 之視圖上。

48. （1） 設計尺寸時於一個方向（正向或負向）賦予公差，稱為①單向公差②雙向公差③通用公差④位置公差。

49. （2） 工作圖上附有▽▽是表示①尺寸大小②加工符號③銲接符號④距離或長度。

（以上資料為勞動部 14600 金銀珠寶飾品加工 歷屆乙級學科考古題彙整 2016 年 4 月版）

丙級 工作項目 02：作業準備

1. （2） 下列金屬的導電率最高的為①銅②銀③鉛④鋁。
2. （1） 對同一金屬而言，調配成合金時強度通常比組成該合金的金屬①為高②為低③無影響④無影響但延性較佳。
3. （2） 膨脹係數是指金屬材料的①強度②物理性質③光學性質④硬度。
4. （2） 鑽石的光彩強弱，其加工過程取決於①大小②切磨比率③成色④淨度。
5. （3） 理論上一克之純銀可抽成① 1600M ② 1700M ③ 1800M ④ 2000M 之絲。
6. （2） 白金又稱鉑（Pt），其結晶核子為①體心立方格②面心立方格③六方密方格④雙品體。
7. （3） 鉑熔點可達 1773.5℃，其比重為① 19.3 ② 20.3 ③ 21.3 ④ 23.3。
8. （3） 鉑具有美麗光澤，在高溫下加熱①容易氧化②易腐蝕③不會氧化④易生銹。
9. （1） 鉑合金中之主要合金有 Ir（銥）及 Rh（銠）二種，其中 Ir 合金含① 10 ～ 20%② 20 ～ 30%③ 30 ～ 40%④ 40 ～ 50% 可增大硬度及耐酸度。
10. （2） 凡組織柔軟之金屬①易結晶且晶體小②易結晶且晶體大③不結晶④不易結晶且晶體大。
11. （2） 金屬材料凝固速度越慢，其晶粒①愈細微②愈粗大③一樣④不一定。
12. （1） 可使金屬軋成薄片之性質稱為①展性②剛性③延性④脆性。
13. （3） 可使金屬抽成細絲之性質稱為①展性②剛性③延性④脆性。
14. （2） 一般金屬材料硬度越大者，其韌性比較①強②弱③相等④不一定。
15. （1） 判定鑽石淨度等級放大鏡的標準為① 10 倍② 15 倍③ 20 倍④ 30 倍。
16. （4） 鑽石的硬度在摩氏硬度表上列為① 3 ② 5 ③ 9 ④ 10。
17. （4） 一克拉相等於① 0.5g ② 0.1g ③ 1g ④ 0.2g。
18. （2） 合成二氧化鋯石（CZ）俗稱①瑞士鑽②蘇聯鑽③美國鑽④德國鑽。
19. （3） 一克拉等於① 10 分② 50 分③ 100 分④ 1000 分。
20. （2） 寶石的重量計算至克拉以下小數點①一位②兩位③三位④四位。
21. （4） 堅韌度最佳的寶石為①金綠玉②硬玉③鑽石④軟玉。
22. （1） 寶石中硬度最高的為①鑽石②剛玉③硬玉④珍珠。
23. （4） 非有機物寶石是指①珍珠②珊瑚③琥珀④柘榴石。
24. （3） 商場上最高級的藍寶石稱為①緬甸級②泰國級③克什米爾級④錫蘭級。
25. （2） 商場上最高級的紅寶石稱為①肯亞級②緬甸級③錫蘭級④泰國級。
26. （1） 商場上最高級的祖母綠稱為①哥倫比亞級②巴西級③泰國級④肯亞級。
27. （3） 一般認為哥倫比亞祖母綠需含有①一相結晶②兩相結晶③三相結晶④四相結晶。
28. （2） 有眼綠寶石之王是指①虎眼石②金綠玉貓眼石③鷹眼石④青金石。
29. （4） 不影響寶石耐用性的因素是①硬度②堅韌性③穩定性④價格。
30. （3） 將鑽石切磨成花式形狀主要的原因是①工資便宜②工時考量③保留最大重量④無法切成圓形。
31. （1） 珍珠的硬度約為莫氏硬度① 2.5 ～ 4.5 ② 5 ～ 7 ③ 7 ～ 9 ④ 9 以上。
32. （3） 18K 金是指含金量千分之① 585 ② 600 ③ 750 ④ 850。
33. （1） 14K 金是指含金量千分之① 585 ② 600 ③ 750 ④ 850。
34. （2） 一盎司等於① 3.11 ② 31.1 ③ 311.0 ④ 11.3 克。
35. （2） 打造與鑄造而成之飾品，其金屬密度①鑄造較高②鑄造較低③兩者一樣④打造較低。

36. （2） 一台兩黃金等於① 3.75 ② 37.5 ③ 35.7 ④ 3.57 公克。

37. （4） 下列何者不是黃金調配成K金的主要目的①要求較高的強度②優美的色澤③良好的加工性④永不變色。

38. （4） 下列何者屬無機寶石①珍珠②珊瑚③琥珀④藍寶石。

39. （2） 純銅的顏色是①黃②紅③綠④藍。

40. （2） 下列材料中，硬度最低的金屬是①鐵②銀③銅④鋼。

41. （4） 銀之純度愈高，則愈①硬②韌③脆④易導熱。

42. （2） 銼削圓孔宜選用的銼刀是①方銼刀②半圓銼刀③三角銼刀④平銼刀。

43. （4） 一般不套木柄的銼刀是①平銼刀②方銼刀③圓銼刀④什錦銼刀。

44. （4） GIA 鑽石報告書中，鑽石成色分級表上，最高等級為① A ② B ③ C ④ D。

45. （2） 標準圓形明亮型切工的鑽石有① 98 刻面② 58 刻面③ 48 刻面④ 60 刻面。

46. （4） 鑽石有① 1 個② 2 個③ 3 個④ 4 個 天然裂理方向。

47. （2） GIA 鑽石淨度最高等級為①完美②無瑕③全美④乾淨。

48. （4） 天然彩色鑽石中最普通的是①紅色②藍色③綠色④黃色。

49. （3） 紅寶石中含致色元素①錫②碳③鉻④鉛 的致色元素愈多紅色愈鮮艷。

50. （3） 紅藍寶石的硬度在莫氏硬度表為① 5 ② 7 ③ 9 ④ 10。

51. （2） 臺灣東部生產的玉石是屬於①硬玉②軟玉③羊脂玉④翡翠。

52. （1） 一般常見寶石中軟玉的韌度①較高②較低③中低④無法測出。

53. （2） 黃石英的硬度莫氏硬度表為① 3-4 ② 7-8 ③ 9 ④ 10。

54. （4） 淡水養殖珍珠最主要來源是①南太平洋群島②大溪地③日本④中國大陸。

55. （1） 最受歡迎的珍珠是①圓形②梨形③水滴形④蛋形。

56. （3） 下列何者不是鉑系族金屬①鉑②鈀③鉻④銠。

57. （3） 分度器的刻度通常是① 0 度～ 45 度② 0 度～ 90 度③ 0 度～ 180 度④ 0 度～ 360 度。

58. （3） 一般游標卡尺的測量精度有① 1/10 及 1/100 ② 1/20 及 1/40 ③ 1/20 及 1/50 ④ 1/50 及 1/100 公厘兩種。

59. （2） 公厘卡的精度一般使用的為① 0.1 ② 0.01 ③ 0.001 ④ 0.0001 公厘。

60. （2） 鋸切雕蠟用之蠟材其鋸齒應選擇①跳齒鋸片②螺旋齒鋸線③平齒④高低齒。

61. （3） 寶石抵抗磨擦刻蝕的能力稱為①溫度②熱度③硬度④韌度。

62. （3） 最早發現亞歷山大石的國家是①美國②泰國③俄羅斯④中國大陸。

63. （4） 下列何者不是鑽石的４Ｃ①切割②重量③淨度④價格。

64. （4） 溶化貴金屬 K 合金，加入硼砂的目的①增加硬度②增加重量③增加美觀④消除氣泡淨化作用。

65. （3） 首飾加工之退火處理，其目的是①保持重量②增加重量③使金屬展延性增加好施工④美化顏色。

66. （2） 寶石材料抵抗外來刻劃、壓入或研磨等機械的能力是①韌度②硬度③強度④柔度。

（以上資料為勞動部 14600 金銀珠寶飾品加工 歷屆乙級學科考古題彙整 2016 年 4 月版）

丙級 工作項目 03：安全衛生措施

1. （3） 在有噪音的環境中工作，應配戴①手套②眼罩③耳罩④口罩 以防傷害。
2. （4） 在有粉塵的環境中工作，應配戴①手套②眼罩③耳罩④口罩 以防傷害。
3. （3） 在從事珠寶鑲嵌工作時，應配戴①皮手套②遮光面罩③護目鏡④耳罩 以防傷害。
4. （2） 操作電動輾車機器壓片作業時，不應配戴①安全帶②棉紗手套③護目鏡④口罩。
5. （4） 下列何者不易造成意外災害①雜亂的環境②不正確的作業方法③不安全的設備④完善的安全衛生管理。
6. （1） 氧乙炔氣銲接作業時，如發生回火現象，其處理程序首先須①切斷氧氣②切斷乙炔氣③切斷預熱氧氣④調整氧氣壓力。
7. （2） 政府制定勞工安全衛生法令之目的為①限制勞工權益②防止職業災害及保障勞工安全③保障雇主之財富④改善勞工退休制度。
8. （3） 依工業安全標示設置準則規定，禁止標示板之外形應為①正方形②三角形③圓形④六角形。
9. （2） 依勞動基準法規定，凡在廠（或公司）工作達一年以上，未滿三年者，應享有幾天特別休假①五天②七天③九天④十一天。
10. （2） 作業人員因吸入有毒氣體引起輕微中毒時，首先應處理之程序為①繼續完成工作②移送於通風處急救③迅速送醫治療④加戴防毒面具繼續工作。
11. （2） 使用落地式砂輪機研磨工件時，下列何者為不正確①砂輪托架比砂輪之中心低②使用砂輪之側面研磨③戴安全護罩④身體側立研磨。
12. （3） 寶石鑑定時，下列何種是破壞性的測試①螢光測試②偏光測試③硬度筆測試④X光繞射測試。
13. （1） 電動機器外殼裝置接地線之目的為①防止電擊②降低電阻③增強電流④節省用電。
14. （3） 以滅火器滅火時，人應在①高處②低處③上風位置④下風位置。
15. （2） 配電盤火災時，需用何種消防材料滅火①鹵化烷②二氧化碳③水④泡沫。
16. （3） 電動工具之電源插頭皆附有接地線夾，使用時應①剪斷以利工作②夾於塑膠質上以防電擊③夾於金屬導體接地④不予理會。
17. （4） 操作旋轉機器時①應戴石棉手套②應戴皮手套③應戴橡膠手套④不可戴手套。
18. （3） 護目鏡之主要作用為①保護工作物②防止熔渣飛濺③保護眼睛④保護身體。
19. （1） 抬舉重物之正確姿勢為使用①腿部②腰部③手臂④臀部 之力量。
20. （4） 使用氧、乙炔氣時，產生回火現象，可能由下列何者所致①火嘴堵塞②氧氣耗盡③管線破裂④乙炔耗盡。
21. （1） 手提式滅火器須於何時使用，方可有效遏止火災漫延，且將其撲滅①火災形成之初②大火漫延時③火災末期④火災期間均可使用。
22. （3） 下列各項有關滅火器之敘述何者不正確①應擺置在固定且明顯處②須實施定期檢查③經使用過後如還有剩餘，可留待下次繼續使用不必再填裝或換新④檢查壓力錶壓力。
23. （2） 工廠安全通道邊線常以何種顏色表示①紅色②黃色③綠色④藍色。
24. （3） 下列何者作業時，不允許戴手套①搬運②抽線③輾車④銲接。
25. （1） 電動機具欲使用插座電源時，須先確認①電壓②電流③電阻④電容。
26. （2） 工作時配帶防護用具係為①美觀②工作安全③提高效率④帥氣。
27. （2） 使用乾粉滅火器，在粉末噴向火場時，持滅火器者①應選擇下風位置②應選擇上風位置③不必留意風向，也不須選擇站立之位置④應離開最接近之火苗 20 公尺以上。

28. （3） 工廠安全衛生訓練的目的，係為防止①公害②天災③職業災害④員工離職。

29. （2） 發生災害人員受傷而需救護車支援時，應打電話號碼為① 117 ② 119 ③ 112 ④ 110。

30. （2） 在工作中觸電時急救須①用鐵棍將電源撥開②用乾木棍將電源撥開③用手將電源撥開④用手將觸電者拖離電源。

31. （3） 電氣火災時宜用何種消防器材滅火①水②乾砂③二氧化碳滅火器④泡沫滅火器。

32. （3） 有關飾品加工之作業安全，下列敘述何者為錯誤①進入工場作業應著工作服、安全眼鏡等防護具②旋轉機器傳動鏈條及砂輪機之護罩，不得鬆動或予拆除　③可用手指直接接觸剛銲接完成之飾品工件④作業場所如有易燃物，應將其移開或隔離後，方可動火作業。

33. （1） 消防滅火之原則為隔離空氣中之①氧②氫③氮④氦。

34. （3） 在有毒氣體場所，急救人員應準備之防護具為①穿著布鞋②繫妥安全帶③配戴防毒面具及揹帶氧氣筒④攜帶檢知器。

35. （1） 如何確保機具設備之良好狀況①定期檢查②經常使用③盡量不用④不定期檢查。

36. （3） 氫氣為一種①催化②還原③自燃④助燃 性氣體。

37. （3） 徒手強行停止尚在轉動的機器是①正確的②方便的③非常危險的④明智的。

38. （2） 發現作業同仁之工作環境或工作方法有潛在性危險時，您該如何處理①事不關己，不予理會②主動加以提醒或勸止③只是有潛在危險不一定會造成傷害，沒關係④作業同仁自己應該知道，不便打擾。

（以上資料為勞動部 14600 金銀珠寶飾品加工 歷屆乙級學科考古題彙整 2016 年 4 月版）

丙級 工作項目 04：金屬飾品加工

1. （2） 以下四種天然寶石，那一種韌度最脆弱①鑽石②祖母綠③紅寶石④藍寶石。
2. （3） 下列那一種 K 金比重最重① 10K ② 12K ③ 18K ④ 14K。
3. （2） K 金材料的硬度是因①含金量高②合金成份③含金量低④含銀量 而變硬。
4. （4） 拋光用的砂紙粗細程度是用①目測②儀器 ③手感④細目代號 來決定。
5. （1） 加工中欲使材料表面較細膩光滑，應選用那一種銼刀①細目②中目③粗目④超大目。
6. （4） 下列砂紙的代號何者較細① 200 ② 400 ③ 600 ④ 800 目。
7. （1） 以下那一種 K 金含金成份最高① 22K ② 18K ③ 14K ④ 10K。
8. （3） 銼削工作正確流程，應先選用①細目銼刀②中目銼刀③粗目銼刀④什錦銼刀。
9. （3） 依工程規範所規定之施工方法及要求標準，需耗費較多時間時，您該如何處理①以其他較快速之方法施工②不顧工程規範之規定及要求，以自己慣用之方法處理③確實依工程規範規定施工，達成其要求標準④自行修改工程規範之規定及要求。
10. （3） 對施工圖有不瞭解時，您該如何處理①以自己的經驗來判定②對不瞭解部份避而不做③請教悉知者，確實瞭解後再施工④自行修改施工圖。
11. （1） 畫線工具鈍化時應以①油石②砂紙③銼刀④車刀 研磨。
12. （3） 選用銼刀考慮之最大因素是工作物的①延性②展性③硬度④塑性。
13. （2） 鋸齒愈多表示鋸條尺寸①越長②不變③越短④越寬。
14. （1） 手鎚之大小是以其①鎚頭重量②木柄長度③整支長度④木柄寬度 來表示。
15. （4） 大量生產的工件，檢驗時應①每一個檢驗②第一及最後一個檢驗③不必檢驗④作抽樣檢驗。
16. （4） 下列何者不是塑性加工法①鍛造②軋延③拉製④銲接。
17. （3） 將材料置於各種形狀的擠模前面，而由材料之後端施壓此方法稱為①拉製②壓製③擠製④灌製。
18. （2） 金屬由固態變成液態之溫度稱為①凝固點②熔點③過冷④變態點。
19. （4） 金屬材料除了水銀外，在常溫下為①固溶體②氣態③液態④固態。
20. （4） 飾品加工作業中，下列何者不須符合施工規範之要求①材質及尺寸②施工方法③檢驗及測試④費用。
21. （1） 以手鎚敲擊時，為使打擊準確，眼睛應注視①作用點②刀口③鐵鎚④木柄。
22. （4） 螺絲起子在何時可使用於拆卸鑲嵌寶石的撬桿？①找不到工具時②工具損壞時③可依個人習慣④不可充當撬子使用。
23. （1） 雖然尺寸未標示公差，為準確起見，常利用游標卡尺去測量是①良好的習慣②浪費時間③有標示才量④多此一舉。
24. （1） 劃線之前應研究工作圖資料及加工程序主要目的為①求確實②上級交代③同事意見④不必浪費時間。
25. （2） 分規的針尖應時常保持尖銳，兩腳長度要有①微量差異②一樣長③一長一短④都可以 劃圓才會滑順。
26. （1） 劃針劃線時針桿應①垂直②平行③成 45 度④成 30 度 工件表面。
27. （1） 手工鋸切時，鋸線上可加一些①蠟油②水③汽油④黃油 幫助潤滑。
28. （4） 平銼工作時動作要①非常慢②快③使用單手④適中 才能使銼削面平直。
29. （2） 銼削工作之正確方法是①來回動作均可切削②向前出力切削③往回的方向切削④沒有規定。
30. （2） 一套什錦銼每一支的形狀都①一樣②不一樣③有時一樣④沒有規定。

31. （1） 合金的強度通常比組成該合金的金屬①為高②為低③無影響④無影響但延性較佳。

32. （1） 銀銅合金可作為銀幣、裝飾品等，若添加①鋅②鉛③錫④鎂 時可作為銀硬焊用合金。

33. （2） 純金使用之清潔劑為①硫酸②鹽酸③汽油④煤油。

34. （3） 首飾所使用之銲料，以何為原則①不必考慮②用量愈多愈好③視狀況適量④價格愈低愈好。

35. （3） 市面上含銅 7.5%的銀首飾，其含銀量約為① 100/1000 ② 850/1000 ③ 925/1000 ④ 995/1000。

36. （4） 銀銲料是銀和①白銅②錫③鉛④黃銅 的合金。

37. （1） 純銀所使用之清潔劑為①稀釋硫酸②鹽酸③汽油④煤油。

38. （3） 要稀釋硫酸時①先準備硫酸再加水②不必考慮③先準備水再慢慢加硫酸④同時混合。

39. （2） 被鹽酸沾到皮膚時①不必管它②用清水沖洗③繼續工作④塗上藥膏。

40. （3） 中央標準局之規定，含金量為① 990/1000 ② 850/1000 ③ 995/1000 以上④ 800/1000 稱為純金。

41. （3） 一兩（37.5g）純黃金調配成 18K 金，應添加多少其它金屬① 10.2g ② 11.0g ③ 12.5g ④ 14g。

42. （2） 用於塑型之器具為①衝子②成型砧③水口剪④滾輪。

43. （2） 將熔化的金屬液倒入鑄模，使金屬凝固成形，稱為①鍛造②鑄造③熔接④熱作。

44. （4） 銼刀之選用不須考慮①大小②銼紋③形狀④重量。

45. （4） 胸針製作，其插針應銲接於背面之何處較適當①約上方 1/3 以上②正中央③下方 1/3 ④視物品形狀及重心而定。

46. （4） 裝置鋸線時鋸齒之鋸刃應①向握柄側②向外側③隨便④視鋸材及個人使用習慣而定。

47. （3） 大量生產鉛、錫、鋅等低熔點金屬飾品製作，是將熔化的金屬液注入①石膏模②金屬模③橡皮模④殼模。

48. （4） 當顧客提供現成寶石，欲製作金屬搭配，設計時不須考量寶石的①種類和色澤②形狀③大小④產地。

49. （1） 鉑飾品之鉑含量一般為① 900/1000 ② 990/1000 ③ 995/1000 ④ 999/1000 或以上。

50. （1） 消除銼痕，使表面光滑可選用①砂紙②棉紙 ③棕刷④銅油。

51. （2） 雕蠟件與鑄成純銀件之重量比為① 1：10 ② 1：11 ③ 1：12 ④ 1：13。

52. （3） 雕蠟件與鑄成純黃金之重量比為① 1：18 ② 1：19 ③ 1：20 ④ 1：21。

53. （3） 雕蠟件與鑄成 18K 黃金之重量比為① 1：15 ② 1：16 ③ 1：17 ④ 1：18。

54. （3） 鑄造之石膏鑄模，若抽真空不良，將造成金屬鑄件①有砂孔②有縮孔③有珠粒④錯位變形。

55. （1） 雕蠟件須比欲灌製成金屬之尺寸①微放大②縮小③一樣④視金屬材料而定。

56. （1） 金屬台座或小零件，生產方式以衝模、鑄造之主要原因①規格標準化②品質不易控制③成本高④耗時。

57. （2） 鈀金屬之特性是①柔軟②強韌③硬脆④價格比銀便宜。

58. （1） 鈀比重較鉑①輕②重③一樣④無法比較。

59. （2） 不良品充作良品之行為①降低成本②害人害己③減少麻煩④不一定會出問題。

60. （1） 金屬熔解成液態欲灌入鑄模時，其溫度必須比熔點①高②低③一樣④不一定。

61. （1） 金屬熔解後，持續加熱以致溫度過高，易造成①氧化②成份不變③材質不變④無影響。

62. （4） 游標卡尺不可量測①內徑②外徑③長度④密度。

63. （3） 公制游標卡尺可量的最小尺寸是多少公厘① 0.001 ② 0.01 ③ 0.02 ④ 0.05。

64. （1） 量產戒台的原版，其鑄口棒應焊接於①戒圍下方②戒圍兩側③寶石座處④鑲口處。

65. （2） 組樹時用於焊接蠟型之蠟棒，稱為①樹幹②澆道③灌嘴④鑄口。

66. （3） 澆道之大小①愈大愈好②愈小愈好③視灌鑄飾品大小而定④視灌鑄金屬種類而定。

67. （2） 量產胸針的原版，其鑄口棒應優先選擇銲接於①插針處②背面處③較薄處④有花紋處。

68. （1） 橡膠磨輪在金工用途上，主要功用是①拋光②鑽洞③車溝④磨沙洞。

69. （3） 飛碟是鑲鑽主要的工具之一，它的功用是①鑽洞②拋光③車溝④研磨。

70. （1） 稀硫酸跟明礬水，在金工中扮演那一種角色①清潔劑②助熔劑③研磨劑④添加劑。

71. （1） 石膏模加熱的方式，那種最為恰當①緩慢升溫②急速升溫③視情況而定④先快後慢。

72. （4） 下列何者不是雕蠟的材料①蠟條②蠟塊③戒型蠟條④香皂。

73. （1） K金飾品加工時加入合金，其目的是①增加較高的硬度及耐磨性②增加重量③增加利潤④增加成本。

74. （3） 下列何種金屬中的硬度最硬①黃金②純銀③鉑金④以上硬度一樣。

75. （1） 珍珠戒指修改手圍應注意①將珍珠取下再改手圍②用紙直接包起來再改手圍③將珍珠塗上硼砂再修改④直接修改。

76. （2） 橡膠模大量生產時過熱應注意①用吹風機吹②用油質擦拭③只能做一個④趕緊製作。

77. （2） 首飾加工焊材最好配料的金屬是①鋼②銀③鈀④銠。

78. （2） 首飾拋光過程中，何種材料最細①青土②紅土③砂紙④砂輪。

（以上資料為勞動部 14600 金銀珠寶飾品加工 歷屆乙級學科考古題彙整 2016 年 4 月版）

丙級 工作項目 05：金銀飾品銲接接合

1. （2） 脫蠟鑄造法，鑄件表面之光滑度取決於①殼模之淋砂粒度②蠟模表面光滑度③脫模溫度④澆鑄速度。

2. （2） 蒸汽脫蠟，蒸汽溫度最適當為① 50 ～ 150℃② 150 ～ 250℃③ 250 ～ 350℃④視澆鑄金屬而定。

3. （1） 何種金屬於銲接時最易產生有毒氣體①黃銅②碳鋼③鋁④不銹鋼。

4. （3） 純金在材料上或金塊上，是以何種方式標示其中的含金純度① 9.999 ② 99.99 ③ 999.9 ④ 9999.9。

5. （3） 在白金、純金、純銀、銅金四種材料中，磨光如鏡反光度最好的是①白金②純金③純銀④銅。

6. （2） 從事珠寶飾品鑲嵌工作，下列何種因素應優先考慮①製做流程②寶石特性③金屬材料④新款飾。

7. （2） 等圓的鑲鑽管座，不外加爪用間隙，中央排一個，周邊排一圈共需幾個管座①六個②七個③八個④九個。

8. （1） 以扇形取胚法，弧度越大，所做的寶石主座是①愈斜②愈直③愈高④沒有關係。

9. （2） 圓型寶石主座，以順時鐘方向定出 E、F、G、H 四支爪位，如果已經銲好 E 爪，其次最好先銲的是① F 爪② G 爪③ H 爪④都可以。

10. （2） 鑽石的主座如果過高時，需鋸出夾層，其夾層的作用是①堅固②透光③耐用④省工。

11. （3） 飾品的製造過程中，材料消耗最少的是①砂紙研磨②銼刀研磨③剪刀修剪④鑽針鑽孔。

12. （1） 銲料做砂孔填補時，以下何者最好①高銲②中銲③低銲④超低銲。

13. （3） K 金材料用輾車軋延薄材時，所產生的結果以下何者不正確①有毛邊②波浪面③溫度不變④材料變寬。

14. （2） 單鱔的項鍊長度與線材長度的比率是① 1：3 ② 1：4 ③ 1：5 ④ 1：6。

15. （3） K 金，含金成分標示中，最不常用的是① 12K ② 14K ③ 16K ④ 18K。

16. （3） K 金又稱合金，含金成分標示中，最高的標示是① 18K ② 20K ③ 22K ④ 24K。

17. （2） 戒圍圈，以台寸號碼標示 12 號圍，其長度是① 1.75 ② 1.85 ③ 1.95 ④ 2.05 cm。

18. （2） 橢圓形寶石的大小，通常以乘式標示，以下四式中最常見的是① 6×7m/m ② 6×8m/m ③ 5×9m/m ④ 5×10m/m。

19. （2） 要做 9 號圍的戒指，一般台寸的算法，坯材長度應取① 1.6 ② 1.7 ③ 1.8 ④ 1.9。

20. （1） 一般有大、小寶石的飾品，通常在造形設計以①大寶石為主體②小寶石為主體③大寶石為襯托④都屬襯托。

21. （1） 已銲好多個寶石鑲座，且要用石膏組合，須拋光的時機是在石膏組合①之前②之後③都可以④不需拋光。

22. （4） 設計者對於飾品的造形應作何種考量①正面②反面③側面④整體。

23. （3） 戒指的角度設計，應盡量避免以下何種角度①鈍角②直角③銳角④圓弧。

24. （2） 多個零件組合時，每件焊接應在幾處以上①一處②二處③三處④四處 較為牢固。

25. （4） 寶石要用爪鑲時，其爪支數最好是用①二②三③四④視需要而定。

26. （3） 正方形的材料，任一角做對角切割成二塊三角形，其三角形斜面為幾度
① 35° ② 40° ③ 45° ④ 50° 。

27. （4） 寶石的鑲爪，通常使用規格是① 0.8 公厘② 1.0 公厘③ 1.2 公厘④不一定。

28. （3） 寶石採用包鑲法時，其包邊的高度不足，所影響的是①高低層次不足②美觀不佳③寶石不牢④觸覺感不好。

29. （2） 設計一只飾品，欲保留原型可製作①石膏模②橡皮模③蠟模④鋼模。

30. （3） 製作橡皮模，其橡皮材料須經加熱① 112 ～ 130℃② 132 ～ 150℃③ 152 ～ 170℃④ 172 ～ 200℃熔合成型。
31. （1） （刪題） 雕蠟用蠟材料比射蠟用之蠟材料其強度①高②低③一樣④不一樣。
32. （4） 以電源加熱熔解金屬材料之設備何者不適用①高週波②中週波③低週波④蒸氣爐。
33. （2） 切割橡皮模最重要的是①美觀②適當分模線③橡皮材料片數④加熱溫度。
34. （3） 雕蠟時，不慎局部斷裂，應①丟棄重新做 ②改變造形設計③依設計圖銲補後繼續完成④熔毀。
35. （1） 雕蠟件，每一部位之斷面厚度①儘可能厚度均匀②為求美感，厚薄差愈大愈佳③愈薄愈佳④愈厚愈佳。
36. （4） 雕蠟材料有幾種顏色①一種②二種③三種④多種 其意義視生產廠商標示而定。
37. （1） 雕蠟用銼刀比金工用銼刀①粗②細③一樣④重。
38. （2） 灌注金屬液之模穴稱為①石膏模②鑄模③橡皮模④蠟模。
39. （4） 焊接銲藥之使用量應①為求方便愈多愈好②銲的住即可③為求省利愈少愈好④視需要適當使用。
40. （4） 18K 金飾品之焊接應選擇① 12K ② 14K ③ 16K ④ 18K 銲料。
41. （1） 銀銲材是銀中加少量黃銅，以便易熔，其種類有分① 3 分、5 分和 7 分② 4 分、6 分和 8 分③ 5 分、7 分和 9 分④ 7 分、8 分和 9 分。
42. （3） 銀銲材中最常用的是 5 分銲材，其銀和黃銅的比例為① 5:1 ② 3:2 ③ 10:5 ④ 4:1。
43. （3） 火熔法紅、藍寶石在放大鏡下能見①助熔液②指狀紋③彎曲色帶④針狀紋。
44. （4） 水熱法紅、藍寶石和天然寶石接近內含何種現象①三相結晶②四相結晶③金綠玉④色帶。
45. （3） 製作助熔法紅、藍寶石時，其助熔液能在① 2000℃② 1800℃③ 1700℃④ 1600℃ 時熔化添加物。
46. （2） 石膏模脫蠟溫度約① 50℃～ 100℃② 150℃～ 250℃③ 250℃～ 450℃④ 450℃～ 600℃。
47. （2） 石膏模之高溫燒結硬化，加熱方式是①急速昇溫②緩慢昇溫③隨便④視形狀而定。
48. （1） 石膏粉與水混合其比例是① 40cc 水／ 100g 石膏② 100cc 水／ 40g 石膏③ 100cc 水／ 30g 石膏④ 100cc 水／ 20g 石膏。
49. （3） 用橡皮模射製之蠟型，銲組成一串，稱為①串燒②吊蠟③組樹④射蠟。
50. （4） 一棵蠟樹由多少蠟模組成① 1 ② 10 ～ 30 ③ 30 ～ 100 ④視蠟型及需要而定。
51. （2） 銀之退火溫度下列何者較適合① 150 ～ 350℃② 600 ～ 750℃③ 900 ～ 1000℃④ 1000℃以上。
52. （4） 火熔法紅、藍寶石的原料加熱到幾度能結晶① 1500℃② 1700℃③ 2000℃④ 2200℃。
53. （1） 助熔法紅、藍寶石的內含物有①助熔液殘留物②透明指狀紋③彎曲針狀紋④彎曲色帶。
54. （1） 下列何種金屬只溶於硝酸不溶於王水（一份硝酸三分鹽酸） ①銀②銅③鐵④鉑金。
55. （1） 首飾加工焊接多處時，應從何種溫度銲藥焊起①高銲②中銲③低銲④都可以。

（以上資料為勞動部 14600 金銀珠寶飾品加工 歷屆乙級學科考古題彙整 2016 年 4 月版）

丙級 工作項目 06：寶石鑲嵌主石座、支撐製作

1. （4） 戒指檯座的高度，製造者應以下列何者高度為正確①習慣上的高度②無定高度③以寶石的高度④以設計圖的高度。
2. （1） 夾鑲法中，3mm 圓形寶石之最大間隙，下列何者為宜① 0.3 ② 0.5 ③ 0.7 ④ 1.0 公厘以下。
3. （1） 夾鑲用的 K 金檯溝槽裡面的支撐支架間隔，最多不超過幾個寶石為宜①三②四③五④六 個。
4. （1） 鑲嵌寶石的爪子愈長，其抓力①愈弱②愈強③不影響④都一樣。
5. （3） 飾品設計表面部分霧面處理，其主要意義是①不易打亮②施工不便③對比④無意義。
6. （2） 珊瑚的飾品經修改後，以何種水清洗為宜①熱開水②常溫水③酸性藥水④強鹼性藥水。
7. （1） 無色剛玉用 1700℃加①鈦鐵②銠③鎳④金 後再熱處理，俗稱為二度燒藍寶。
8. （3） 紅、藍寶石的優化處理①加鈦鐵②加鉻鐵③不加任何東西④加銠 而被認為是天然寶石。
9. （3） 天然紅星石星光最好的切磨①方型再加熱處理②多角型③蛋面型④明亮切割。
10. （3） 越南產紅、藍寶石切磨成光面半圓體後，加亮光蠟的處理方式①加熱處理②增加鑲嵌難度③可接受的處理④二度燒處理。
11. （1） 紅藍寶石屬於剛玉是①氧化鋁②氧化鎂③氧化鋯④碳酸鈣 的結晶。
12. （1） 俗稱 925 銀表示含銀① 925/1000 ② 92.5/1000 ③ 9.25/1000 ④ 0.925/1000 之成份。
13. （2） 銀的適當加熱熔解溫度大約① 800℃② 960℃ ③ 1200℃④ 1400℃ 左右。
14. （3） 調配黃 K 金之合金通常以①鎳、錫②鉻、鋁③銀、銅④鋁、錫 為主。
15. （2） 欲以脫蠟鑄造法生產金屬台座，第一步驟是①先切割一橡皮模②先打製一只原版模③先灌製石膏模④先壓橡皮模。
16. （1） 打造一支鑄造生產用原版模，其尺寸須比欲生產之成品①放大②縮小③一樣④依金屬材質考慮放大或縮小。
17. （2） ①鑽石②碧璽③紅寶④藍寶 俗稱為半寶石。
18. （1） 白金比重比黃金①重②輕③一樣④差不多。
19. （4） 鑽石鑲嵌之注意事項中，何者最不重要①整齊②美觀③牢固④速度。
20. （1） 以別人現成金屬台座，作為複製之原版會有哪些情形①複製品更縮小②表面較精細③樣式紋路較清楚④複製品更大。
21. （2） 天然翡翠在偏光鏡下是①全暗的②全亮的③四明四暗④一明一暗。
22. （4） 較珍貴的寶石鑲造，通常選用①錫合金②純銀③黃金④ K 金。

（以上資料為勞動部 14600 金銀珠寶飾品加工 歷屆乙級學科考古題彙整 2016 年 4 月版）

丙級 工作項目 07：飾品製作

1. （1） 寶石鑲工首先必須了解①表現主體寶石②佩件③戒台型狀④寶石內含物。
2. （4） 珍珠戒指最常用①包邊②爪鑲③夾鑲④插針座 的方法。
3. （1） 飾品加工之材料厚度，係依成品①設計美感②為賣金子③色澤④不相關 為主要考量。
4. （1） 珠寶戒指底部撐線高低的主要考量，必須合乎成品的①實際需要②無關③堅固耐用④成本考量。
5. （1） 戒指手圍 K 金部份過薄，如欲改大兩號以上①必需切開加 K 金材料②再打薄③重作④打窄加大。
6. （1） 鑲嵌鑽石如遇釘鑲作法，首先①用鑽針依鑽石大小鑽洞②鑽洞跟鑽石腰圍一樣大③直接用菠蘿砣頭鑽洞④用鋼針打洞。
7. （1） 製作過程中，如金屬太厚應選擇番號小的①粗鋸線②不必選擇③細鋸絲④螺旋鋸絲 比較適當。
8. （1） K 金飾品加工燒焊過久導致焊接不易時，必須①重新清洗處理乾淨②改用低銲③鋸開重銲④改用高銲。
9. （3） 欲銲接層次複雜的作品銀飾，為使工作順利完成，可用①高焊②低焊③高低焊④走水。
10. （3） K 金飾品製作鑲嵌寶石，K 金部份厚度①盡量厚②厚薄無關③適中④隨意。
11. （1） 鑲嵌南洋珠戒指或墜飾，儘可能將珠台的插針作成①螺旋狀②直線狀③無關④細短針 才不易脫落。
12. （3） 火焰之①焰心②內焰③外焰④焰心邊緣 溫度最高。
13. （1） 細部銲接時宜採用①焰心②內焰③外焰④外焰邊緣 來操作。
14. （1） 玉手鐲內徑為 1.7 台寸等於幾公厘（mm）① 51.85 ② 56.1 ③ 68 ④ 76.5。
15. （2） 一般戒指手圍改小 1 號，應切掉① 1 ② 1.5 ③ 2 ④ 2.5 公厘（mm）。
16. （3） 戒指手圍改小應從那裡鋸切①左邊②右邊③戒腳的中心點④隨意。
17. （1） 戒指手圍加大應從那裡鋸切①戒腳的中心點②左邊③右邊④都可以。
18. （1） 壹台尺等於幾公厘（mm）① 305 ② 320 ③ 335 ④ 350。
19. （1） 壹台錢等於① 3.75 ② 4.75 ③ 5.75 ④ 6.75 公克。
20. （3） 750K 金材料裡面，合金含量為① 10%② 20%③ 25%④ 30%。
21. （4） 同樣是 18K 含金量，K 黃金比 K 白金熔點①高②低③一樣④視合金成份而定。
22. （3） 非晶質是不結晶的寶石如①紅寶石②藍寶石③琥珀④鑽石。
23. （3） 琥珀經加熱至攝氏① 50 ～ 100℃② 100 ～ 150℃③ 250 ～ 350℃④ 400℃以上 可完全軟化熔解。
24. （1） 戒指手圍加大兩號長度，應加多長① 3.0mm ② 4.0mm ③ 5mm ④ 2mm 材料。
25. （1） 金屬熔解過熱溫度太高，易造成①金屬氧化②材質較軟③顏色漂亮④材質較硬。
26. （2） 下列飾品中何者設計空間最大①戒指②胸針（花）③耳環④袖扣。
27. （1） 貴金屬飾品打版常選擇①銀合金②銅合金③白金④黃金 為材料。
28. （4） 下列何者不是銀合金打版材料的優點①易於加工及銲接②價格適當③表面易於打亮④價格過高。
29. （3） 純金項鍊有許多用空心線製成，其原因何者不對①省材料②減輕配帶重量③易於加工及銲接④設計考量。
30. （1） 手環製作為方便戴上卸下，以①二節式②三節式③四節式④五節式 最常見。
31. （2） 切割橡皮模通常選用①美工刀② 3 號手術刀③雕刻刀④刮刀。

32. （3） 組蠟樹時，蠟型與蠟棒應保持①平行②垂直③有上斜角④有下斜角 方便腳蠟流出。

33. （4） 打造飾品原版，下列何者不正確①金屬凝固收縮量②各部位厚度均勻③表面處理精良④越薄越好。

34. （2） 金屬液進入鑄模模穴之入口（石膏模口）稱為①鑄口②澆口③冒口④道口。

35. （3） 群體性之作業，如欲順利完成該項作業則各作業人員必須①能者多勞②乘機偷懶③分工合作④各自為政。

36. （3） 對隱蔽配件之施工，下列作法何者正確①以最簡易方法施工②以施工材質難易而定③確實依施工圖規定施工④避而不做。

37. （1） 打製一支戒台原版，其鑄口常焊接於①戒圍下方②戒圍右側③寶石座處④戒圍左側。

38. （2） 組樹時用於焊接蠟型之蠟棒，稱為①樹幹②澆道③灌嘴④燒口。

39. （3） 澆道之大小①愈大愈好②愈小愈好③視灌鑄飾品大小而定④視灌鑄金屬種類而定。

40. （1） 打製胸針原版，其鑄口應優先選擇焊接於①較厚處②較寬處③較薄處④有花紋處。

41. （2） 打版師傅應具備①設計②瞭解飾品鑄造的特性③精良寶石鑲嵌技術④電鍍 的能力。

42. （2） 雕蠟的材料比射蠟用材料強度①一樣②高③低④不一定。

（以上資料為勞動部 14600 金銀珠寶飾品加工 歷屆乙級學科考古題彙整 2016 年 4 月版）

丙級 工作項目 08：檢驗

1. （1） 寶石的硬度通常用①莫氏②勃氏③洛克威爾④蔡司 硬度表示之。
2. （4） 莫式硬度表分為①七②八③九④十 等級。
3. （3） 使用游標卡尺，下列何者錯誤①測量內徑②測量外徑③劃線④測量深度。
4. （3） 氣泡和弧形的生長紋經常出現在①助溶法的合成寶石②水熱法的合成寶石③火熔法的合成寶石④電鑄法的合成寶石。
5. （2） 公制壓力通常以下列何者為單位① kg/mm ② kg/cm ③ kg/cm ④ 1b/ft。
6. （3） 一般游標卡尺無法直接測量工件之①內徑②深度③錐度④階段差。
7. （4） 一般半圓形量角器之半圓上，其每一刻度單位的角度為① 1/12 ② 1/6 ③ 1/2 ④ 1 度。
8. （1） 游標高度規除了可測量高度外，還可用於①劃線②量測孔徑③量測錐度④測量角度。
9. （2） 數位游標卡尺，測量之最高精度可達① 0.001 ② 0.01 ③ 0.02 ④ 0.05 公厘。
10. （4） 使用游標高度規測量工件高度之配合件是①角尺②游標卡尺③鋼尺④平板。
11. （2） 用來明示檢驗寶石名稱，天然或合成的文件稱①原產地證書②鑑定報告書③工作單④估價單。
12. （3） 光線從寶石透過的程度稱為①散光②瑩光③透明度④折光。
13. （1） 物體之重量與 4℃時同體積水重之比值稱為①比重②體積比③密度④硬度。
14. （3） 光線進入透明的物質，在其臨界面產生不同角度、方向所產生的光之現象，稱為①光輝②透明度③折射④反光。
15. （3） 品管小組活動係由下列何國開始推動①美國②西德③日本④中華民國。
16. （1） 有關飾品裝配作業，下列何者才是正確做法①首次施工即合格②經檢驗不合格後再修正③經主管發現有問題後再改善④顧客提出異議再改善。
17. （2） 精密加工或測定，俗稱〝一條〞是指① 0.1 ② 0.01 ③ 0.001 ④ 1 mm。
18. （1） 產品品質之良劣，決定於①製造過程②檢驗過程③測試過程④運輸過程。
19. （4） 金銀珠寶鑲嵌施工品質，為期能符合既定要求，須由下列何者達成①設計人員②作業人員③檢驗人員④參與該作業之每位人員。
20. （1） 瑪瑙和水晶是屬於①石英族礦物②氧化鋁③氧化鋯④剛玉。
21. （2） 下列寶石中折射率最高者為①紅寶石②鑽石③祖母綠④藍寶石。
22. （1） A 貨玉石雕刻完成後需經①優化處理②冰醋酸處理③加熱處理④灌膠處理。
23. （1） 雕刻完成之玉件，可以用①川蠟燒煮②酒精燒煮③冷凍處理④染色處理。
24. （3） 一般碧璽優化處理為①燒煮②冷凍③加熱拋光切磨④穿孔。
25. （4） 切割一顆鑽石原石，為了保存重量及價值，可以①切成數顆②切成二顆③切成一顆④視結晶狀況切割。
26. （2） 紅寶石的顏色業界公認①藍帶紫②紅帶紫③黃帶紫④綠帶紫 為最佳顏色。
27. （1） 藍寶石的顏色業界公認以①藍帶紫②黃帶紫③紅帶紫④綠帶紫 為最佳顏色。
28. （4） 14K（黃金）其顏色為①淡黃色②深黃色③淡粉紅色④視添加合金而定。
29. （2） 剛玉表面擴散熱處理業界俗稱為①一度燒②二度燒③三度燒④四度燒。
30. （3） 藍寶石最佳顏色是指①瑞士藍②天空藍③矢車菊藍④倫敦藍。
31. （4） 下列何者為單折射寶石①紅寶石②藍寶石③祖母綠④石榴石。
32. （1） 在不同光源下會變色的寶石稱為①亞歷山大石②總統石③荷蘭石④麥飯石。
33. （1） 觀察 B 貨翡翠表面的龜裂紋，所用的光源最好是①反射光②透射光③暗域照明④雷射光。

34.（3） 鑽石的元素 99.95% 至 99.98% 是含有①鉻元素②鐵元素③碳元素④鋁元素。

35.（3） 下列何種寶石傳熱性最高①藍寶石②紅寶石③鑽石④祖母綠。

36.（4） 有「寶石花園」之稱的寶石是①翡翠②藍寶石③紅寶石④祖母綠。

37.（2） 用來測試寶石比重的工具可用①二色鏡②比重液③放大鏡④濾色鏡。

（以上資料為勞動部 14600 金銀珠寶飾品加工 歷屆乙級學科考古題彙整 2016 年 4 月版）

丙級 工作項目 09：職業素養

1. （3） 對涉及公司專利或保密之事物，您該如何處理①可轉賣他人，賺取金錢②廣為宣傳，但不收取金錢③堅守職業道德，負保密責任④竊為己有。
2. （4） 職業道德必須具備①私利性②暴利性③機會性④合法性 的行為。
3. （2） 職業道德必須具有①強迫②倫理③投機④破壞 的規範。
4. （1） 職業道德所表現的是①行業精神②技能水準③學識④人際關係。
5. （3） 良好操守的工作人員必須①投機②取功③敬業④私利。
6. （3） 如不慎或不當使用造成機具設備損壞，您該如何處理①為避免被譴責，不可告知他人②在設備上標示故障，而不告知何人所為③主動告知並通知修護，以免他人使用造成傷害④誣指他人所為。
7. （4） 一位優良的作業人員不須①注重工作安全②具有相關專業知識③遵守施工作業規定④特定性別。
8. （3） 下列何者是錯誤的職業道德觀念①行行出狀元②職業無貴賤③寧為雞首，不為牛後④有志者，事竟成。
9. （2） 下列何者是敬業精神的表現①好高騖遠②認真負責③敷衍了事④急功近利。

（以上資料為勞動部 14600 金銀珠寶飾品加工 歷屆乙級學科考古題彙整 2016 年 4 月版）

破解金工乙、丙級技術士檢定考題應考全書

全台唯一收錄全工所有試題及考古題的完整解答大公開

企劃單位／臺灣珠寶藝術學院
總策劃／盧春雄
作者／吳祝銀
企劃編輯／蔡宜軒、李曉晴、張承皓、廖寅超、張如卉
封面設計／申朗創意
美術編輯／申朗創意
執行編輯／李寶怡
企畫選書人／賈俊國

總編輯／賈俊國
副總編輯／蘇士尹
編輯／高懿萩
行銷企畫／張莉滎、廖可筠、蕭羽猜

發行人／何飛鵬
法律顧問／元禾法律事務所王子文律師
出版／布克文化出版事業部
台北市民生東路二段 141 號 8 樓
電話： 02-2500-7008
傳真： 02-2502-7676
Email： sbooker.service@cite.com.tw
發行／英屬蓋曼群島商家庭傳媒股份有限公司城邦分公司
台北市中山區民生東路二段 141 號 2 樓
書虫客服服務專線： 02-25007718； 25007719
24 小時傳真專線： 02-25001990； 25001991
劃撥帳號： 19863813； 戶名： 書虫股份有限公司
讀者服務信箱： service@readingclub.com.tw
香港發行所／城邦（香港）出版集團有限公司
香港灣仔駱克道 193 號東超商業中心 1 樓
電話： +86-2508-6231 傳真： +86-2578-9337
Email： hkcite@biznetvigator.com
馬新發行所／城邦（馬新）出版集團 Cité (M) Sdn.
Bhd.41, Jalan Radin Anum, Bandar Baru Sri Petaing, 57000 Kuala Lumpur, Malaysia
電話： +603- 9057 -8822
傳真： +603- 9057 -6622
Email： cite@cite.com.my
印刷／凱林彩印股份有限公司
初版／ 2019 年 7 月／ 2023 年 3 月 3 版
售價／新台幣 800 元
ISBN ／ 978-957-9699-91-4

臺灣珠寶藝術學院
Jewellery Institute of Taiwan

台北市中山區松江路5之1號
(02) 2752-0856 art@jart.org.tw
https://jart.org.tw/